防長米改良と米穀検査

米穀市場の形成と産地（1890年代〜1910年代）

大豆生田 稔

日本経済評論社

目次

凡　例

一　次のような略称を適宜用いた。
防長米改良組合　→　「改良組合」
○○郡△農区防長米改良組合（○は郡名、△は東西南北）　→　「○○△改良組合」
〈例〉美祢郡東西農区防長米改良組合　→　美祢東西改良組合
防長米改良組合取締所　→　「取締所」
防長米同業組合　→　「同業組合」
○○郡（△農区）支部　→　「○○（△）支部」
〈例〉玖珂郡東農区支部　→　玖珂東支部
輸出米検査所　→　「検査所」

二　引用史料は原則として原文のママ記した。濁点なども同様である。変体仮名は平仮名に改めた。〔　〕は著者による注記である。適宜「、」「・」を補った。「……」は省略部分を示す。

三　山口県庁文書（山口県文書館所蔵）のうち分類「戦前A農業」の簿冊については、［農業24］のように記した。数字は簿冊番号である。本書が使用した山口県庁文書の簿冊については序章第二節2、および表序－2を参照。表題のない書類などは、〔　〕を付してそれを補った。

四　〈　〉は各防長米改良組合の事業報告書、《　》は防長米同業組合の事業報告書を示す。〈　〉は第三章・注（6）、《　》は第四章・注（10）、および表3－12、表4－12を参照。

五　特に注記しない場合、原則として表の空欄は数値がそもそもないか、不明であることを、「―」は数値がゼロ、「0」は四捨五入によりゼロになったことを示す。

序章　近代米穀市場の形成と米穀検査

第一節　問題の所在

1　農業生産の発達と米穀市場

農業生産の発達

領主制の解体と、物納年貢から金納地租への切りかえを契機に、産地から中央市場にいたる米穀取引の再編がすすみ、近代日本の米穀市場が形成された。本書は、その過程において、一八八〇年代から一部の産地にはじまる米穀検査について、山口県地方のケースに即して検討する。

領主制の解体と地租の金納化により一八七〇年代末から、他の多くの地域と同様に山口県においても米の粗製がすすんだ。これに対し山口県庁は、同県産米（「防長米」）(1)の主な需要地である兵庫市場や大阪市場の要請に応じ、県内の移出港と産地農村(2)において、同業組合準則や重要輸出品同業組合法により、米穀検査などを目的とする生産者・地主・商人の組織化を主導した。山口県においては、この組織は米撰俵製改良組合・米商組合、防長米改良組合、防長米同業組合と名称・組織を変えながら、三田尻や小郡などの移出港や、鉄道開通後の停車場では移出検査を、生産の場である産地農村では生産検査を実施し、一九一〇年代半ばには産地農村と移出地を通じた米穀検査の体制を確立するにいたった。これらの組織が産地農村、および移出港や停車場において実施した米穀検査を、組合の組織や事業の展開に即して検討することが本書の課題である。

本書が対象とする一八九〇年代から一九一〇年代、およびその前後の時期には、近代的な鉱工業部門に加えて、在来的な諸産業が大きな比重を占め、一定の発展をとげていたことについてはすでに指摘されているとおりである。[3]在来産業として近世期より発達をとげていた織物や醸造業などとともに、第一次産業である農業の発達も注目されている。農業の純国内生産は、構成比を微減させながらも一九〇〇年前後の時期になお三〇%を超えており、[4]生産量も増加傾向にあった。これを、この時期の農業総生産額に最大の比重を占めた米についてみると、地域差はあるものの作付面積・収穫量・反収ともに順調な発達を持続している。米作は外延的に作付が拡張するとともに、農業技術の改良とその普及による生産性の向上、すなわち反収の増加が顕著にすすんだのである（後掲、表序-3）。

米穀市場の展開　一方でこの時期は人口の増加、特に都市の消費人口の増加が著しく、一八九〇年代半ばから都市人口の増加率が高まり、一九〇〇年頃からは、都市人口の自然増加率はプラスを持続させるようになった。[5]さらに、産業発達にともなう生活水準の一定の向上は、すでに米食率が高かった都市部だけでなく、地域差はあるが、農村地域を含んで全国的に米食率を上昇させた。[6]米穀需要はこの時期、急速に拡大することになったのである。

こうして米穀市場は、消費地の需要拡大、および産地の供給増加によって拡大をとげ、産地農村からは、その周辺農村の需要や近傍の地方都市への供給にとどまらず、移出港や停車場を経由して、府県外の比較的大きな地方都市や大都市、また貿易港を経由して海外の需要地に向けて米が搬出されるようになった。米穀生産の拡大、需要の急増は、汽船や鉄道、道路網の整備など輸送手段の変化をともないながら取引を活発化させ、東京・大阪を頂点とする二大ブロックを形成していった。[7]

また一九〇〇年前後からは、本国の米穀供給だけでは拡大する消費量をカバーできなくなって「食糧問題」が発生し、不足は最終的に植民地米や外米によって補塡されるようになった。輸移入米には国内のジャポニカ種とは異なるインディカ種も含まれ、代替性をめぐる問題も生じた。米穀市場を通じて、産地や銘柄、品位により一定の米価が形成されたが、国内の産米供給は傾向的に不足し、一九〇〇年前後から米価水準は上昇していった(8)。米価水準の上昇は米穀市場を通じて産地の移出港や、生産の場である農村にも波及し、米穀生産や取引を刺戟することになるが、一八七〇年代末から再編成がすすむ近代日本の米穀市場は、直ちにこのような機能を円滑に果たしたわけではなかった。

2　廃藩置県・地租金納と米穀市場

まず、課題を提示する前提として、一八九〇年代にいたる米穀市場の展開を、本書が対象とする防長米が生産され取引された西日本について先行研究により概観する。近年の本城正徳氏らの研究により、近世後期の西日本の米穀市場を概観すれば、次のようにまとめられよう(9)。

近世後期の西日本市場

まず第一に、一九世紀前半の化政期における大坂入津米量は二五〇～三〇〇万石であり、うち納屋米は四分の一であった(10)。一九世紀はじめの西日本市場において、なお領主米は大きな位置をしめていた(11)。

第二に、一七世紀後半に、商品集散市場としての実体以上に領主米が大坂に集中するという、「廻米強制構造」が「確定」した(12)。これは、藩の債務と大坂廻米が結合した構造的な現象であり、領主財政の窮乏化が大坂廻米を促すという関係が生じた。大坂市場への領主米の供給は、都市の米消費需要によるものだけではなかったのである。

第三に、大坂市場への領主米の過度の集中に加えて、近世後期の農民的小商品生産の展開による商品作物栽培の活発化と米作の相対的後退は、畿内や瀬戸内の農村部において飯米不足をもたらして「農村部飯米消費市場」を形成し、その拡大を促すことになった。このため、大坂市場から農村部に飯米が「逆流」するような現象も生じた。この農村部飯米消費市場の規模は、防長米のような「他国米」供給に依存するレベルに達するほどであったといわれる(13)。このため、中央市場を経由せず、領主米・納屋米が農村部の在方需要に応じて直接供給されるルートも形成され、農村部飯米消費市場を背景とする泉州の堺や貝塚などの取引規模が拡大することになった。

維新変革　一八七〇年代から八〇年代にかけて、廃藩置県と地租改正により領主制は解体し、物納年貢から金納地租への切りかえがすすんだ(14)。このため、まず第一に、納屋米など商人米の流通は近世期より継続して発展をとげるとともに、産地農村では領主による年貢米の徴収に代わって生産者や地主による米の取引が拡大することになった(15)。第二に、産地農村においては、地租金納により米の商品化がすすんだ。畿内や瀬戸内沿岸の産地においては、産米が農村部飯米消費市場にも供給され、農村部における「他国米」の消費は縮小していった。このため、堺や貝塚など近世後期に取引規模が拡大した市場は、地租金納を契機に本来の「実態水準」へ「復帰」するようになり(16)、その規模は縮小していった。

したがって、維新変革による領主米の消滅、米納年貢から金納地租への最終的な切りかえは、あらためて兵庫や大阪などの中央市場の機能を高め、その有力問屋を頂点とする取引再編の出発点となったといえよう。産地農村からの供給は、量的にはかつての領主米と商人米が一体化したものとなり、産地農村近隣の町場や地方都市の需要をみたしながら県外へも搬出され、最終的には兵庫市場や大阪市場の需要に応えた。また、畿内農村や瀬戸内沿岸の産地農村では、廃止された年貢米に相当する部分が、まずは飯米不足分に充当され、さらに、産地農村で商品化されて農村部市場へ供給されたから、域外の「他国米」などへの依存度は相対的に低下することになった(17)。このため「他国米」は、畿内農村や瀬戸内農村部市場への直接供給量を減少させ、かつて過剰に供給された領主米に代わって、兵庫市場や大阪市場への供給量を増加させていったと考えられる。

その結果、堺や貝塚などの後退とは対照的に、兵庫市場や大阪市場では、再びその取引規模が拡大したことが予想される。これを数量的に確認することはむずかしいが、開拓使の調査によれば、兵庫港における一八七八〜八〇年の平均米穀輸入量は九一万石、輸出量は七三万石であった[18]。また、海外の米輸移入がはじまる以前の兵庫港について、「従前内地米一ヶ年三百万俵〔一二〇万石〕の取扱ひに誇りたる市場」、ないしは「〔現在は〕従前の二倍を取扱ふ」という回想がある[19]。明治末（一九〇八〜一九一〇年平均）の内国米入港量は年間一八四万石であるから、明治初年にはおよそ年間一〇〇万石弱の入港があったと考えられる。また、明治前期の次のような記述によれば、地租金納前後にも兵庫港の取引は活発で停滞や衰退の記述はなく、一八七〇年代末から八〇年代において拡大傾向にあったといえる。これは、『兵庫県統計書』による、一八八〇年代の兵庫港・神戸港の米入港量からも確認できよう（表序−1）。兵庫港には各地の産米が入港し、同港の問屋らによる取引に委ねられたのである。

明治維新の頃より十八、九年頃まで、四国・九州・北国・東北地方の米は和船に積入れ風を便りに遙々兵庫の津に廻航し、時の相場に任かせて之を売却し、帰路衣服其の他の日用品を買ひ調へて、一ヶ月又は数月の後に帰国するを例としたりと云ふ、故に米の出盛期に於ては兵庫埠頭は米を以て充満するの盛況を呈したるものなり、随つて其当時における兵庫米商の勢力は絶大なるものにして、全兵庫商人の代表たるかの観ありしと云ふ[20]

表序−1　兵庫港・神戸港の米入港量・出港量

（単位：石）

年次	兵庫港		神戸港	
	入港	出港	入港	出港
1882	502,121	467,882	47,463	21,828
83	690,172	677,616	51,313	28,609
84	1,151,540	909,627	84,998	41,788
85	812,310	599,809	72,607	36,296
86	650,936	343,196	319,183	313,183
87	512,235	321,235	275,438	261,726
88	1,089,732	945,907	1,210,500	1,148,600
89	1,011,952	855,150	1,332,400	1,102,400
90	911,150	795,070	1,843,700	1,007,300

出典：兵庫県『兵庫県統計書』（各年度）。
注：(1) 1882〜85年は出入港額と各年の平均米価により推計した。
(2) 平均米価は大川一司ほか『長期経済統計8物価』（東洋経済新報社、1967年）による。
(3) 神戸港輸出は「白米」、輸入は「玄米」。
(4) 1888〜90年の神戸港入港・出港量の急増は、海外輸出の拡大による。

ところで、兵庫市場や大阪市場を頂点とする維新変革後の西日本においては、近世期から商人米の流通が活発化しており、東日本と比較して領主米の消滅による混乱は少なかったと考えられる。すなわち東日本では、東北地方のかつての領主米を東京へ廻漕する機能を有する商人が存在せず、新政府の要請により渋沢喜作や江戸／東京の有力米穀問屋が「廻米問屋」として東北産米の廻漕に従事することになった。[21] 江戸／東京市中の米穀問屋は、直接東北や北陸など遠隔の米穀産地と大量に取引することはまれであり、関東や奥州（福島県地方）の地廻米を直接仕入れるほか、浅草米廩から払下げを受けていた。東北・北陸など遠隔産地の米は、領主米消滅後には廻米問屋を通じて東京に集まるようになり、市中の米穀問屋は廻米問屋からも仕入れることになった。

これに対し西日本においては、兵庫の問屋は近世期より遠国の産地と納屋米などを取引しており、東京の廻米問屋のような商人を新たに必要としなかった。堺や貝塚などの取引規模の縮小、兵庫や大阪など中央市場の集散機能の拡大がすすむが、防長米など「他国米」の中央市場における主な取引相手は、産地と直接取引するこのような問屋であった。

産地農村における米商品化

こうして、一八七〇年代末頃には、産地農村から搬出される米はすべてが商品として取引されるようになった。まず産地農村では、地租を負担する自作農や地主が、地租納入に必要な通貨を米穀商との取引を通じて調達するため、地主の帳場や生産者の庭先などにおいて取引がすすむことになった。また、かつて年貢米はその収納にあたり、領主により強制的に容量や調整の適否を厳しくチェックされたが、その廃止とともに厳格な検査も消滅することになった。

産地農村では米の売買が増加したが、守田志郎氏の新潟県の研究によれば、自作農や地主が庭先や帳場で米を販売する取引相手は「売り継ぎ」・「買い子」という二種の形態に整理される。明治期の「前期」には「売り継ぎ方式」が一般的であり、これは「一種の産地仲買方式」[22]であった。資力に乏しい産地仲買は手金のみを用意し、移出米問屋[23]からは独立して生産者や地主と契約を結び、価格の変動をみながら他の仲買や移出米問屋に転売した。また、明治期の「後半」になると「買い子」が次第に一般化し、移出米問屋やその取引相手の米穀商の「輩下」として、産地農村を回って米の売手側の事情を把握し、移出米問屋（親店）から手金を預かって契約を結び、手形を持ち帰って手数料を受け取った。親店との関係は一時的であり、日常は農業や諸商業を営み米取引とは無関係の者が多いという。

このように、移出港を拠点とする移出米問屋は、資力の限界やリスクを回避するため直接産地農村においては売買契約を結ばず、産地仲買らが生産者や地主との取引にあたった[24]。産地農村において買付けした「売り継ぎ」は次の買手を求めるが、その取引相手は固定していなかった。産地農村の生産者や地主と、移出地の移出米問屋は、「投機性のつよい仲買の非固定的な存在によって結ばれていた」のである[25]。

近年の研究などによる以上のような概観をふまえ、本書が一八八〇年代半ば以降の「防長米改良」、すなわち山口県内の産地農村や移出地に展開した米穀検査を検討する前提として、次の点を確認しておきたい。まず第一に、維新変革の過程で現物の年貢米徴収が最終的に金納に切りかえられたことにより、産地農村における米商品化量が増加した。かつて領主により徴収された年貢米に相当する部分の多くは、産地農村において産地仲買らとの取引に委ねられることになった。もちろん近世期にも、年貢収納後に生産者や地主の手もとに残った部分は、自家消費され、商人を介して町場で消費され、また移出港の問屋を経由して中央市場に向かった。しかし、大坂市場に供給される米の数量は、一九世紀前半において、領主米四に対し納屋米は一にとどまり、領主米に対する商人米の比重には限界があった。したがって、地租金納後の産地農村では、かつての年貢米徴収に相当する部分に、商品としての新たな取引が広がることになったのである[26]。

第二に、産地農村では生産者や地主による米商品化が拡大したが、その取引相手は移出港の移出米問屋ではなく、産地農村で取引する産地仲買であった。彼らは資力が薄弱で、比較的少量の米を相場の変化に応じて転売するという取引をくり返した。産地農村において拡大したのはこのような取引であり、取引相手は固定的でなく、短期間もしくは一度限りのものであった。

第三に、産地農村において急増したこのような米取引は、売手・買手間の信頼関係が薄く、双方に機会主義的な行為を多分に含むものであり、一八七〇年代末には粗悪米生産とその取引を活発化させることになった。年貢米収納にあたり調整や容量の充足、俵装の完備などを領主権力により強制された近世期とは異なり、米の売却にあたり、そのような作業は顧みられなくなったのである。

こうして多くの産地農村においては、領主制解体と地租金納化を契機に、産米の粗製と粗悪米の取引が広がることになった。

3　粗悪米の製造

粗製の実情

産地農村においては、一八七〇年代末から米の粗製がすすみ、七〇年代末から八〇年代になると、その「改良」が産地の府県庁や郡役所、農会などを主体とする勧業政策や農事改良の主要な課題の一つとなった。山口県においても「粗悪米」の製造がすすむが、まず諸産地の実情をみよう。例えば、八一年に宮城県勧業課は、「姦商」が容量や重量をいつわるため水をかけ異物を混入するので、東京市場の「声価」を落としていると、次のようにように報告している。

米穀改良　……従来耕作ノ方法疎漏ニシテ、加フルニ近来姦商不良ノ徒一時私利ヲ僥倖センガ為メ、川下ケ又ハ改俵ニ際シ故ラニ水ヲ注キ、或ハ粃・籾・砂土ヲ雑入スルガ如キ所為アルヲ以テ、自然東京市場ニ於テモ大ニ

> 声価ヲ墜スニ至レリ(27)

　また、『興業意見　巻四』の「第十八」には、「精米ノ粗悪ニナリシハ、農家ノ各自販売トナリシニ因ル事」という調査項目が設けられており、粗製の広がりは全国的であった。ここには、年貢から地租への切りかえにより生産者・地主の「各自販売」が促され、「粗悪」化した各地の実例が報告されている(28)。

　それによれば、福岡県では近世期の「精選」の「慣習」が「一朝ニ瓦解」し、農家は「米質ヲ撰」ばず籾摺りを「粗略」にし、俵造を廃して薦で包装するようになった。福井県でも「米質ノ精否ヲ撰」ばず、少しでも多くの収穫を追求しており、また宮城県では石巻の倉庫に保管された米二万石余が、乾燥不良のため「悉ク腐敗」して商人が「巨額ノ損耗ヲ為」したという。さらに大阪でも、乾燥・俵造・籾摺が年々「粗悪」になり、また酒造に適する米が少なくなったと報告されている。

　本書が対象とする山口県についても、かつて大阪市場の評価が高かった防長米（中国米）は、「粗製濫造」が広がって、「市場ニ消息ナキ」と報告されるまでに声価を落としていた。

> 明治七年《一八七四》地租改正と同時に米納制度廃せられて金納制となるや、現米は単に地主と小作人との間に授受するに止まりて毫も官府の干渉を要することなきに至りしより、粗製濫造の風潮は滔々として底止するところを知らす、農家は只収穫の一粒た《だ》も多からんことにのみ焦慮し、全く品質調整に介意せす、商賈又一時の利を射るに汲々たりしを以て、久しく好評を博したりし我中国米は杳として市場に消息なきに至りたり(29)

産地農村の粗悪米取引

このような粗製の拡大は、産地農村における粗悪米生産とその取引の広がりによるものであった。同じく『興業意見』各巻によれば、例えば茨城県においては、「米質自然粗悪」の原因は、「仲買奸商此間ニ走奔シ米ノ精粗ヲ之レ撰ハス、或ハ彼レニ出シ或ハ是レニ入レ、其相場ヲ左右」して「奇利ヲ万一ニ射ン」としたことにあると報告されている。つまり、粗製が広がる原因は、産地仲買の取引行為にあるとしているのである[30]。

また、富山県においても同様に、産地農村における取引が混乱し、「今ヤ集散ノ主場無ク、農商各個其心ヲ異ニシ、未タ嘗テ集散ノ順序ヲ立テ其方法ヲ講スルモノヲ視ス。商家ハ徒ラニ買人ヲ所々ニ出シ、各村ヲ奔走シ、各戸ニ就テ僅少苞米ヲ買収スルニ汲々シ」たといわれる[31]。すなわち、「農商」は「心ヲ異ニ」して相互の信頼がなく、産地仲買は村々を「奔走」して少量ずつの米を集荷し、安価に仕入れることを最優先したのである。したがって、生産者は質を顧みず粗悪米を生産して安値で売却し、また小作米として地主に納めたのであった。

商家に於ても籠絡主義を専らとし、故らに米の良否を問はす、玉石混合成るへく低価に購求せんとし、又地主たるものも其約定石数に充つるを以て足れりとし、更に米質の精粗を問はさるより、小作人も亦精良の米を納めす、米製次第に粗悪に赴きたり[32]

このように、「商家」（産地仲買）の「籠絡主義」をその要因としている。また、同県内務部によれば、産地農村では産地仲買が「狡猾」に取引し、同様に「農家」も粗悪米を売って「奇利」を狙った。このように、「農商」間の信頼関係は稀薄であり、産地農村に拡大する米取引は、安価な粗悪品の取引に収斂していったのである。

商家ノ狡猾ナル製米ノ頽勢ヲ機トシ信望ヲ期スルヲ標榜シ、検量ヲ籍口シテ技巧者ニ任シ、剰差ヲ定量ノ外ニ奪フノミナラス悪米異種ヲ混和シテ同価ノ利ヲ私シ、甚シキハ加湿増量ノ手段ヲ弄シテ憚ラス、農家モ交其秘ヲ覗ヒ顰ニ傚フテ奇利ヲ釣ラントスルモノ少数ニアラサルナリ(33)

さらに三重県においても、小作米などに「粗撰漏造」の弊害があったが、それは次のように、生産者・地主と産地仲買の取引に基因すると報告されている。相互の信用は「地ニ墜チ」ており、取引の「弊風」により「紛議」が多発し、取引は混乱し停滞するようになった。

其弊風トハ即チ農商共ニ売買上黠猾ノ行為アルカ為メ、相互ノ間信用地ニ墜チ、農ハ代金ヲ先ツ請取ルニアラサレハ米穀ヲ放タス、商ハ米穀ヲ先ツ得サレハ代金ヲ渡サヽルカ如キ景状ヲ呈シ、之カ為メ紛議錯出販売常ニ遅緩セリ、是レ売買ノ便利ヨリ生シタル弊風ノ一例ナリ(34)

すでにみた福岡県についても、次のように、産地農村を回る産地仲買が「価格ノ廉低」を追求して集荷し、生産者もすすんで粗悪米を売却したと報告されている。

米仲買ナルモノ多少ノ金員ヲ懐ロニシテ日々諸方ノ農家ヲ廻リ、米質ヲ撰マスシテ価格ノ廉低ナルヲ求メ、右カマキ米ヲ買集メ而シテ精粗異種ヲ混淆シ、適宜ノ俵造ヲナシテ之ヲ市場ニ供給ス、農家モ之ニ応シテ益々粗悪ノ弊ヲセリ、各府県下共農商等売買ノ有様ハ粗之ニ異ナラサルナリ(35)

さらに同県においても、『興業意見』は、粗悪米の「弊害」が産地仲買の取引に基因すると指摘している。産地農村で集荷にあたる米穀商には、次のように三つの類型があるという。

大ニ輸出米ニ粗悪ノ弊ヲ故造スルモノハ、普通米商仲買ニアリ、此仲買米商ニ種々アリ、大ハ則チ米商問屋ナリ、仲買ハ問屋又ハ旅船ノ依托ヲ受ケ、口銭ヲ取リ自ラ奔走シテ諸方ノ米ヲ集ルモノ、小ハ自ラ孤資ヲ齎シ、日々数俵ノ買出米ヲナス者ナリ、以上ノ三者中其弊ヲ醸生スルノ有様ヲ挙クレハ、大ハカマキ米又ハ諸方ノ買米ヲ混同シテ便利ノ俵拵ヲナス、故ニ精粗異種混淆スルノミナラス、其量軽キノ弊ヲ醸ス、中ハ自ラ口銭ヲ貪リ、或ハ良米ニ粗悪米ヲ混入シ俵数ヲ増スノ弊有リ、小ハ各農家ニ就キ良米ヲ主トセス、廉価ヲ要スルヲ以テ、農家之ニ応シ粗米ヲ出シテ需ニ充ツ、以上ノ数項ハ農商相待テ粗悪米ノ弊害ヲ醸生スルノ有様ニシテ、此外種々ノ悪手段ヲ用フルモノ尠カラサル可シ、是レ眼前ノ射利上ヨリ粗悪米ノ酷評ヲ来スノ原因ニシテ、自由販売ノ弊ニ帰セサルヲ得サルモノナリ(36)

すなわち、①「大」の産地仲買は移出米問屋と取引する「米商問屋」であり、集荷した米を「混同」して再度俵装し、「精粗異種」を混交するほか容量を欠く「弊」があり、②「中」の仲買は移出米問屋から委託され手数料を取って集荷に「奔走」するが、「良米」として製された米俵に「粗悪米」を混入して俵数を増すなどの不正をはたらき、③「小」の零細な産地仲買は数俵ずつ集荷するが、「良米」は取引せずに「廉価」を求めるため、「農家」は粗悪米を売ったと記されている。農商双方に粗悪米取引への指向があり、またそのほかにも「種々ノ悪手段」があった。「眼前ノ射利」のため、生産者・地主、産地仲買の双方が「粗悪米」取引に向かったのである。

このように、産地農村において、領主米が消滅した部分に新たに広がる米商品化の内実は、粗製濫造とその取引の

拡大であった。(37)

中央市場の対応　産地農村における粗悪米生産とその取引の拡大は、中央市場への円滑な供給を阻害することになった。すなわち、東京深川に廻米問屋を営む山崎繁次郎商店が作成した一八八〇年の商況報告によれば、需要が増加して価格は維持されているが、地租金納により品質の「監理者」がなくなり「粗製濫造」がすすんだという。

金納改正以来米は農商の自由販売品と化し、質の善悪に就て適当の監理者なきに至りしを以て自然粗製濫造に流れ、此点よりすれば自然価格低廉成るべき筈なるに、同時に需要増加したるを以て、質の善悪に拘らず価格を維持したるが、……(38)

粗製はその後も継続し、一八八九年にも「金納以後の粗製濫造に流るゝこと日一日と甚しく、東京在庫貯蔵米の多くは春の彼岸に至れば大抵変質するの有様なりし」と、粗悪化のため翌春になると貯蔵米が変質すると報告されている。また八一年一一月、東京市中の米穀問屋・白米商らによる米穀三業組合の頭取辻純市らは東京府知事に上申書を提出し、地租金納後、奥羽地方の産米に籾・稗などが混入して粗悪化したため、精米した場合の減耗率が大きく、また俵装も不完全で輸送中に脱粒しており、「国家ノ大損耗」であると訴えた。(39)

深川には、有力廻米問屋の取引市場である東京廻米問屋市場が一八八六年一〇月に開設された。(40)深川の廻米問屋は産地の荷主との間に委託取引を営んだが、「粗製濫造」が円滑な取引を阻んでいるとし、八九年二月に第一回全国玄米品評会を開催した。(41)この玄米品評会開催の目的は、「単ニ収穫ノ増加ヲ望ミ不良ノ肥料ヲ施シテ品質ノ下劣ニ赴ク」という実情に同市場組合員が「慨スル所」があり、各産地の産米を集めて「優劣」を「評定」して、「改良」をすすめることにあった[42]。九一年には第二回品評会が開かれている。いずれも、産地農村に広がる粗悪米生産とその取引に対し、規格化・標準化された産米が、大量かつ円滑に供給されることを目的とするものであった。

産米の規格化・標準化とは、他商品と差別化すると同時に、商品グループ内の同一性を実現することにあった[43]。具体的には、市場が求める商品の属性として、他品種が混交しない均質な内容物、表示どおりの一定の容量、充分な乾燥、脱漏しない堅固な俵装などを収穫後の調整作業により実現することであった。検査により、その到達度に応じて、一定の水準に達した合格米には一等・二等などの等級を付し、達しないものは不合格などと表示された。これは、市場における見本取引を可能にし、大量の産米を円滑に取引する前提となった。

また、大阪堂島米商会所も同様の目的で、一八八七年三月に玄米品評会を開催しており、本書が対象とする山口県の産米も同品評会に出品されている（第一章第一節2）。さらに、大阪堂島米商会所は、各府県庁の諮問に応じて各府県産米の評価書を作成しているが、これは「粗製濫造」の問題を解決し、遠隔産地の産米が大量かつ円滑に集荷することを目的とするものであった。

産地農村と中央市場

産地農村で取引された産米の産地側の最終地点は、多くは河川流域の産米が集まる河口港であり、中継地市場が形成された[44]。このような河口港は、中央市場と中継地市場をつなぐ移出の拠点であり移出港でもあった。産地の移出港を拠点とする移出米問屋は、兵庫市場や大阪市場の問屋と取引した。ところで一八七〇年代後半にはすでに、兵庫・大阪など中央市場と各地方の旧国の米価変動は高い相関関係にあり、米穀市場の統一性の高さが指摘されている[45]。ただし、各旧国の米価とは、米作が営まれる産地農村ではなく地方都市の米価であると考えられる。すなわち、旧国の米価として価格が調査された地方都市は、近世期より中央市場と海路でつながる移出港、もしくは移出港との商取引が活発な旧城下町などの地方都市であった。兵庫・大阪など中央市場と各地の移出港との取引は、すでに近世期から取引が活発であり、全国に広がる統一的な市場が一八世紀初頭には形成されていたとされる(46)。移出港の有力な移出米問屋と、中央市場との取引は近世期より継続するものも多いと思われ、両地間の米価変動の相関はすでに近世期から高かったのである。

それでは、産地の移出港を包摂していた中央市場は、領主制の解体と地租金納化とともに、産地農村をも速やかに包摂することができたのであろうか。一八七〇年代半ばからの産地農村においては、すでにみたように、生産者・地主と産地仲買らの間には、産米への異種・雑物の混交、乾燥の不備、容量の不足、俵装の不全など粗悪米生産とその取引が広がっており、円滑な取引の前提となる規格化・標準化は阻まれていた。また、このような収穫後の作業は、本書第一章以降にみるように、必ずしも販売価格の上昇をもたらすものとはならなかった。米穀生産の場である七〇年代〜八〇年代の産地農村は、兵庫や大阪を頂点とする中央市場に、直ちに組み込まれたわけではなかったのである。

近代の統一的な米穀市場は、産地農村において直接米作に従事し、その生産・販売にあたる生産者や、小作米の商品化をはかる地主たちをも包摂して成立する。つまり、消費地である都市と産地農村をむすぶ統一的な米穀市場の形成とは、東京・大阪を頂点とするような消費地の需要に応じて、全国の産地農村から産米が円滑に供給されるとともに、取引により形成された米価水準が最終的には産地農村にも波及して、生産を刺激もしくは抑制するような作用が円滑に機能する市場が形成されることである。国内の米穀需給が不足に傾く一九〇〇年前後から米価水準は上昇傾向をたどるが、これが全国の産地農村に波及するためには、そこに展開する機会主義的な取引が後退・消滅し、規格化・標準化された産米の円滑な取引が支配的になる必要があった。また、県庁・郡役所や農会、地主や老農らによる農事改良が、産地農村に浸透して一定の効果が実現するためにも、同様の条件が必要であった。移出港での検査だけでなく、生産の場である産地農村において実施される生産検査が、それを推進し徹底する手段となったのである(47)。

4　米穀検査

米穀検査のはじまり

中央市場の有力問屋は産米の規格化・標準化を徹底するため産地に調整・改良を要請したが、産地側においても検査が試みられるようになった。年貢米の徴収には、領主による厳格な取調べがあったが、長州藩の場合、それは調整作業の厳格なチェックであった。その結果、近世期における防長米の「名声」は「常に隆々として他藩米を凌」ぐといわれた。

其貢租の制に至りては頗る厳正なるものあり、即ち彼の御蔵米と称するものヽ如き、米撰俵製一々精細なる掟規あり、一歩も寛仮せさりしを以て、調整頗る善美を尽くせり(48)

産地農村の生産者には、中央市場との円滑な取引に適するよう米に商品としての属性を付与すること、つまり一定の調整を施した「改良米」を精製するという負担が課されることになった。一八八〇年代にはじまる「改良米」の生産とは、このような米を製するため、品種それ自体の改良ではないが、腐敗・変質しないよう十分乾燥し、異品種や異物を排除して内容を斉一にし、運搬に耐えるよう堅固に俵装し、容量を統一し充足する、などの調整作業を確実に実施することであった(49)。その達成度を、産地農村において一定の基準により検査し評価するのが「生産検査」である。山口県では、この検査は産地農村の組合組織が実施し「審査」とよばれた。また、産地側の米取引の最終地点となる移出港や停車場においても、兵庫市場や大阪市場などに向けて搬送される産米の検査が実施された。これが「移出検査」であり、山口県では「検査」と呼ばれ、移出港の米穀商らの組織によって開始された。

一八八〇年前後から一部の産地農村や移出港において、組合組織による米穀検査がはじまるが、その最初とされるのが宮城県によるものである。宮城県庁は七八年に「粗悪米取締規則」を定め、収穫後の調整過程で実施された産米検査を主導し、八一年に一時中断したのち八五年に再開した[50]。次いで、八〇年代から九〇年代の事業として、新潟県・福井県・静岡県・滋賀県・奈良県・鳥取県・島根県・大分県・佐賀県・熊本県・宮崎県・鹿児島県などによる検査規則の制定があるが、いずれも移出検査に限られた[51]。山口県において、同業組合準則により米撰俵製改良組合と米商組合が組織されたのは八六年であった。また滋賀県においても、翌八七年一二月に米質改良組合取締規則が発布され、八八年七月には滋賀県米質改良組合が発足している[52]。同業組合準則による組織のほか、地主や移出米問屋による組合も形成された。

これらの初期の米穀検査の多くは移出検査に限られたが、検査成績を向上させるため、産地農村において生産検査が試みられる場合もあった。本書が対象とする山口県では、はじめ移出検査がすすむが、一八九〇年代半ばから産地農村においても生産検査が浸透していく。

同業組合から府県営へ

重要輸出品同業組合法が一八九七年に、重要物産同業組合法が一九〇〇年に定められると、同業組合組織による米穀検査を実施する府県があらわれた。九八年に滋賀・山口・熊本の三県、九九年に宮崎県、一九〇〇年に佐賀県、〇一年に奈良県、〇二年に鳥取県、〇四年に島根県、〇五年に福島県、一一年に京都府の各府県において、同業組合による米穀検査がはじまっている[53]。それらのうち、同業組合準則や重要輸出品同業組合法・重要物産同業組合法などによる検査は、多くは短期間にその活動を終えたが、滋賀県とともに山口県においては、同業組合組織による移出検査・生産検査が継続し、全県の生産者・地主、米穀商を組合員とする大規模な組織が形成された。

ところで、大分県が一九〇一年に県営の生産検査・移出検査を開始すると、府県営の検査が各地に広がり、一〇年代には急増していった。岡山県・兵庫県・香川県など、阪神市場で山口県産米と競争関係にある産地においても米穀検査がはじまった。それぞれの産地における米穀検査は、管内産米の販路拡張・維持を目的とする県庁の直営事業となり、産地間競争を促した(54)。しかし、山口県の米穀検査は県営には移行せず、二〇年代末まで同業組合組織により実施された。山口県では同業組合が全県下に組織され、各郡には支部がおかれ（支部は一九〇一年に廃止される）、地方行政組織に準ずるような検査体制が形成されたのである。

第二節　課題と方法

1　課題

本書の課題

移出港や産地農村においてはじまる米穀検査を検討する前提として、近世後期からの西日本における米穀市場の特質と米穀検査の展開を概観した。本書は山口県産米（防長米）を対象に、一八九〇年代から一九一〇年代にいたる時期、およびそれに先立つ八〇年代半ばからの米穀検査事業の展開を、次の点に留意しながら考察することを課題とする。

まず第一は、近代日本の米穀市場形成の過程に、山口県における「防長米改良」、すなわち同県に展開した米穀検査事業を位置づけ、産地農村と移出港の検査による産米の規格化・標準化の意義を明らかにすることである。維新変革により領主による厳格な年貢米の徴収と監視が消滅し、明治前期の産地農村においては粗製がすすむことになった。これに対し、八〇年代後半にはじまる生産検査の試みは、規格化・標準化の徹底を通じて産地農村が中央市場に包摂される契機となった。

第二に、産地農村における生産検査、移出港や停車場などにおける移出検査の展開を、それぞれの検査が果たした機能、その効果と限界、およびその変化について、二つの検査の関係に留意しながら検討することである。生産検査と移出検査は、それぞれが独立して展開していたのではなかった。両検査の実態と性格、それらの連携を防長米改良の展開に即して具体的に明らかにし、中央市場に直結する移出港・停車場から、産地農村にいたる産地全体が、中央市場に包摂される過程を明らかにする。

第三は、防長米の需要の動向である。管外移出された防長米は兵庫市場や大阪市場に向かい拡大する中央市場の需要に応えた。大阪や兵庫・神戸の有力問屋は円滑に大量の取引をすすめるため、産地に対し産米の規格化・標準化を求めた。また一八八〇年代以降には防長米の海外輸出が活発化し、兵庫市場から神戸港をへて輸出された。近世期より防長米は高く評価され、兵庫市場において灘酒造業の原料などに供されたが、また海外輸出にも適しており八〇年代半ばからは神戸港からさかんに輸出されるようになった[55]。輸出に適した品種は大粒種であり、小粒種から大粒種へ品種の切りかえがすすんだ。しかしこれは、産地農村における取引の混乱を促し、産米の規格化・標準化に影響をおよぼすことになった。

第四は、米穀検査の実施主体となった組合組織の性格とその変化を検討することである。同業組合準則により一八八八年に発足した防長米改良組合は、県内の生産者・地主・米穀商の三者を構成員とする大規模な組織となり、その後、重要輸出品同業組合法による防長米同業組合に改組した。防長米改良組合は一郡を二〜三に分割した「農区」[56]を領域とする組織の連合体であったが、同業組合は全県を領域とし各農区を支部とする単一の組合組織であった。のちに支部は一郡単位に整理され、さらに廃止され単一組織となる。これらの諸組織は、県庁から補助金を交付されてその指導を受け、実質的に県の勧業政策の一部を担い、公共的な性格を有していたといえる。このため、米穀検査の実施主体となった諸組織と県行政の関係に留意する必要がある。県庁はこれらの組織を勧業政策の一環に位置づけ、指揮監督を強めるとともに補助金を交付して支援したが、事業の徹底には警察をも動員して強力に主導した。生産検査・移出検査は県庁の主導により進捗したのである。

第五に、県内の地域差に留意する。山口県内には、瀬戸内海沿岸の吉敷郡・佐波郡、および日本海側の大津郡に代表される高反収の米作地帯と、山間の玖珂郡・阿武郡などの低反収地帯があり、それぞれ施肥方法など農法に差異があった。一般に米の反収が比較的高い地域では、生産量が増加してその商品化率も比較的高くなり、米穀検査への関与も深まるという仮説のもとに、県内の地域性に留意しながら分析をすすめる。

次に本書の課題について、関連する先行研究を紹介し検討しながら、その意図するところを明確にする。

研究史の検討

本書が対象とする時期の米穀検査については、まず、一九二〇年代〜三〇年代に農林省の職員として穀物検査の実務に携わった児玉完次郎氏の研究がある。児玉氏はまず、検査事業の当事者として農産物の「経済的価値を向上」させ「配給関係をして円滑ならしむる」ことの重要性を説く[57]。その実現のためには「所定の行為を強制する場合」もあるが、その目的は「社会公共の福利を増進」することであり、その機能を「完全に発揮」するため「警察上保護を加ふるに過ぎない」とする[58]。このように検査事業を、生産物の価値向上と市場取引の円滑化により生産者・取引業者・消費者を益する、「時代の要求」する「公益事業」と位置づけている[59]。実務担当者として、その社会的公正性を強調し、小作人に対する補給米・補給金の「公定」や、契約より高「品位」の小作料を納めた場合には、「利益の分配を公正」にする方法を提示し、「公共性」・「中立性」や「食糧問題」との関係性を主張している[60]。また一八七〇年代以降に、各府県に展開する生産検査・移出検査の沿革を網羅的に紹介するが、それらは概観にとどまり、具体的な事業に即した検討はなされていない[61]。

戦後、一九五〇年代に、米穀検査事業の歴史的分析を試みたのが『日本農業発達史』であった。その第三巻は、地租金納後の産米の粗製を各地の事例に即して検討し、同業組合準則による調整・俵装の改良や、農会の前身となる組織による農事改良のケースを紹介している[62]。そこでは、「封建領主の検束解体後には地主の力が現われてくる。地方庁を背景とする地主の農事改良がそれである」、「完全に資本主義的地主が発展せず、農民に対して領主に代わり半封建的な地主の土地所有が成立していった」(63)などと、米穀検査が地主の利害に深くかかわることが強調されている(64)。さらに、各地の豊富な事例を参照して、廃藩置県・地租改正後の産地農村の取引の混乱、県庁などによるそれへの対応など、産地側の諸事情が具体的にえがかれている。

またその第五巻は、明治後期の府県営米穀検査について、やはり各府県の事例を紹介しながら概観している(65)。第三巻の時期には強制力に乏しく検査は不徹底であったが、府県営となって「精選調整は厳重」になり、「小作人の負担は増大」したとする。すなわち府県営の米穀検査は、「法令の力」によって「農民に君臨した地主勢力」が自らの「力を再編強化」し、小作層の負担による検査制度を定めたものであり、「あまりに露骨な地主的性格」のため実施には「幾多の摩擦」があったとしている。地主の利害を強調したもので、明治末からの小作争議の発生をも視野に入れている(66)。粗製とそれへの対応、および府県営検査の全国的展開が多くの事例によって検討されてはいるが、やはりいずれのケースも概観にとどまり、生産検査・移出検査の実態に即した実証的検討には限界がある。

米穀検査を地主の利害に注目して検討する研究は、一九六〇年代に受けつがれた。守田志郎氏は、「地主と商人（移出米問屋）の利害を、地主の要求によって検査制度の上に統一させるという経過は、およそどの県にも見られる現象」としている。同業組合による移出検査は移出米問屋、県営検査（特に生産検査）は地主、それぞれの利害にかかわるとして区別するが、移出検査実現後の生産検査の実施は、移出米問屋の利害にも整合的であったとする。ただしこの理解は実証的検討に支えられたものではなく、また例示されている鳥取県の因伯米検査についても事業の概観にとどまっている(67)。

持田恵三氏も、同業組合による検査を「商人的」とし、府県営検査を「地主的」と評価する。府県営検査により銘柄等級制が確立する根拠を、「産米改良を具体的に行なうのは、生産農民」であり、生産検査によってはじめて生産過程における米生産の「改良」が実現するからとしている。産米改良の担い手は「商人、地主ではなくて生産農民」

であり、移出検査だけでは生産過程に影響をおよぼさないとして生産検査の重要性が説かれている。(68)

ところで持田氏は、生産検査について、「農民に産米改良を強いるには、二つの方策があった」とし、その第一は「地主自体の、さらには県当局の権力による方法」であり、第二は「小作人に経済的利益を与えることで誘導しようという方法」であるとする。(69)その第一については、「より強力な権力」への「依存」として、検査の「統一性」、「権威」だけでなく、「もっと重要な理由」として「官権の力によって農民の反対を打破」することをあげ、それは「まさに年貢米収納検査だった」(70)とする。しかし、第二に、小作人に対する経済的な誘因、すなわち地主による奨励米などの交付にも留意しており、二方面からの「方策」があったと説いている。

持田氏のいう「官憲の力」と「経済的利益」は、山口県においても、生産検査の浸透を促す手段であった。また、生産検査・移出検査の関係についても、同氏が指摘するように、移出検査だけでは生産過程への作用に限界があり、また産地農村で粗製が続けば移出検査成績を制約することになった。移出検査成績の向上には、農法の改良や調整の徹底など産地農村での「改良」と検査（審査）を必要としたのである。山口県においても、両検査はそれぞれ独立しては存在せず相互に影響をおよぼしていたが、このような関係を実証的に解明するには、米穀検査の実施主体である組合組織の性格や、生産検査・移出検査の実態に即した検討が必要となる。

米穀検査事業の展開に即した実証的研究としては、一九六〇年代に、加藤瑛子氏による熊本県の肥後米の研究がある。(71)加藤氏によれば、米穀検査とは「『商品』としての条件」となる「容量、俵装、調整、乾燥如何」を対象とし、熊本県では移出商らによる同業組合と、県下各地の上層地主主導による米券倉庫による検査がはじまり、県営に移行したという。また、米券倉庫は上層地主の「小作米集散機関」として、地主組合という「小作人制裁装置」をも備え、検査という小作慣行を新たに生みだし、一定の品質の小作米を確保することになった。米穀検査を通じて、小作米の「品質統制」を可能にする「新しい小作慣行」が成立したとするのである。

また、小作層が生産検査を受容する経済的な条件に注目する西田美昭氏は、「農民的小商品生産」が進捗して米穀販売を活発化させた小作層が、有利な販売を目的として生産検査を受容するという誘因に注目した。すなわち西田氏は、一九〇〇年前後を画期とする資本主義の発達により、米穀市場の「近代化」が促されて米穀検査がはじまるとし、米穀検査と小作人の利害背反、もしくは小作人による検査の一方的負担という理解を退けた。「農民的小商品生産」が進展し米穀販売を活発化させつつある生産農民の側にも、生産検査を受容する条件が存在したのであり、生産検査を促したのは強制ではなく、受検による販売米の評価の向上であったとするのである。西田氏はこれを、小商品生産に傾斜する小作層の成長がみられた熊本県のケースに即して検討し、「農民的小商品生産」の進展と米穀検査（生産検査）のパラレルな展開を見出し、さらに、米穀検査の受容が小作層の負担を増加させるようになり、それが小作争議の要因になるとした。西田説は、小作層の受検を促す経済的誘因として、地主による奨励米などの補償のほか、小商品生産の進捗による小作層自体の米販売の前進を強調するものであり、これは山口県において一九〇〇年前後に生産検査が徹底していく条件にも通じるところがある。生産検査の普及・徹底による規格化・標準化の徹底は、米販売を積極化しつつある小作層にも適合的であったといえよう。

以上のような先行研究に対し、玉真之介氏は米穀検査を「地主的」とする『日本農業発達史』や守田氏・持田氏らの諸説を退け、米穀検査に特定の階層の利害を認めず、その「公共性」を強調した。すなわち玉氏によれば、米穀検査が担う「公共性」とは、「地域的に限定されるものとは質を異に」し、「国家的な枠組みで」考察すべきものであり[(72)]、それは日露戦後の食糧問題への対処という「危機管理」の一環をなすものであった。米穀検査に、ある特定の階層の利害ではなく「公共的」な性格を見出そうとするのは、戦前の児玉氏の研究にも通じている。このような玉氏の理解は、府県営検査がはじまる前後に食糧問題が台頭するという事実を重視し、食糧問題への対応という視点から米穀検査を捉えようとするものである。府県は「権力的に弾圧」したのではなく、「奨励米という新しい小作慣行をより徹底させ」ようとしたのであり、「市場制度としての『公共性』と『中立性』の確保に取り組んでいた」とするのである[73]。ただし、玉氏の方法は戦時から戦後に続く食糧管理制度の展開を射程に入れたものであり、一八八〇年代半ばにはじまる初期の米穀検査については、「危機管理」の一環として、食糧問題に対処する公共的機能を求めるのはむずかしいと思われる。

以上、本書の課題に関連して、当該時期の米穀検査について主な先行研究を紹介し検討してきた。明治初年から一九一〇年代にいたる米穀検査については、領主制解体・年貢廃止・地租金納を契機とする粗悪米生産、移出検査や生産検査をめぐる商人・地主・小作人の利害、生産検査の施行と新たな小作慣行の形成、明治末の食糧政策との関係などが主な論点であった。しかしそれらの多くは、移出検査・生産検査それ自体の展開に即した分析をともなうものではなく、その主体となった同業組合の組合史、府県穀物検査所の刊行資料、事業史などに依拠するにとどまり、検査事業の実態やその具体的展開については概観の域をあまり出ていない。

また、本書が課題とする、中央市場が産地農村を包摂していく過程、すなわち移出地と産地農村における米穀検査の普及・浸透を前提として、規格化・標準化された商品としての産米の取引が生産現場である産地農村にまで普及・浸透していく過程については、これまで、生産検査の実施を定めた府県や諸組織の規則の制定・公布などをもって、それが実現したように論じられている。移出検査が早期にはじまったとしても、産地農村における生産検査は定められた規則どおりには実現しなかった。生産検査の進捗には、県行政や組合組織の対応方法、移出検査の進捗度、検査員の能力、産地農村における米作の特徴など、多様な要因が関係したのである。したがって、産地農村における米穀生産の展開をふまえながら、検査の実施主体となる組織のあり方や米穀検査の具体的展開に即した分析を通じて、これらの課題が検討されなければならない。

2　本書の構成

各章の構成

本書はまず、次の本章第三節において、山口県内における米穀検査の展開を検討する前提として、県内の米作の展開を概観し、県内各地域の米生産の特徴を把握する。この作業をふまえて、本書は以下六章にわたり、一八七〇年代末から一九一〇年代にいたる時期に、米穀検査を目的に山口県内に組織された諸組織の事業を検討する。なお本書においては、生産検査と移出検査を、当時の山口県内の呼称にしたがって、それぞれ「審査」、「検査」とした。移出検査については、誤解をさけるため「移出検査」としたところもある。また、審査・検査の両事業を総称して「米穀検査」と称することとした。

第一章は、山口県庁の主導により、一八八六年に組織された米撰俵製改良組合と米商組合による米穀検査の試みを検討する。両組織のうち、前者は産地農村における「審査」（生産検査）の実施を、後者は主要な移出港における「検査」（移出検査）を目的に設立された。まず、粗製がすすむ防長米に対する大阪市場の有力問屋の評価、県庁の対応などにより両組織の設立過程を検討し、次に、移出港における検査、および産地農村における審査について具体的に検討しながら、米穀検査開始当初の審査・検査の実務や機能を解明し、産地農村における取引の実態を明らかにする。

米撰俵製改良組合と米商組合は一八八八年に合同し、同業組合準則により防長米改良組合が発足するが、第二章はその組織と米穀検査事業を検討する。検査を管轄する米商組合取締所は、瀬戸内海沿岸の移出港において、米商組合から引きついだ移出検査を実施し、また、県内の各農区ごとに組織された二四の防長米改良組合は、県下全域において審査を開始した。審査・検査両事業の実態を検討しながら、特に、審査の制度や機能の不備、審査の忌避や未審査米の取引による事業の混乱、それが移出検査におよぼした影響、一部の米穀商たちによる改良組合離脱の動きなどに注目し、産地農村の生産者・地主と移出港の米穀商を一体化した防長米改良組合の初期の事業の特質を解明する。

一八九〇年代半ばから、審査は産地農村に浸透していくことになる。その条件をさぐる第三章は、まず防長米改良組合の事業に即して、試験田の経営、審査員や検査員の養成、審査・検査の基準など組合組織による米穀検査体制の形成を確認し、次いで、県庁が主導し警察なども動員して強力にすすめられた九〇年代半ばの違約処分、およびその結果として審査が県内に浸透していく過程を、郡ごとに改良組合の報告書により具体的に検討する。

重要輸出品同業組合法により防長米改良組合は一八九八年に改組され、防長米同業組合が発足した。第四章は改組当初の防長米同業組合の事業を検討する。防長米改良組合は各農区を基本単位としたが、同業組合は全県単一の組織となった。各郡にはなお独立性の強い支部が設置され、また審査も支部が管轄したが、全県下統一した審査が指向されるようになる。また、九〇年代半ばにはじまる強力な審査の徹底は、改組後の同業組合によりさらに強化された。産地農村における審査の進捗は、移出港の検査成績にも影響をおよぼし、兵庫市場においては防長米の優位が実現していく。小作人の追加負担に対する地主の補償に限界があるなかで、違約処分の強化という強制的な手段のもつ意義を検討する。

第五章は、防長米改良組合、およびその後身である防長米同業組合が経営した試験田の事業を視察者の報告書により検討し、「改良米」生産の普及に果たした機能について検討する。試験田の経営主体は改良組合、および同業組合であったが、同時に試験田は県農事試験場の下部機関として位置づけられた。したがって、県農事試験場の職員は試験田に業務を指示し、またそれを視察・監視した。試験田は改良組合・同業組合の事業である審査を普及し成績向上をはかるため「改良米」の生産・調整を技術指導したが、同時に県農事試験場の下部機関としての業務も課されていたのである。恒常的な職員不足のもとで、審査成績の向上をはかる試験田の機能の実態を検討する。

第六章は、防長米の販売市場が構造的に変化する一九一〇年代を対象とする。阪神市場においてはこの時期、府県営米穀検査がはじまる兵庫県・岡山県・香川県などの産米が本格的に台頭し、さらに朝鮮米移入の圧力も加わるようになった。また、海外市場が縮小して国内市場への転換もすすんだ。阪神市場の構造的変化に対応して、防長米同業組合は組織を整理し、審査体制・検査体制の再編を本格化する。その結果、審査は違約処分によらず産地農村に浸透し、また検査成績も向上するようになり審査体制は確立していった。しかし阪神市場をめぐる競争は激化し、防長米価格は相対的に低下しはじめ、兵庫市場や大阪市場におけるシェアを縮小していくことになった。このため、あらたな販売市場が開拓されるとともに、国内市場に適した小粒種への切りかえも試みられることになる。

最後に終章において、本書各章で明らかにしたことをふまえて全体を総括する。

検査諸組織と関係資料

山口県文書館に所蔵される「山口県庁文書」のなかには、米撰俵製改良組合・米商組合、防長米改良組合、防長米同業組合の組織や事業に関する一次資料、報告書などが残されている。県庁はこれらの諸組織の設立に関与し、事業の運営を指導し、補助金を交付し、報告書の提出を求めた。その過程で作成された書類・報告書が県庁に残され、それらは簿冊に綴られて現在にいたっている。本書が使用した簿冊を表序－2に示したが、それらは事件ごとに複数の書類が整理され括られた一件文書によって構成されている。すなわち、関連する数点の書類が一件文書となり、数編の一件文書によって一つの簿冊が作成されており、『簿冊』－「一件文書」－「個々の書類」という構成になっている。このため本書においては、「県庁文書」を出典として注記する場合に、原則として、

「個々の書類のタイトル」（「一件文書のタイトル」［簿冊の分類・番号－当該一件文書の文書番号］）

のように記した。簿冊の分類は表序－2の「分類」（「戦前A農業」）であり、本書では「農業」と略した。また簿冊の番号は同表の「番号」欄に記した。各章の注記には簿冊のタイトルを省略している。当該一件文書の番号は、各簿冊に収められている当該一件文書に付された文書番号である。各簿冊に付された目次、もしくは各一件文書の冒頭に記

表序－2　米撰俵製改良組合・米商組合・防長米改良組合・防長米同業組合関係の簿冊

分類	番号	簿冊の表題	簿冊の年代	冊数
戦前 A 農業	4	米撰俵製改良組合台帳	明治19（1886）	1
	5	米撰俵製一件	明治21（1888）	1
	6	米撰俵製組合一件　農工商務掛	明治21（1888）	1
	7	防長米諮問一件	明治21（1888）	1
	8	防長米改良組合規約（周防国）	明治21（1888）	1
	9	防長米改良組合規約（長門国）	明治21（1888）	1
	10	防長米改良組合・同取締処規約	明治26（1893）	1
	11～27	防長米改良組合一件	明治21～31（1888～98）	17
	28～32	防長米同業組合一件	明治31～35（1898～1902）	5
	33～35	重要物産同業組合一件　農務掛	明治36～38（1903～05）	3
	36	初年以来米麦作沿革（周防）農務掛	明治38（1905）	1
	37	初年以来米麦作沿革（長門）農務掛	明治38（1905）	1
	38～47	農事試験場一件	明治29～38（1896～1905）	10
	48～49	農事試験場　農林掛	明治39～44（1906～11）	2
	52	農事試験場　農務課	大正３～11（1914～22）	1
	53	農事試験場　勧業課	明治45～大正２（1912～13）	1
	54	農事組合	明治39～40（1906～07）	1
	55	農事組合	明治42～45（1909～12）	1
	56	農事組合	明治41～42（1908～09）	1
	57	農事組合	大正２～４（1913～15）	1
	58	農事組合	大正５～10（1916～21）	1
	61	小作慣行調査書（各郡）　勧業課	大正１（1912）	1

注：分類・番号は山口県文書館による整理番号。以下、引用する簿冊を、「戦前Ａ」を省略して、［農業４］のように表記する。

されている番号である。文書番号が付されていないときは省略した。

例えば、一八八八年の『米撰俵製一件』という簿冊の二五件目に、「米質《ママ》俵製組合設置以来景況取締ノ件」というタイトルを付された一連の一件文書があり、そのなかに綴り込まれた「米質俵製組合設置以来景況取締」という書類の表記は、次のようになる。

「米質俵製組合設置以来景況取締」
（「米質俵製組合設置以来景況取締ノ件」
［農業５－25］）

第三節　山口県の米作

1　反収の検討

中国地方の米作　一八七〇年代から一九一〇年代にいたる山口県の

米作の展開を、県内各郡の特徴を把握しながら概観し、米穀検査事業を検討する前提とする。山口県において、「米穀ハ本県物産中第一二位スル」といわれたように、[74]米は同県最大の産物であり、その生産と販売は山口県庁の勧業政策が最も重視する部門の一つであった。この、米が県内最大の産物であるという記述は一九一〇年代末のものであるが、本書が対象とする時期において、また多くの府県においてもこれは同様であったといえる。そこでまず、山口県の米作を全国のなかに位置づけ、次いで県内各郡の米作の地域的な特徴を概観する。

　ここでは、まず、全国を北海道・東北・関東・北陸・東山・東海・近畿・中国・四国・九州の一〇ブロックに分けて、一八九〇年代半ばから一九一〇年代末にいたる粳米反収の推移を検討し、中国地方の米作の位置を確認する。全国平均の反収はこの間順調に上昇し、一八九〇年代後半の一・四三石は一九一〇年代末の一・七九石へ、二五％ほど増加した（以下、表序－3）。

　北海道の粳米反収は全国最低で、全国平均を大きく下回っていた。各期ともに格段に低く、しかも冷害などの影響により不安定である。[75]この間の増加率も最低であったが、一八九〇年代後半から一〇年代末にかけて一三％ほど増加し、収穫量も一〇年代末には府県なみの一〇〇

表序-3　ブロック別の収穫量と反収

（単位：石）

	1895～1900年平均		1900～10年平均		1910～18年平均		反収増加率(%)
	収穫量	反収	収穫量	反収	収穫量	反収	
北海道	72,466	1.08	249,402	1.19	627,574	1.23	13.4
東北	5,892,556	1.30	6,203,208	1.35	7,486,308	1.58	21.2
関東	5,030,450	1.33	5,271,992	1.37	6,358,662	1.60	20.5
北陸	4,886,146	1.46	5,744,239	1.69	6,424,835	1.84	25.8
東山	2,234,118	1.52	2,485,803	1.66	2,821,726	1.84	20.6
東海	3,333,571	1.47	3,946,151	1.71	4,391,173	1.86	26.8
近畿	5,433,001	1.66	6,543,590	1.98	7,128,423	2.12	27.8
中国	4,431,384	1.38	5,257,254	1.61	5,896,894	1.76	27.8
四国	2,024,521	1.42	2,580,475	1.77	2,910,636	1.93	35.9
九州	5,795,178	1.44	7,168,628	1.74	8,109,747	1.89	31.4
全国	39,095,564	1.43	45,405,912	1.62	52,090,162	1.79	25.4

出典：農林大臣官房統計課『明治十六年乃至昭和十年　道府県別米累年統計表』（1936年）。
注：(1) 反収増加率は、1895～1900年平均に対する1910～18年平均の増加率。
(2) 北陸は新潟・富山・石川・福井、東山は山梨・長野・岐阜、東海は静岡・愛知・三重の各県。

万石前後に近づいていた。

東北の反収はこの間、全国平均を下回っていたが、米収穫量は一九〇〇年代には六〇〇万石を、一〇年代には七〇〇万石を超えて二割強の増加を実現し、反収も二一％の増加をみた。やがて二〇年代には、全国平均に追いつくことになる。次いで関東も全国平均以下であり、僅かに東北を上回るが、増加率ともに東北とほぼ同程度であった。

北陸・東山・東海の三ブロックの反収は、全国平均をやや上回る位置にあった。東山・東海の収穫量自体は比較的少なく、両ブロック合わせて五〇〇～六〇〇万石程度で、北陸や東北・関東とほぼ同程度の数量であった。北陸・東海の増加率は二五％を超えており、全国平均程度の伸び率を示している。

近畿は全国有数の米生産地帯であった。反収は、すべての時期において他ブロックを大きく引き離して高位にあり、収穫量も一九一〇年代には七〇〇万石を超えた。この間の増加率も二八％と高い。また、四国・九州も、近畿ほどではないが、反収はほぼ全国平均を上回り生産力の高い地域であった。四国の収穫量は二〇〇万石台と少なく東山と同程度であったが、九州の収穫量は各期ともに近畿を凌駕し、一〇年代には八〇〇万石を超え、全国最大の米作地帯となった。また四国・九州の増加率は三割を超えており、ともに近畿を上回っている。

全体として、全国平均をやや上回る北陸・東山・東海を中央の境界として、東は収穫量・反収・反収増加率ともに相対的に低く、全国平均をやや下回っていた。これに対し、西の近畿・四国・九州が収穫量・反収・増加率ともに優位にあったのである。

以上をふまえて中国の位置をみると、収穫量は四〇〇～六〇〇万石、反収は全国平均以下、反収増加率は平均を若干上回っていた。反収が相対的に高位にあった西日本において、中国地方は最も低い水準にあり、ほぼ全国平均の数値に近かった。ただし、北海道・東北・関東ほど低くはなく、一九一〇年代には、近畿や四国・九州の水準に接近している。

山口県の米作

次に山口県についてみると、同県は山がちであるが瀬戸内海や日本海沿岸には水田が広がっていた。米作は同県の主要産業のひとつであり、防長米は近世期より大坂市場において、良質の産米として評価されてきた。山口県の粳米収穫量と反収を、中国ブロックの各県と比較すると（表序－4）、まず、一八九〇年代後半には、山口県は岡山県と並ぶ米産地であった。しかし、一九〇〇年代になると広島県が急速に台頭し、山口県・岡山県と並ぶようになった。

表序－4　中国地方各県の収穫量と反収

（単位：石）

	1895～1900		1900～1910		1910～1918		反収増加率(%)
	収穫量	反収	収穫量	反収	収穫量	反収	
鳥取	518,994	1.62	581,061	1.74	631,864	1.85	14.1
島根	718,020	1.33	854,128	1.54	987,741	1.75	31.9
岡山	1,119,137	1.35	1,442,740	1.69	1,594,397	1.81	34.2
広島	850,565	1.15	1,072,911	1.44	1,333,319	1.76	52.7
山口	1,224,668	1.56	1,306,414	1.66	1,349,572	1.69	8.0
中国	4,431,384	1.38	5,257,254	1.61	5,896,894	1.76	27.8

出典：農林大臣官房統計課『明治十六年乃至昭和十年　道府県別米累年統計表』（1936年）。

注：各期間の平均。反収増加率は表序－3に同じ。

この間、中国において一貫して高反収を維持していたのは、収穫量は五〇～六〇万石と最少の鳥取県であった。同県の反収は一九〇〇年頃から上昇し、一〇年代前半期にやや停滞するものの、この間ほぼ一貫して中国の首位を維持していた。ただし、反収増加率は一四％と、中国のなかでは比較的低かった。島根県は収量が鳥取に次いで少なく、反収も低位であり米作がさかんではなかったといえる。ただし、反収はこの間三割を超える増加を示しており、上昇傾向が顕著であった。中国で収穫量・反収ともに優位にあったのは岡山県である。一八九〇年代後半には反収がやや低かったが、一九〇〇年代から収穫量・反収ともに大幅に増加し、一〇年代の収穫量は一六〇万石に迫り反収も高位にあった。この間、反収の増加が最も著しかったのは広島県である。一八九〇年代後半には、広島県の反収は中国ブロック最低であり収穫量も低位にあったが、一九〇〇年代にはめざましく発展し、短期間のうちに中国の平均に到達した。この間の反収増加率は五割を超えている。この急速な反収の増加

表序-5　各郡市の米（粳米）平均生産量・反収

（単位：石）

郡市	1895～1900年平均		1900～10年平均		1910～18年平均		人口（人）	1人当り収穫量	移出可能量（%）	
	収穫量	反収	収穫量	反収	収穫量	反収				
大島	33,758	1.76	39,149	1.99	40,029	1.99	66,751	0.59	△10,914	△28
玖珂	120,745	1.31	132,015	1.44	143,025	1.53	145,672	0.91	22,761	17
熊毛	81,563	1.43	85,253	1.48	95,021	1.61	92,267	0.92	16,053	19
都濃	90,139	1.44	99,686	1.58	106,917	1.65	102,392	0.97	22,892	23
佐波	100,265	1.71	113,942	1.90	112,471	1.86	91,117	1.25	45,604	40
吉敷	174,830	1.94	182,851	2.01	185,616	2.01	110,444	1.66	100,018	55
厚狭	133,249	1.71	137,553	1.78	135,443	1.75	98,321	1.40	63,812	46
豊浦	145,896	1.42	156,276	1.55	154,270	1.52	113,387	1.38	71,235	46
美祢	82,050	1.77	82,000	1.75	81,537	1.63	41,970	1.95	50,523	62
大津	73,766	1.70	78,493	1.78	83,260	1.86	50,329	1.56	40,747	52
阿武	113,099	1.43	117,740	1.47	126,019	1.55	108,828	1.08	36,119	31
下関	967	2.07	656	2.10	370	2.16	67,420	0.01	△66,764	
合計	1,150,322	1.58	1,225,615	1.68	1,262,868	1.70	1,088,898	1.13	392,086	32

出典：山口県第一部第二課『山口県勧業年報』（各年度）、山口県編『山口県統計書』（各年度）。
注：移出可能量は［1900～10年平均収穫量］－［人口×0.75石（下関は1.0石）］、人口は『山口県統計書』（1912年度）による1912年末の現住人口、移出可能量の割合は同期の平均収穫量に占める割合。

は、この時期に展開する農事改良によるものといえよう。[76]

ところで、山口県の反収の推移は、こうした中国ブロック各県とはやや異なっていた。一九〇〇年代まで山口県の反収は鳥取県とならび、中国地方のなかでは比較的高位にあった。一八九〇年代後半には、岡山県を上回る収穫量をあげており、反収も鳥取県に次いで中国第二の位置を占めていた。しかし、一九〇〇年代になると伸びは微増にとどまり、また一〇年代には中国の平均を下回るようになって、最下位に落ち込んだ。この間の反収増加率も八％と、中国各県と比較すると大幅に低く最低となっている。このように、一九〇〇年代を境に、それ以前は高反収をあげていたが、以後は停滞して平均以下となったのである。[77]

県内各郡の地域性　次に、山口県内各郡の粳米反収の推移をみながら、米作の展開の地域差を検討する（表序－5・図序－1）。なお、明治末の現住人口から各郡の米消費量・郡外移出量

図序-1　山口県内の各郡市

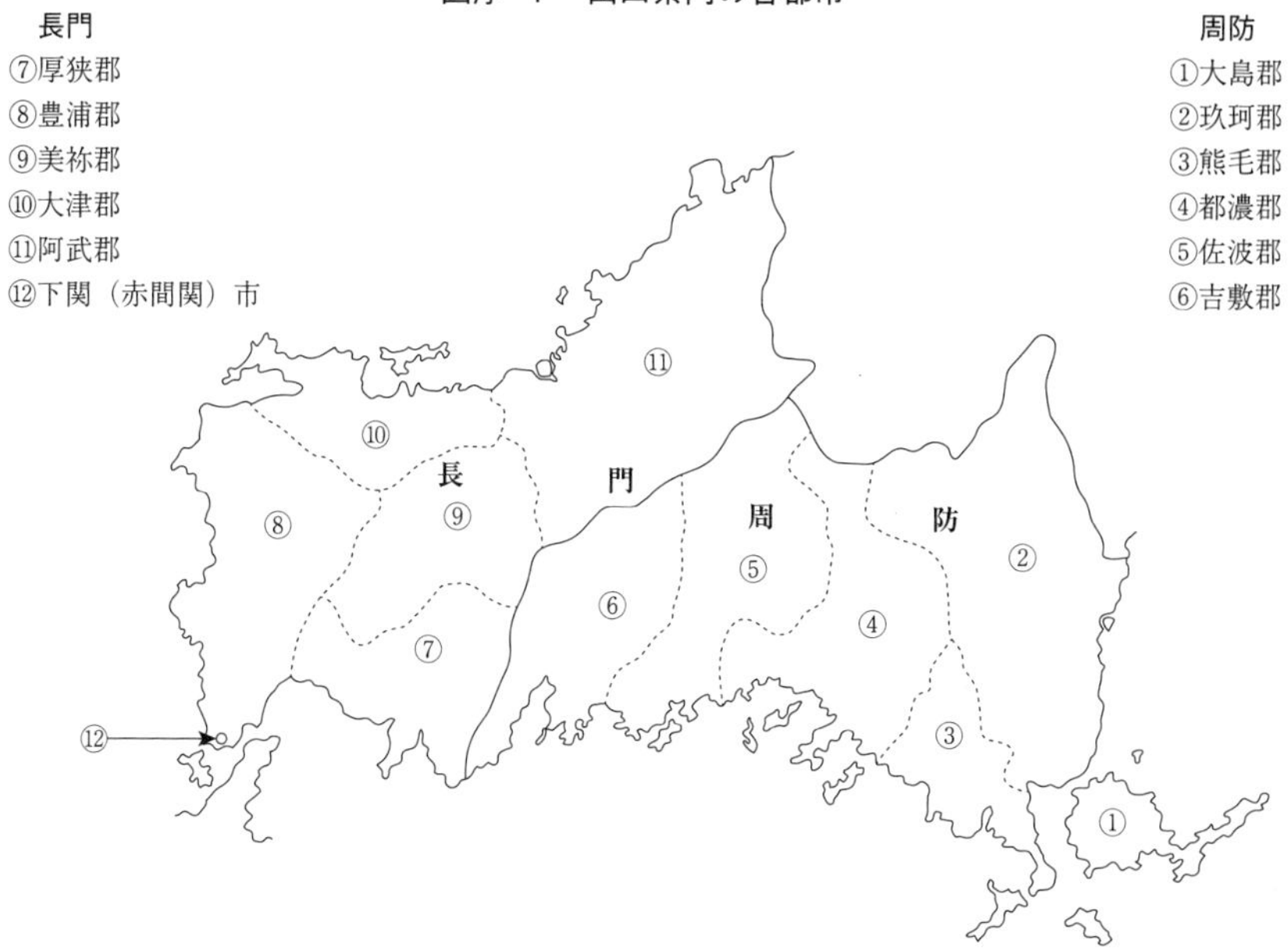

を推定した。移出可能量は一人あたり年間平均米消費を、都市部（下関市）では一・〇石、農村部では〇・七五石として推計した[78]。

　まず、県東南部、瀬戸内海側に位置する旧周防国の各郡をみると、大島郡は周防大島全島を郡域とし、米作は飯米を確保するための自給的な性格があり、作付面積は狭小で収穫量は少なかった。集約化して反収は高位にあったが、郡外への移出量は少量でむしろ飯米を移入しており、商品化を目的とするような米作は限られていた。

　玖珂郡の収穫量は一二～一四万石におよび多量であったが、反収は県平均を大きく下回って県東南部では最低であった。しかし、一九〇〇年頃からは漸増し、一〇年代にもそれが持続して県平均に徐々に近づいていった。また熊毛・都濃両郡の反収も、玖珂郡と同様に県平均を下回っていたが、玖珂郡よりは若干上位にあった。いずれも、県外移出量は限られていたと考えられる。

　佐波郡の反収は県平均を上回り、一九〇〇年代後半に大幅に上昇した。しかし、一〇年代になると微減し停滞するようになった。佐波郡以上に高反収を実現しているのが吉敷郡である。一八八〇年代末には二石前後に達し、一九〇〇年代にも漸増して二・〇一石になった。佐波・吉敷両郡は移出可能量が多く、兵庫市場や大阪市場などに仕向けられる防長米の生産の中心地であった。

このように、高反収の吉敷・佐波両郡、それとは対照的な玖珂郡、それらの中間に熊毛・都濃の二郡があり、いずれも反収の増加傾向が認められる。大島・玖珂の二郡と同様に、熊毛・都濃の二郡も一人あたり収穫量が少なく、移出可能量も比較的少量であるから、県外への移出量は少なかったといえよう。

次に県西部から日本海側、旧長門国の各郡をみると、まず、一九〇〇年代から最も反収が高いのが大津郡であった。同郡は収穫量は少ないが高反収を維持していた。一八九〇年代後半からの伸びは顕著で一九一〇年代にはより一層大幅となった。また、この時期の厚狭郡の収穫量は一三万石台と多量であり、一九〇〇年代までの反収も大津郡に並ぶ位置にあった。しかし、一〇年代に入ると反収は減少し、上昇傾向を維持する大津郡との差が開いた。

一方、阿武・豊浦の二郡の反収は各期ともに県平均を下回っていた。豊浦郡は吉敷郡に次ぐ多量の収穫量があったが、反収は県内最低の位置にあった。阿武郡でも一一〜一二万石台の収穫があったが、反収が低いという点で豊浦郡と同様である。

なお、美祢郡の反収の推移はやや特異で、その理由は不明であるが、一八九〇年代後半が最も高く、以後一九〇〇年代、一〇年代と顕著に落ち込んでいる。

ところで、県西端にある下関は米消費地であり、都市では一般に米食率が高かったから、人口六万数千人の米食率を九割前後とし、一人あたり年間一・〇石を消費したとすると、六〜七万石の消費があったことになる(79)。県西部の厚狭・美祢・豊浦・大津の各郡には、一定の移出可能量があったが、それらの一部は下関消費分に仕向けられたものと思われる(80)。したがって、各郡の移出可能量すべてが県外移出されたわけではない。

2　反収と農法

収穫量と反収

山口県下各郡の粳米反収の水準に注目すると、県平均値を上回る比較的高反収グループとして吉敷・佐波・大津の三郡、および平均を下回る低反収グループとして玖珂・豊浦・阿武の三郡に大別できよう。低反収三郡は、いずれも一九〇〇年頃から一〇年代にかけて反収を徐々に増加させていった。ただし県平均の水準を下回っており、依然として格差があった。

ほかに、中間的グループとして、反収は高反収グループにはおよばないが、それに準ずる都濃・熊毛の二郡があった。一九〇〇年代にはやや落ち込むが、以後上昇して一〇年代には県平均程度に上昇している。また、厚狭郡ははじめは高反収グループに準じたが、一九〇〇年代〜一〇年代には反収を減らして都濃・熊毛二郡に近い位置に移行した。さらに、当初は高反収であったが一九〇〇年代以降に反収を減らしていく美祢郡、反収は高いが収穫量がきわめて少ない大島郡があった。

このように、県下の各郡は、高反収の吉敷・佐波・大津の三郡、低反収の玖珂・豊浦・阿武の三郡、それらの中間に位置する厚狭・都濃・熊毛の三郡、およびやや特異な位置にある美祢・大島の二郡に整理することができよう。そこで、以下、高反収・低反収の両グループの対比を軸として、そこに中間的グループや美祢・大島二郡の動向を必要に応じて加味しながら検討を続ける。

肥料消費

山口県庁の作製による、明治初年から日露戦時にいたる米作の発達に関する調査書類[81]から、各郡ごとに農法などの特徴を概観する。この書類は、各町村役場が作製した調査結果を郡役所が取りまとめ、郡全体の概要を付して県庁に報告したものである。それぞれ町村役場や郡役所が作製した書類には精粗があるが、統一的な調査項目により県下各郡・町村を調査したもので、県内米作の地域的特徴を探るには有効である。

本資料の記述に即して各郡の特徴をみると（表序-6）、まず、明治初年以来の収量増加の「原因」として、多くの

施肥の変遷

吉敷郡	厚狭郡	豊浦郡	美祢郡	大津郡	阿武郡
近来肥料其他ニ関シ注意シタル結果	漸次肥料ノ点ニ注意スルト農事改良ニ伴ヒ	近来農事改良ト肥料注意普及トノ結果	以来肥料ノ点ニ注意スルト共ニ栽培上ニ改良ヲ加ヘタル結果	以来年ヲ経テ斯業発達ニ伴ヒ栽培法等当ヲ得肥料其ノ普及ニヨリ	中年以来漸次肥料ニ灌漑ニ排水ニ其他注意周到ナル結果
[初年] 柴草・塩灰・刈草・人糞尿・焼酎粕・米糠・堆肥等、堆肥（400）、塩灰（50）、柴草（300） [1894] 綿実粕加用 [目下] 堆肥（200）、塩灰（20）、柴草（175）、減量 [目下] 堆肥（200）、塩灰（20）、柴草（175）	[初年] 厩肥・堆肥（200）	[初年] 柴草・厩肥・人糞尿・堆肥・焼酎粕、柴草・堆肥等（100～155）、その後も増減なし [1905] 増減なし、焼酎粕（7.5）	[初年] 柴草・厩肥・油粕・塩灰・堆肥・人糞 [以前] 堆肥・厩肥（200～245）、柴草（250）、塩灰（15）、塩灰は鉱毒地に使用	[初年] 厩肥・人糞尿・堆肥等 [以前] 厩肥・堆肥等（155）	[初年] 柴草・堆肥・人糞尿・厩肥・焼酎粕・醤油粕等、柴（250）・堆肥（200）・焼酎粕（7）・醤油粕（70～80） [明治中年] 漸減
[初年] 鯡粕・干鰮・鰊粕・干鰯・羽鰊・油粕、鰊粕・干鰯（5）、漸次改量 [目下] 鰊粕・干鰮（2.5増加）	[初年] 鰊粕・油粕・羽鰊・鯡粕（5）、順次増加 [1905]（7.5）	[初年] 鰊・油粕・干鰯、鰊粕・干鰯等、 [1905] 増量（6.5）	[初年] 鰊粕・油粕・干鰯 [以前] 鰊粕（3.5）・油粕（5）、塩灰（15） [1905] 鰊粕（7.5）・油粕（10）・塩灰（25.5）	[初年] 干鰮、鰊粕 [以前] 鰊粕（5.5）、増加 [1905] 鰊粕等（7.5）	[1887] 鰊粕使用開始、鰊（5） [1905] 増加
[1894] 大豆粕（5.5）、硫曹肥料 [交戦前] 大豆粕7～8分 [開戦以来] 輸入絶無、減少 [1905] 燐酸肥料補給、大豆粕（7.5～10）	[1887] 使用の傾向、成績良好 [交戦前] 6分 [開戦後] 漸次減少、燐酸肥料補給	[1894] 使用試み、結果佳良 [交戦前] 7～8分 [交戦後] 頓に減少 [1905]（10）、燐酸肥料補給	[1890] 大豆粕・硫曹肥料加用 [交戦前] 5～6分 [交戦後] 輸入杜絶、縮減、燐酸肥料補給	[1887] 使用開始、施用当時（7.5） 漸次増加 [交戦前] 8分（10以上） [開戦後] 輸入杜絶 [1905] 燐酸肥料補給	[1887] 使用開始、（7） [交戦前] 5～6分 [開戦以来] 輸入絶無、燐酸肥料を補給 [1905] 継続、増加
[初年] 使用開始 [1891] 極度（150～170、少くとも75）減縮 [1905]（普通45、75を超えず）	[初年] 使用開始 [1877～82] 漸増 [1891] 極度（75～145）、以後減量 [1905]（40～50）	[1872] 使用開始 [1884] 漸次増加 [1898] 極度（45～100） [1905]（25）	[維新前] 使用開始 [1871] 漸次増加 [1889～1896] 極度（125～155） [1905] 漸次減少（45～65）	[1875] 使用開始漸次増加 [1894～97] 極度（多きは100） [1905] 漸く減少	[初年] 使用開始、漸次増加 [1887] 益々増大 [1890] 極度（80～120、多きは150）漸減 [1905]（普通35、70を超えず）

八年より三十七、八年」→1894～1905。「頃」「位」などの記述は省略した。

表序-6　各郡の

	大島郡	玖珂郡	熊毛郡	都濃郡	佐波郡
収穫増の原因	[中年頃] 肥料ノ普及ト耕作上学理的ニ適ヒ精細トナル	爾来種々肥料普及ノ結果	耕耘、除草、肥料ノ普及等凡テ学理ノ応用ニ基キ……	明治十五年頃ヨリ施肥ニ重キヲ置キ漸ク之レカ普及セシ結果	以来栽培ノ改善ト肥料ノ普及トノ結果
自給肥料	[初年] 堆肥・柴草・厩肥・人糞尿等、厩肥・堆肥等（155）	[初年] 柴草・堆肥・厩肥等（200～400）、漸次減 [1905]（150～200）	[初年] 柴草、厩肥（155）	[初年] 主として青草・堆肥・厩肥等、厩肥（350）、青草（450）、次第に減少 [時期不詳] 厩肥（300）、青草（350）	[初年] 堆肥・柴草・木炭・人糞等、堆肥・柴草類（145～200）
魚肥	[初年] 羽鰊・鰊粕等（5.5） [1905] 鰊粕等増加（7.5）	[初年] 鰊粕、羽鰊等（6.5）、漸次増加 [1905]（8.5～12）	[初年] 鰊粕等（6.5） [1905]（10）	[明治中年以来] 金肥使用 [1905] 鰊粕、漸次増加	[初年] 鰊粕・鯡粕・干鰯・油粕、鰊粕・鯡粕等（6.5）、漸次増加 [1905]（8～10）
大豆粕	[1885] 使用開始、漸増 [交戦前] 8～9分、増加 [1905]（8.5）	[1896] 施用開始 [交戦前] 7～8分 [交戦後] 大幅減 [1905]（7.5～14.5）、燐酸肥料を補う	[1883] 大豆粕施用傾向、漸次増加 [戦前] 大豆粕6分 [開戦後] 大豆粕減少、燐酸肥料を補う [1905] 大豆粕（10～12.5）	[明治中年以来] 金肥使用 [1905] 大豆粕、燐酸肥料を補う	[1892] 使用開始 [戦前] 7分以上 [交戦後] 大幅減 [1905] 燐酸肥料を補う
石灰	[明治以前] 使用開始、漸増 [1887] 極度（65、多きは100）、漸減 [1905]（普通35）	[明治以前] 施用開始、漸次増収、益々施用 [1887] 極度（75～200）以後漸減 [1905]（55）	[維新前] 点々と施用 [1877] 漸次増加 [1894] 極度、（多きは120）、以後減量 [1905]（35～55）	[明治以前] 使用開始 [明治初年] 漸次増加 [1884～87]（多くは150以上、少くとも100） [1905]（50）	[初年以前] 使用開始 [1881] 漸次増加 [1894] 極度（175） [1905] 大に減量（45）

出典：『明治三十八年　初年以来米麦作沿革』[農業36] [農業37]。
注：(1)（　）内は重量（単位：貫／反）、[　] 内は時期についての記述。
(2) 概数の記述は次のようにした。「五、六十」→55、「七、八」→7.5、「明治二十七、八年」→1894、「明治二十七、
(3)「現今」、「近時」などは [　] に入れ、[1905] などとした。「交戦」などの戦争は日露戦争のことである。

郡が肥料の増施・改良をあげている。しかも、高反収の郡だけでなく低反収の郡においても、同様に肥料の改良・増施などが強調されている。

そこでまず、高反収三郡の施肥についての記述をみると、吉敷郡においては、明治初年から多様な自給肥料が比較的多量に用いられ、また魚肥の施肥量も多くなっている。一八九〇年代には石灰も積極的に用いられたが、日露戦時には急減している。一九〇〇年頃からは、大豆粕や化学肥料の使用が増加し、日露戦争直前には大豆粕が七〜八分に達した。佐波郡についての記述は少ないが、魚肥が比較的多く石灰も多量に使用されている。大豆粕や化学肥料の導入と増投は吉敷郡とほぼ同様であった。

また大津郡では、魚肥の多用が特徴的である。同郡は東西に長く日本海に接して漁業がさかんであり、近世期より自給肥料の不足を魚肥で補っていた(82)。明治末の同郡は魚肥製造額が県内最多で(83)、魚肥の使用がさかんであった。また、大豆粕や化学肥料も一八八〇年代半ばから使用され、日露戦前には八分〜一〇分にまで増加している。一方で、石灰の使用は比較的少ない。このように、高反収三郡では魚肥や大豆粕・化学肥料などの購入肥料の使用が顕著であった。

一方で、低反収三郡の購入肥料消費量は相対的に低位にあったといえる。まず玖珂郡では、自給肥料や魚肥・石灰の使用は平均的であったが、大豆粕の使用開始は一八九六年頃とやや遅れた。豊浦郡でも堆肥など自給肥料の使用量は多いが、明治前期には魚肥使用についての記述がなく、日露戦時にも少量であり石灰の使用も少ない。ただし大豆粕の使用は平均的で、明治前期から中期には消極的であったが、後期からは積極的になった。また、阿武郡でも同様に自給肥料の使用は比較的多かったが、魚肥は遅く少量で日露戦時にようやく増加している。また大豆粕の使用割合も少なく、総じて購入肥料の使用は消極的であった。このように、阿武郡では明治初年から日露戦時にいたるまで購入肥料の使用は消極的であったが、玖珂郡・豊浦郡では大豆粕が導入される明治後期からは増加に転じている。一九一〇年代になると、後述するように玖珂・豊浦両郡の反収が増加して県平均に近づくが、その一因として購入肥料の消費増加が考えられよう。

そのほか、厚狭・熊毛・都濃の三郡においては、吉敷郡と比較すれば自給肥料・魚肥ともに使用がやや少ない。大豆粕についても、日露戦前の使用割合は六分前後で比較的低位であった。また美祢郡においても、自給肥料・魚肥・石灰などの使用は平均的であったが、大豆粕の使用割合は五〜六分と少ない。大島郡では、自給肥料・魚肥・石灰は平均的であるが、大豆粕の使用割合が高位にあり、飯米用の集約的な米作の展開がうかがえる。ただし高反収三郡と比較すれば収穫量自体は少なかった。

このように、地域差はあるが、高反収の郡を中心にして購入肥料の使用が活発化するとともに移出可能量が増加しており、小商品生産が進捗している傾向を確認することができよう。

注

（1）「中国米」、「長防米」などとも呼ばれた。

（2）本書では、米の生産地域、例えば山口県全体を「産地」と総称し、そのうち移出港や停車場などを「移出地」、米穀生産が実際に行われる地域を「産地農村」とする。「移出地」では移出検査が、「産地農村」では生産検査（審査）が実施されることになる。

（3）阿部武司・中村尚史編著『講座・日本経営史2　産業革命と企業経営』（ミネルヴァ書房、二〇一〇年）第一章、中村隆英『戦前期日本経済成長の分析』（岩波書店、一九七一年）第二章、同『明治・大正期の経済』（東京大学出版会、一九八五）第七章など。

（4）井上光貞ほか編『日本歴史大系4　近代Ⅰ』（山川出版社、一九八七年）八一五〜八一八頁（高村直助稿）、資料は大川一司ほか『長期経済統計1　国民所得』（東洋経済新報社、一九七四年）。在来産業は、広義には農林水産業を含み、主として家族労働、また少数の雇用労働に依存する小経営とされる（前掲、中村『明治・大正期の経済』一七七頁）。また、速水佑次郎『日本農業の成長過程』（創文社、一九七三年）は、「工業化と同時的な農業成長」（七三頁）を説いている。

（5）伊藤繁「人口増加・都市化・就業構造」（西川俊作・山本有造編『日本経済史5　産業化の時代　下』岩波書店、一九九〇年）二四一〜二四二頁。

（6）一九〇〇年前後の時期における米穀消費の増加、米食率の上昇については、大豆生田稔「産業革命期の民衆の食生活」（『歴史評論』

六二〇、二〇〇一年一二月号）、同「産業革命前後の主食消費――米食の拡大」（『白山史学』第四二号、二〇〇六年四月）、梅村又次ほか『長期経済統計13　地域経済統計』（同、一九八三年）三三～四九頁、西川俊作・阿部武司「概説　一八八五－一九一四」（『日本経済史4　産業化の時代　上』岩波書店、一九九〇年）四九～五二頁、などを参照。

（7）持田恵三『米穀市場の展開過程』（東京大学出版会、一九七〇年）八〇～八一頁、石井寛治「国内市場の形成と展開」（山口和雄・石井寛治編『近代日本の商品流通』東京大学出版会、一九八六年）二六～二八頁。前者は「明治四〇年代」、後者は第一次大戦後をその画期とする。なお、一八八〇年代の輸出市場の拡大については、本書の第一章第一節1を参照。

（8）大豆生田稔『近代日本の食糧政策――対外依存食糧供給構造の変容』（ミネルヴァ書房、一九九三年）四八～四九頁。

（9）本城正徳『幕藩制社会の展開と米穀市場』（大阪大学出版会、一九九四年）三九〇頁。

（10）ここでは、先行研究にならい、「領主米」は年貢として領主に収納され、それを領主が城下や大坂などにおいて売り払い、市場における取引に委ねられるまでの米とし、「商人米」は年貢収納後に農民の取り分として残り産地で商品化されたもの、また、領主が城下や大坂などで商人に売却するなどして、市場において取引されるようになった米とする。なお、宮本又郎氏の推計によれば、一九世紀前半における全国米市場の規模は五〇〇万石程度で、領主米・農民米のシェアは四対一であり、これは大坂の蔵米対納屋米比率が四対一であったという通説と一致するとしている（同『近世日本の市場経済』有斐閣、二〇～二三頁、同書の図0－1）。

（11）こうした「領主米」とは異なる「商人米」は、農民が販売した、年貢負担や自家消費を控除して残る余剰米や、領主が売却し商人の取引に委ねられた米で、市場において商人たちにより取引されるものをさす。

（12）本城、前掲書、二二五頁。

（13）同前、三八六頁。

（14）実際には、地租改正をまたずに地租の石代納がすすみ、佐々木寛司『日本資本主義と明治維新』（文献出版、一九八八年）によれば、地租改正事業がはじまる頃には、すでに大半が石代納となっていた（一三六、四三六～四三七頁）。

（15）本城、前掲書、四〇九頁。

（16）同前、四一九頁。

（17）同前、四一二～四一六、四二〇頁。

（18）開拓使篇『西南諸港報告書』（一八八二年）。

（19）「兵庫の米穀」（姫井惣十郎『兵庫米穀肥料市場沿革誌』（兵庫米穀肥料市場、一九一一年）九頁。

(20)『神戸米穀肥料市場沿革史』（一九二〇年）二一五頁。明治前期の兵庫港の次のような盛況も、あらためて近畿地方への米集散の拠点となった兵庫港への入港量の拡大を示したものといえる。兵庫の「荷受問屋」はそれぞれ、「受持」の地域があり、活発に数十カ国の産米を取引したという。

当時荷受問屋は各自受持ありて専ら受持国の米穀を扱ひたり、其客先は播州・肥後米は柴屋、尾張・三川・備前米は和泉屋、防長米・備前備中米は縄庄、肥前米は室井安国、中津米は金場、薩摩は小豆屋、伊予は網三、肥筑は塩安、臼杵は前田、北国米は北風、阿波長といふが如く、其他数十の商店各数十ヶ国の米穀を盛に引受たりといふ（『兵庫米穀肥料市場沿革誌』八八〜八九頁）

(21) 渋沢喜作らによる仙台米の廻漕などについては、東京廻米問屋市場『東京廻米問屋市場沿革』（一九一八年）八九〜九三頁。ほか、大豆生田稔「東京市場をめぐる地廻米と遠国米――産業革命期首都圏の米穀市場」（老川慶喜・大豆生田稔編『商品流通と東京市場』日本経済評論社、二〇〇〇年）、二〇一〜二〇二頁。同「米穀流通の再編と商人――東京市場をめぐる廻米問屋と米穀問屋」（高村直助編著『明治前期の日本経済――資本主義への道』日本経済評論社、二〇〇四年）二九二〜三〇五頁、など。

(22) 守田志郎『米の百年』（御茶の水書房、一九六六年）二二〜二三頁。

(23) 移出米問屋は、移出港において産地仲買らの米穀商から集荷して、兵庫などの問屋と取引する産地側の問屋であり、一定の資力があり、まとまった取引量があった。

(24) 守田、前掲書、二三頁。

(25) 古島敏雄・安藤良雄編『体系日本史叢書14　流通史Ⅱ』（山川出版社、一九七五年）六一〜六二頁（守田志郎稿）。「買い子」については、守田志郎『地主経済と地方資本』（御茶の水書房、一九六三年）二四二頁も参照。

(26) 東日本においては、産地農村における販売にも限界があった。山形県庁が渋沢喜作に同県産米の買入れを依頼し、その買入手形を通貨とみなして租税として収納したことについては、前掲『東京廻米問屋市場沿革』九二〜九三頁、大豆生田、前掲「米穀流通の再編と商人」三〇一頁。

(27) 勧業課『宮城県勧業第一回目的』一八八一年四月、六五〜六六頁。

(28) 大内兵衛・土屋喬雄編『明治前期財政経済史料集成　第一八巻』（改造社、一九三一年）九六〜九七頁。

(29) 防長米同業組合『防長米同業組合三十年史』（一九一九年）二頁。

(30)『明治前期財政経済史料集成　第一九巻』（改造社、一九三三年）二〇〇頁。

(31)『同前　第二〇巻』（改造社、一九三三年）四七頁。

(32) 同前、四八頁。
(33) 富山県内務部『越中米ノ来歴』(一九一一年) 四五頁。
(34) 前掲『明治前期財政経済史料集成　第一九巻』八一頁。
(35) 『同前　第一八巻』九六頁。
(36) 『同前　第二〇巻』二〇八頁。
(37) このように、取引の混乱は、移出米問屋をへて中央市場に向かう米を集荷する、産地農村における産地仲買の取引によって生じた。つまり、新たなルートとして、産地農村→産地仲買→移出米問屋→中央市場、という大消費地にいたる経路が形成される過程で生じたのであり、同一県管内に仕向けられる地回米の集荷については、変化が少なく混乱も比較的少なかったといえる。旧来から続く取引には混乱が小さかったのである。秋田県の場合をみると、生産者や地主は、県内要所の地方都市に地回米を取引する「仲買人」と取引したが、この「仲買人」は産地仲買とは異なり、米質を鑑定し価格を定めて需要者に販売し、手数料を取って産地の供給者と決済した。そこには「毫モ私スルヲ得ス」とあるように「紛議」が生じることは少なく、双方の「便益」を実現する円満な取引であったという。従来から続く、産地における地回米の取引には、産地仲買のような機会主義的な取引行動についての記述はなく、比較的長期にわたる安定的な取引慣行が継続していたと推測される(『同前　第一九巻』四四五頁)。
(38) 東京廻米問屋米穀委託販売業山崎繁次郎商店編『米界資料』(一九一四年) 一一一頁。
(39) 産米改良は全国的な課題となっていた(小岩信竹『近代日本の米穀市場——国内自由流通期とその前後』農林統計協会、二〇〇三年) 第三章、六七~六八頁)。ほかに、農業発達史調査会編『日本農業発達史　第三巻』(中央公論社、一九五四年) 三二七~三二八頁、大豆生田、前掲「米穀流通の再編と商人」三二二頁、など。ここでの「米穀問屋」とは、廻米問屋などを通して遠隔地の産米を集荷し、東京市中の白米商らと取引する商人である。
(40) 東京廻米問屋市場については、大豆生田、前掲「米穀流通の再編と商人」。
(41) 前掲『米界資料』一一六頁。大豆生田、前掲「東京市場をめぐる地廻米と遠国米」二〇二~二〇三頁。
(42) 東京廻米問屋組合『東京廻米問屋玄米品評会要件録』(一八八八年) 一頁。
(43) 産米の銘柄、商品の標準化については、持田、前掲書、一〇九~一一二、一三〇~一三二頁。
(44) 中継港市場の形成、移出米問屋とその取引については、同前、一二三、四〇~四八頁。
(45) 小岩、前掲書、第二章、小岩信竹「明治初年の地域別価格動向」(『文経論叢』〈弘前大学〉第一五巻二・三合併号、一九八〇年三月)、桜井英治・中西聡編『新体系日本史12　流通経済史』（山川出版社、二〇〇二年）二九八頁、中村尚史「日本の産業革命」（『岩波講座日本歴史　第16巻　近現代2』岩波書店、二〇一四年）、など。
(46) 宮本又郎『近世日本の市場経済』（有斐閣、一九八八年）第八章。特に、近畿・山陽・九州・日本海沿岸の西日本市場圏内では各取引地間の米価の高い連動性が指摘されている（四二二頁）。
(47) 本書第四章・第六章にみるように、兵庫市場において価格の上位を占める産米は、いずれも米穀検査が早期に着手された地域のものであり、これらの産地においては生産検査（審査）がすすんでいた。
(48) 前掲『防長米同業組合三十年史』一頁。
(49) 持田、前掲書、二二五〜二二七頁。
(50) 宮城県の事例については、野村岩夫『仙台藩農業史研究』（無一文館書店、一九三二年）七八〜九〇頁、持田、前掲書、一二五頁、大豆生田稔「東北産米の移出と東京市場」（中西聡・中村尚史編著『商品流通の近代史』日本経済評論社、二〇〇三年）一一三〜一一五頁、玉、前掲書、三二頁、などを参照。
(51) 持田、前掲書、一二六〜一二七頁、玉真之介『近現代日本の米穀市場と食糧政策――食糧管理制度の歴史的性格』（筑波書房、二〇一三年）三三〜三七頁。
(52) 滋賀県については、木村奥治編『近江米同業組合記念誌』（近江米同業組合、一九三四年）四〜九頁。米質改良組合は、一八九八年に近江米同業組合へ改組された。
(53) 玉、前掲書、三九〜四〇頁。
(54) 同前、四八〜四九頁。
(55) 大豆生田稔『お米と食の近代史』（吉川弘文館、二〇〇七年）一二〇〜一二一頁。
(56) 農区については、山口県文書館編『山口県政史　上』（山口県、一九七一年）一二九頁。
(57) 児玉完次郎『穀物検査事業の研究』（西ヶ原刊行会、一九二九年）、六頁。
(58) 同前、六、九頁。
(59) 同前、二〇〜三七頁。
(60) 同前、第四。
(61) 同前、一〜八頁。

(62) 農業発達史調査会『日本農業発達史　第三巻』(中央公論社、一九五四年) 第一〇章第三節。
(63) 同前、三二一頁。また、酒造米やすし米など「より多く米作が商品生産者化する条件の下にある」場合は、「地主・富農による市場目あての産米の改良努力が」あったとも述べられる (同前、三二三頁)。
(64) この点については、玉、前掲書、二〇頁、を参照。
(65) 農業発達史調査会、前掲書、第五巻、第七章第二節 (一)。
(66) 同前、第五巻、三六二頁。玉氏は「百パーセント地主の階級的利害」と評している (玉、前掲書、二〇頁)。
(67) 守田、前掲『米の百年』一二六頁。したがって、「地主と米商の利害の背反と妥協という、小絶対主義の本性」(同頁) という評価も、必ずしも実証されているとはいえない。
(68) 持田、前掲書、二二七頁。生産過程における「改良」を促す産地農村の生産検査については、本書も同様に重視している。
(69) 同前、二二八頁。
(70) 同前、一三三頁。
(71) 加藤瑛子「米穀検査と小作米――熊本県の場合」(『史学雑誌』第七七編第六号、一九六八年六月)。
(72) 玉、前掲書、二九頁。同書の第一章・第二章が、同業組合、および府県営による米穀検査がはじまる時期を対象としている。その初出は、「米穀検査制度の史的展開過程――殖産興業政策および食糧政策との関連を中心に」(『農業総合研究』第四〇巻第二号、一九八六年四月) であるが、食糧問題に対処する「危機管理」策としての米穀検査の「公共的」性格は、この論文を再構成した本書においてより強調されている論点である。
(73) 同前、七一頁。米穀検査が新たな小作慣行となることについて、加藤氏は地主が一定の品質の小作米を確保するような制度の形成を、玉氏は小作人の負担を地主が一定程度負うことによる検査の円滑化を含意している。
(74) 「米撰俵製改良方法」(前掲『防長米同業組合三十年史』) 一〇～一三頁。
(75) 大豆生田稔「北海道市場の形成と東北・北陸産米――一八九〇年代～一九二〇年代の道内米穀需給」(『東洋大学大学院紀要』第四五集、二〇〇九年三月) 四二六～四二九頁。
(76) 勝部眞人『明治農政と技術革新』(吉川弘文館、二〇〇二年) 第二編第四章。
(77) 日露戦後から第一次大戦末頃までの時期について、山口県の米生産の上昇率が中国地方最低であったこと、その要因が品種の問題、土壌や災害などにあるとすでに指摘されている (前掲『山口県政史　上』六一一～六一三頁)。品種については、輸出用として奨励された白玉・都などの大粒種、多収穫の神力などの小粒種の相克があった。大粒種から多収穫の小粒種への転換がすすまず、大粒種に特化して「明治農法」が定着しなかったため反収増加に限界があったことについては、高橋伯昌「明治農法と防長米」(『地域研究山口』第三号、一九七九年一一月)、ほか、「阪神市場に於ける本県産米に対する批評」(山口県穀物改良協会『山口県の米』第一四号、一九三一年一〇月)、白髭弥太郎「本県産米の改良に就て」(『山口県の米』第一七号、一九三二年一月)、などを参照。

(78) 『初年以来米麦作沿革(周防)』[農業36]、『同(長門)』[農業37]によれば、農村部においても、一日一人あたりの米消費量を三合~四合とする報告が多い。しかし、一日あたり三合とすれば、年間一・〇九五石となり、混食比率がきわめて低くなる。なお、平野師応『農事統計表』(大日本農会、一八八八年)は、刊行当時の山口県の主食に占める米の割合を四九%(年間〇・六石、一日一・六~一・七合程度)としている。本稿では農村部の明治末の米消費量を、一日二合程度として年間〇・七五石と推定した。

(79) 日露戦後の防長米仕向地をみると、検査ののちに六万数千石が、県外ではなく下関に仕向けられている(後掲、表4-10)。

(80) やや遠方になるが、阿武郡産米も若干含まれた可能性もある。ただし、阿武郡萩町の人口は一万八二七四人(一九〇二年、『角川日本地名大辞典・山口県』による萩町〔近代〕の記述)であり、米食率一〇〇%、年間一人あたり一・一石として郡内に約二万石の消費があるから、同郡の郡外移出余力は一~二万石にとどまったといえる。また、中継地である下関には、西回り航路による日本海側の遠隔地の産米が廻送されたが、その一部も下関の飯米となった。

(81) 前掲『初年以来米麦作沿革(周防)』、『同(長門)』。なお、未提出の町村がある。本資料は、山口県庁が明治初年以来の米作・麦作の変遷を郡ごとにまとめたもので、農事試験場近畿支場に報告された。各府県も同様に報告しているものと考えられる。本資料については、大豆生田稔「米麦作の変遷に関する日露戦時の調査」(『日本歴史』第七一二号、二〇〇七年九月)を参照。

(82) 日置町史編纂委員会『日置町史』(日置町、一九八三年)二七二頁。また、前掲『初年以来米麦作沿革(長門)』によれば、大津郡の各村役場は、魚肥を多用したことについて次のように報告している。

明治初年には主として鰮(煮鰮)を用ひたりしか、卅年頃より石灰を用ひ来り、鰊粕及燐酸肥料等用ひし事なし、本村の如きは海産肥料にて足る(三隅村)、

明治初年には主として生鰮、しほから等を用ひたりしが、近来鰮不漁の為め大豆粕及乾鰮等を施用するに至れり(仙崎村)

明治初年頃には主として鰊粕を用いたるが……(俵山村)

明治初年には主として鱗及鰊粕・干鰯を用ひ来りしが、明治二十年頃より大豆粕等を用ゆるものを生し……(菱海村)

また、一八九一年の農事調査には、「大津郡農業備考」の欄に、「肥料類ハ馬関ヨリ回送シ鰯等ノ如キ海産肥料多シ、故ニ肥料ヲ得

ル大ニ便ナリ」と、肥料供給が潤沢であったことが記されている（山口県内務部第二課『山口県農事調査表』一八九一年、一一六頁）。

（83）一九一〇年における大津郡の魚肥製造額をみると、県全体で一万二九八一円のうち同郡は四四五〇円を、特に干鰯は八一四五円のうち四〇〇〇円を占めている。同郡の魚肥生産額は県内最多であった（山口県内務部『山口県第廿七回勧業年報』一九一〇年版）。

第一章　米撰俵製改良組合と米商組合——一八八〇年代

はじめに

防長米の米穀検査が一八八〇年代半ばにはじまる契機と、同事業の限界について検討するのが本章の課題である。山口県の米収穫量は、全国的な傾向と同様に八〇年代後半に急増した。また、八〇年代半ば以降の米穀輸出の活発化は、防長米の輸出需要を高めた。輸出用には大粒種が適していたから、小粒種が主に生産されていた県内では、品種の切りかえがすすんだ。急速な増産と小粒種から大粒種への切りかえは、粒形の不斉一や調整不良などによる「粗製」をさらに促し、輸出米を含めた主要な仕向地である兵庫市場や大阪市場では、評価の低下という問題が発生するようになった。

このため、一八八〇年代後半に山口県庁は、県内の米穀生産者と米穀商を組織し、生産と調整、および取引の二面から防長米の「改良」を試みた。産地農村の生産者や地主を組織したのが米撰俵製改良組合、産地農村や移出港などで米の取引にあたる米穀商を組織したのが米商組合であり、いずれも同業組合準則により組織された。県庁は米穀生産と調整方法に関する要領を定めて生産の基準とし、産地の生産者や商人に指示した。また、移出港の米穀商を組織して、県外移出米の検査を開始した。このような、八〇年代の防長米改良事業の展開と限界について検討するのが本章の課題である。

この二つの組合による米穀検査については、防長米同業組合の「組合史」[1]などを用いた検討があるが、のちの同業組合準則による防長米改良組合や、重要輸出品同業組合法による防長米同業組合の前史として、「組織がしっかりしており後々までも続いたもの」などと、その事業が簡単に紹介されるにとどまっている。[2]したがって本章では、初期の組合組織や事業に即して両組合の検討をすすめる。

第一節　産米の粗悪化

1　防長米の粗悪化

調整の不備　防長米は熊本県の肥後米などと同様に、近世期において兵庫市場や大坂市場における評価は高かったが、維新変革を経過して粗悪化がすすんだ。[3]その第一の要因は、領主による厳格な年貢米検査の消滅にあった。つまり、藩政期の防長米は「貢租ノ制」が「厳正」で、蔵米は「米撰俵製」が「頗ル善美ヲ尽」しており、大坂市場における「名声」は「隆々トシテ常ニ他藩米ヲ凌駕」するといわれた。領主の強制力は村々に浸透し、調整過程がきびしく管理されていたのである。したがって、それが一八七〇年代に消滅すると、調整が弛緩して粗製が広がることになった。商品として精製され規格化・標準化された産米が相対的に高価格を実現するような取引が、産地農村においても深く浸透していれば、領主による貢米管理が消滅しても、粗悪化の程度は比較的小さかったといえる。しかし、近世期の産地における調整の徹底は、領主の経済外的な強制力によるところが大きかった。[4]

すなわち、防長米について、一八八〇年代はじめの『興業意見』が、米租金納ニ変シタルカタメ、米撰俵製等漸次粗悪ニ至レルニヨリ、老農ノ輩之ヲ憂慮シ、町村ノ会話等ニ於テ挽回改良ノ法ヲ図ルモ未タ好果ヲ得ル能ハス(5)

と記しているように、調整や俵装の粗悪化は年貢の廃止と地租金納を契機とするものであった。また、一九〇〇年頃に作成された報告書も次のように、粗悪米は「諸藩ノ束縛」の「解除」にはじまると述べている。

王政維新ノ後、貢租ノ制度一変シ諸藩ノ束縛解除セラル、ヤ粗製濫造滔々トシテ底止スル所ヲ知ラス、農家ハ徒ニ収量ノ多カランコトヲ欲シ殆ンド品質調整ニ介意スル者ナク、商賈ハ一時ノ射利ヲ僥倖シ奸策是事トシタルノ結果、曩日ノ声価ハ忽焉地ニ墜チ、所謂中国米ノ名ハ杳トシテ市場ニ消息ナキニ至レリ(6)

さらに、一八八二年に豊浦郡西市町で開催された集談会では、「粗悪米」について次のような発言があった。

米穀精撰方ハ実ニ目下ノ急務ナリ、其精撰ノ得失予ノ見聞ヲ述〔べ〕ン、当春馬関ニテ米数千俵籾粉米等除去スルヲ見、或米商家へ質問セシニ、物産会社ニテ輸出米買入ナリシニ米製粗ニシテ用ニ立タス、仍テ壱万六千石ヲ精撰セシニ籾弐百五十俵ト粉米八十石ヲ撰除シタリ、之ヲ売却セシニ精撰ノ手数料ニモ足ラス、其上除去セシ程ノ足シ米ヲ要ス、近頃本県下ノ米製斯ク粗悪ナルニ従テ米価下落セリト聞ケリ、実ニ嘆息ノ至リナラスヤ(7)

つまり、「物産会社」が下関で買い入れた「粗悪」米一万六〇〇〇石を精選したところ、混交物として籾一〇〇石と

図1－1　山口県の米穀生産量

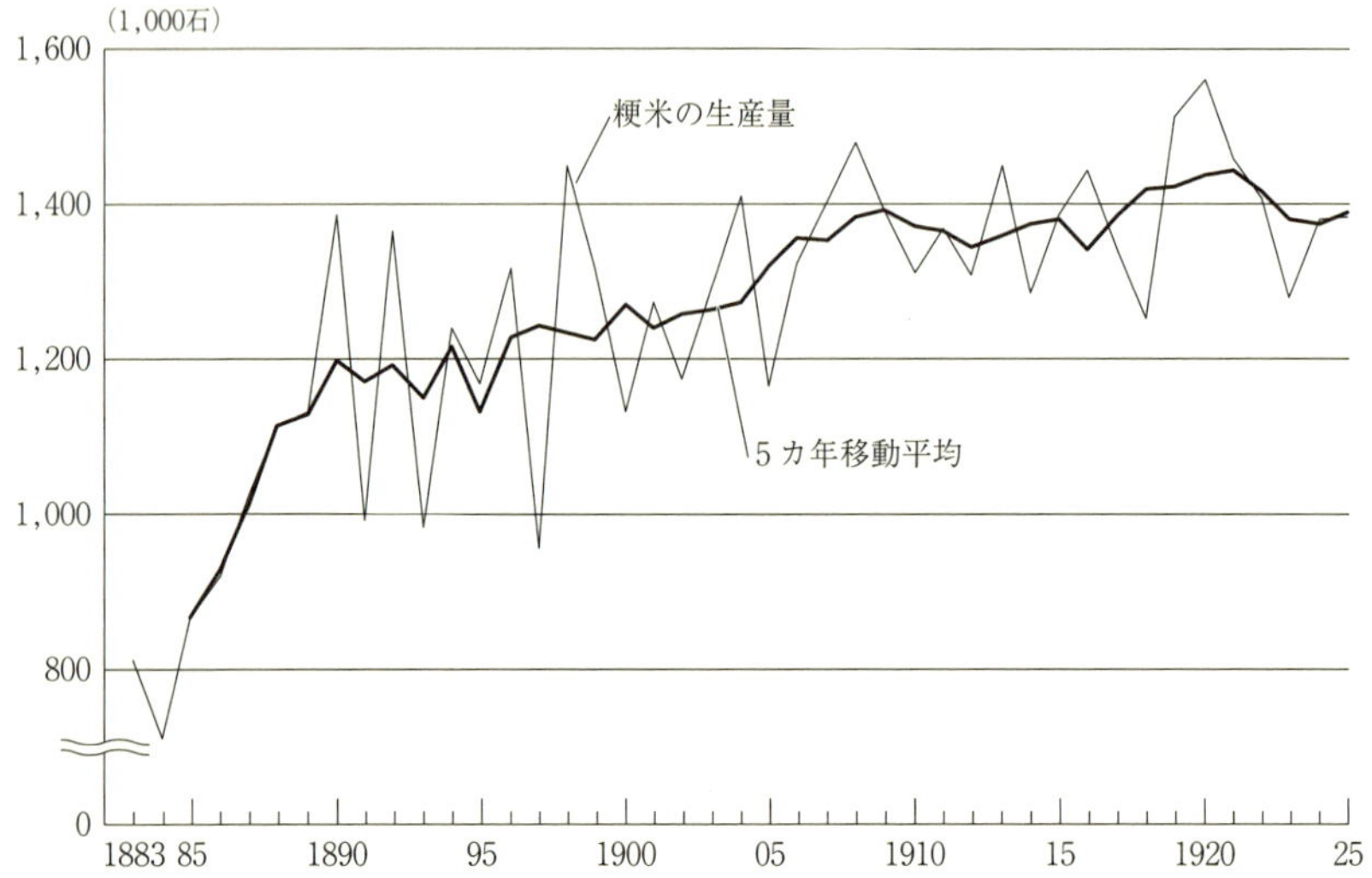

出典：農林大臣官房統計課『『明治十六年乃至昭和十年　道府県別米累年統計表』(1936年)。

砕米八〇石、合計一八〇石（一・一％）が出たこと、それらを分離して売却したところ「精撰」の手数料にすらならなかったこと、さらに減量分の補充に経費を要したことなどが述べられている。調整の不備による評価の低下に「嘆息」しているが、声価を回復するため「旧藩中貢納米」のような厳格な「米撰俵製」を実施すれば、一俵あたり一〇銭程度の利益が見込めるという発言は注目される。

増産と海外輸出

粗悪化の第二の要因は、一八八〇年代の米作をめぐる諸条件の変化であった。まず、八〇年代半ばから全国的に豊作が続いたが、山口県の米穀生産量も顕著に拡大した（図1－1）。おそらくここには、統計の整備や過少申告の解消などによる増加も含まれるが、八〇年代半ばの八〇万石前後が九〇年代には一二〇万石前後へ大幅に拡大しており、実質的な増加をともなうものであったといえよう(8)。この目ざましい増産は、農法の改良によると考えられるが、石灰など安価な肥料の普及によるところも大きい。石灰の濫用は土壌を疲弊させ、その弊害は近世期から指摘されていた。八〇年代に開催された山口県の勧業諮問会において、「石灰肥料ノ有害ナルハ人皆之ヲ口ニスルモ、之ニ代フルモノナキヲ奈何セン」、「不得止其価ノ廉ナル石灰ヲ施用シ遂ニ米質ノ粗悪ヲ来スハ亦免レ難キ事実」などの発言があったように、粗製を促す一つの要因とみなされた(9)。

また、一八八〇年代後半の生産増加による米価の低落は海外輸出の需要を生み、欧州・米国・豪州などへの輸出が活発化した。そのピークは八〇年代末であり、八八～八九年には全国で年間一四〇万石ほどの輸出があった(10)。八九年の凶作を機に、九〇年代にはいると米穀の需給関係は不足傾向に転じるようになった。ただしその後も、なお一定した海外需要があり一九一〇年代末まで年間数十万石レベルの輸出が継続する。

小粒種から大粒種へ

小粒種から大粒種への切りかえが第三の要因であった。香川県出身の老農でその名を全国に知られた奈良専二が、「輸出に適する米をつくらんと欲せば、単に収穫の多きのみに傾意せず、粒形長大にして量目の重きものを主とすべし」と述べたように(11)、海外輸出には大粒種が適していた。

このため、もともと小粒種を産していた山口県地方においても、一八八〇年代になると輸出量の増加にしたがい、大粒種の優良種である白玉や都の作付がすすんだ。兵庫の米穀問屋も山口県産の大粒種を高く評価し、彼らが九三年に神戸で開催した産米の品評会「日本産米品評会」の報告書は、「吾ガ国ニ於テ輸出ニ適当ナル粳米ノ産地ハ……山口県ヲ以テ第一トシ熊本・福岡・大分之ニ次キ佐賀・岡山・愛媛・兵庫・三重ノ諸県又之ニ次ク」と、防長米を高く評価していたのである(12)。

こうして県下各地で、従来の小粒種から、海外輸出に適した大粒種への切りかえがすすんだ。明治初年から日露戦後にいたる米麦作の変遷を各郡ごとに調査した報告書から(13)、小粒種・大粒種の変遷について記された部分を抜萃・整理した表1－1によれば、明治初年にはすべての郡において、「多く小粒」、「概ね小粒」、「主として小粒」などと記されており、主に「小粒種」が栽培されていた。しかしその後、一八七〇年代末から八〇年代にかけて、「明治拾年頃」

表1－1　小粒種から大粒種への切りかえ

郡市	小粒種・大粒種の変遷 ①明治初年の状況　②大粒種栽培がはじまった時期 ③「現時」（1903年）の大粒・小粒の割合
大島	①多く小粒のみ　②1884～85年　③大粒７割・小粒１割
玖珂	①概ね小粒　②1879～80年　③大抵大粒種・大粒７割以上
熊毛	①概して小粒　②1882～83年　③大粒５割・中粒３割・小粒２割
都濃	①多く小粒を主　②漸次　③大粒６割、中粒１割、小粒３割
佐波	①概して小粒　②1882～83年　③大粒７割・小粒３割
吉敷	①概して小粒　②1890年頃の販路増大　③大粒８割・小粒２割
厚狭	①主として小粒　②1877年頃　③大粒ほとんど８割
豊浦	①多く小粒種　②1882年頃　③大粒７割以上
美祢	①小粒種が多い　②1882～83年頃　③大粒７割・小粒２割
大津	①概ね小粒種のみ　②「明治中年」③大粒ほとんど７割以上
阿武	①主として小粒　②1882年頃　③大粒７割５分・小粒２割５分
下関	①過半小粒種のみ　②1888年頃　③大粒７割

出典：『明治三十八年　初年以来米麦作沿革』［農業36］、［農業37］。

（厚狭郡）、「明治十二、三年」（玖珂郡）、「明治十五、六年」（熊毛郡・佐波郡・豊浦郡・美祢郡・阿武郡）、「明治十七、八年」（大島郡）、「明治二十三年ごろ」（吉敷郡）などと地域差はあるが、大粒種への切りかえがすすんだ。その結果一九〇五年前後には、多くの郡で大粒種が六〜七割以上を占めるようになった。日露戦後の大粒種の割合を郡ごとにみると、佐波郡・吉敷郡・厚狭郡などの米作地帯においては、吉敷・厚狭両郡の八〇％前後を筆頭に高い比重を占めている。他方で、熊毛郡・都濃郡などにおいては大粒種の比率はそれぞれ五〇％、六〇％と低位にとどまった。

また、中央市場で開催された品評会における山口県の入賞者の出品をみると、一八八七年三月に開催された大阪堂島米商会所主催の玄米品評会では、「一等上部」二名のうち都一名、「一等中部」八名のうち大粒種は白玉二名・都二名にとどまっていた[14]が、九三年に神戸で開かれた日本産米品評会では、二等一二名のうち白玉七名・都四名、三等一八名のうち白玉が一二名、都が一名を占めた[15]。八七年には、大粒種である白玉・都の割合は五割であったが、六年後の九三年には八割へと急増したのである。

このように、山口県内では明治初年まで小粒種が一般的であったが、明治後期には大粒種が支配的となった。したがって、一八八〇年代〜九〇年代は小粒種から大粒種への切りかえの時期にあたり、各郡においては小粒種と大粒種

図１－２　防長米・肥後米の対摂津米相対価格

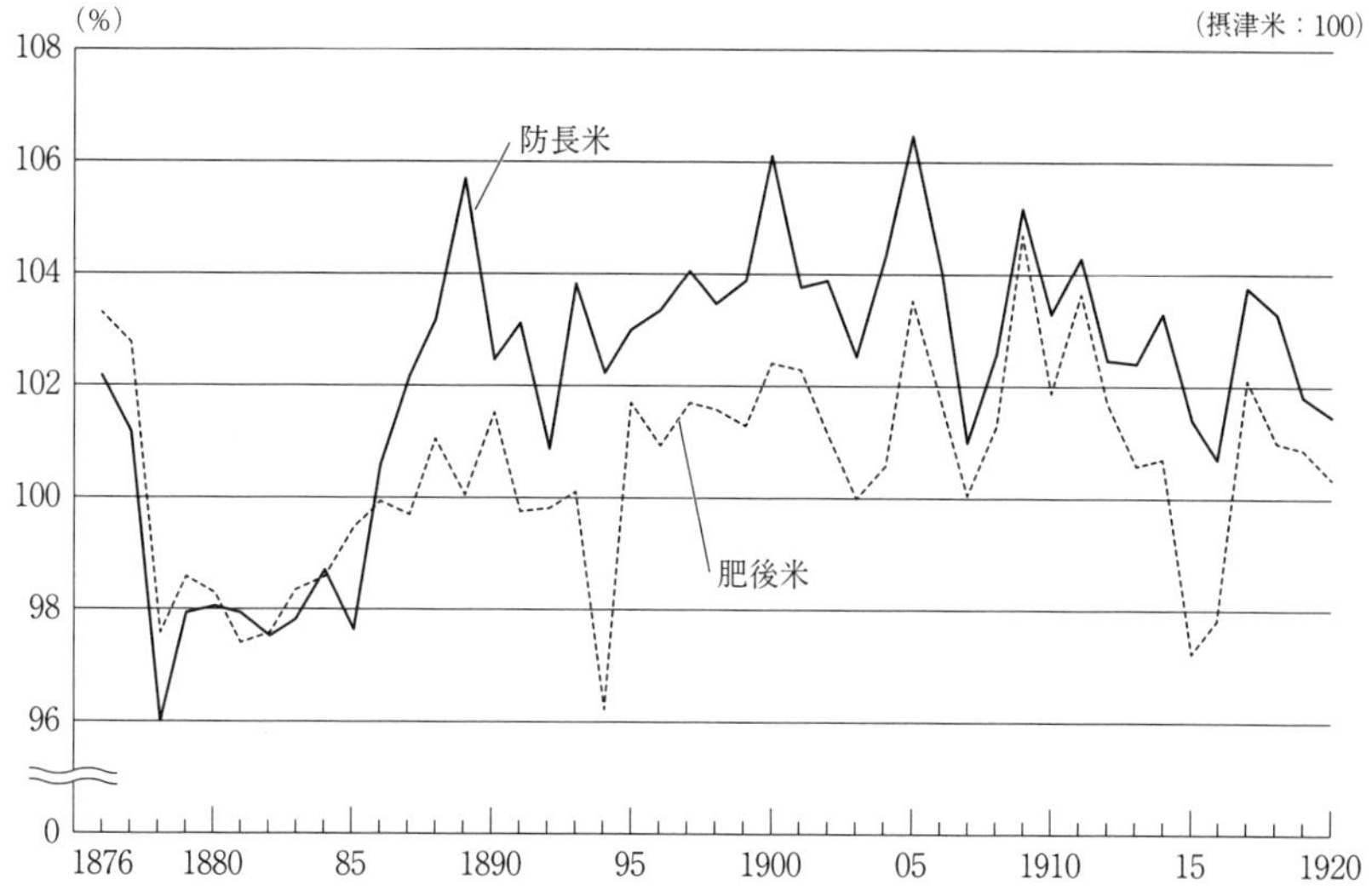

出典：防長米同業組合『防長米同業組合第一回成績報告』(1898年分) 28～30頁、元防長米同業組合『防長米同業組合史』(1930年) 425～426頁。

の栽培が併存することになった。このため、粗製が進行して調整が不良となると、小粒・大粒の両種が混交するようになったのである。

2　防長米の価格と評価

防長米価格の位置　ここでまず、防長米の価格の推移を、図１－２により大阪周辺の摂津米、熊本県の肥後米と比較して検討しよう。大阪市場における防長米の価格は、大阪堂島米商会所の建米であり標準米とされた摂津米に対し、一八七六～七七年には上位にあったが、七八年に逆転して八五年まで下回ることになった。これは、七〇年代末頃からすすむ防長米の粗製により、大阪市場における摂津米との相対価格が低下したことを示すものである。

次に肥後米との関係をみると、肥後米は近世期より高く評価され、将軍に献上されて「将軍家の飯米」と称され、また江戸市中では鮨飯として知られた(16)。このため一八七六～七七年の肥後米価格は、防長米のやや上位にあり摂津米をも凌駕していた。しかし、防長米と同様に七八年からは、防長米よりは僅かに優位にあるものの摂津米を下回るようになった。肥後米も防長米と同様に、摂津米に対する相対価格を下落させたのである。明治初年の肥後米の粗製は、「廃藩の後漸く粗濫となり、農商当業者間には種々の弊害行はれ、竟に其名嘖々たりしものも声価忽ち地に墜ち販路と信用とを失ふに至れり」と述べられているように(17)、防長米と同様の理由によるものであった。

しかし同図によれば、防長米は一八八〇年代半ばになると摂津米の価格水準を回復し、さらに同年代末にはそれを上回り、その後しばらく摂津米を凌駕することになる。山口県における米穀検査が八〇年代半ばにはじまることを考慮すれば、その効果が、摂津米価格への接近とその凌駕という形で現れたものと推測される。それは、九〇年を除きなお摂津米の価格水準をやや下回るか、ほぼ同水準にとどまっている肥後米とは対照的であった。肥後米の検査事業は、九〇年代半ばにいたるまで着手されなかったのである。なお、熊本県における肥後米改良の本格的開始は、防長米改良から約一〇年遅れた九〇年代後半からであり、同図によれば、これは摂津米価格に対する肥後米価格の優位が明確になる時期にほぼ一致している。ただし同時期においても、肥後米価格は防長米価格を上回るにはいたらなかった。

このように、防長米・肥後米と摂津米価格の比較からは、米穀検査の展開が市場における防長米の相対価格を高めて、摂津米価格の水準を回復・凌駕するとともに、肥後米など有力産地の産米との間にも価格差を拡大していく効果が推測されるのである。

大阪市場の評価　次に、防長米の粗製の実態とその特質を、大阪市場における評価を通じて検討する。山口県農商課は一八八六年、防長米の「審査」を大阪堂島米商会所に依頼した。これに対し、同米商会所頭取玉手弘通は審査結果を「上申書」としてまとめ、同年一〇月九日付けで同課に提出したが(18)、その冒頭には次のように述べられている。

御県管下長防産米ノ義ハ其品柄精良ニシテ従前当市場（明治元年以前ノ米商会所ヲ云フ）ノ建米ニ位シ、上米声誉ヲ博取致候、依テ当米商会所ニ於テモ創設爾来先格ニ則リ、上米ハ諸米格付表中第壱等ノ部ニ差加へ在之候、然ルニ近来其品質追々粗悪ニ流レ、殊ニ乾燥・調整宜シカラサルカ故ニ、長防米一般ノ声価ニ影響シ実ニ御管下農民ノ不利益少許ナラス、蓋シ長防ノ上米ハ海外輸出ニ適シ外国商人ニ於テ相応望取候品柄ニ付、充分改良ノ上精選相成候ハヽ、内国ノ需要ハ原ヨリ海外ノ需要ヲ増加シ陪々販路ヲ拡充シ弥々長防産米ノ声誉ヲ輝シ……弊会所ニ於テ心付候廉々御参考ノ為メ左ニ拝陳仕候

つまり、「品柄精良」な防長米は近世期から高く評価され、大阪堂島米商会所創設から「第一等」の部にあった。しかし、近年その品質が低下し、特に「乾燥」と「調整」が不良となって評価に影響し、県下農民の不利益をもたらすようになったという。ただし、良質な防長米は海外輸出に適し、外商は取引を希望しているから、「精撰」すれば国内需要だけでなく海外需要も増加し、販路が拡大するとも評価している。

大阪堂島米商会所はその「精撰」について、具体的に次の五点をあげている。すなわち、第一に、米穀の「品格等級」、つまり「品質」・「色沢」・「形状」・「乾燥」・「調製」の良否によって評価が決まり、同米商会所もこの五点の審査により等級・価格を評定していること、第二に、近年多収穫のみに「眩迷」して「粗悪ノ肥料」を用いたり「壱本稲ト称スル作法」によるため、精白すると「毀析」し「臼減」が多く「固有ノ品質形状」が変わって銘柄全体が損害を受けていること、第三に、収穫翌年の夏季になると変質するのは「肥料ノ良否」や耕作の「精粗如何」にも関係するが、「要スルニ乾燥ノ不充分」なことが「重因」であるから、「人為ノ不注意」のため「声価ヲ毀損」することは「愚モ亦タ甚」しいこと、第四に、俵装が「粗製ニ流ルヽ」ことも信用を落とし「声価ヲ墜落」する損失となること、第

五に、改良の「目的」は「品質ヲ精良」にして「其事実ヲ世人ニ知得」させ、「改良」に要した「労働ト資本」にみあう「利益」を実現することにあるが、同米商会所が発行を補助している『大阪商況新報』に「販売ニ係ル要領」を掲載すれば需要者や商人が知悉して「審査ヲ詳密」にできること、以上の五点である。

これらの事項は、第五を除けば、いずれも収穫後に商品として規格化・標準化を徹底するよう促すものであった。大阪堂島米商会所は産地に、米粒を斉一にし、乾燥を十分にし、俵装を堅固にして容量を一定にすることなどを要請したのである。つまり、収穫後の調整過程にかかわり、また「品質」・「色沢」・「形状」は、品種改良などによる米質自体の改良ではなく、第二の不斉一の米粒を排除することを主眼とし、精白の過程で砕けたり、[19]また粒形不揃いのため過大な目減りを防ぐことであった。小粒種・大粒種の混交などによる粒形の不揃いが精米の過程で目減りをまねき、評価を下げていることについては、やや後年の一九〇〇年頃に次のような談話がある。

今仮に上米一石が十円、中米九円五十銭、下米が九円として、上米と中米と二斗宛混合したるときはせめて九円七十五銭の価は保つべき筈なれども、其の価は却て中米以下に下ると云ふ現状である、何となれば……之を精米機に掛けると大なる管の柱の中で心棒がグル〳〵転はるので摩擦して精白とする仕掛なれば、彼の混交米は自然米粒が斉一ならぬ故に小粒の白げるまでには大粒は白げ過ぎて、為めに甚しき升減りを生ずればなり、即ち定款にも固く混交米を禁じてある次第にて、茲に一言諸君へ注意しておくのである[20]

また、乾燥不良は翌年初夏以降に変質・腐敗をもたらす原因ともなった。このように、中央市場は産地に対し、円滑に産米を取引するため規格化・標準化を要請したのである。

調製の徹底による産米の規格化・標準化をすすめようとする大阪堂島米商会所のねらいは、産地との米穀取引を円滑にすることにあった。またこの報告書と前後して一八八六年一〇月八日付で、同じく頭取玉手が山口県農商課にあてた次の願書も、[21] その目的が大量の米穀取引を円滑に行い「集散ヲ司掌」することにあると述べている。同米商会所は定期取引を行うが、その受渡には現米が授受された。したがって、各地の産米の格付けや受渡を円滑に行うため、同会所は産地の情報を収集し、産地間の情報交換を促し、また産地に対して規格化・標準化の徹底を要請したのである。このため第五のように、『商況新報』紙を発行して、米の生産・取引についての諸事情を掲載し、また産地には諸情報の提供を求めた。同紙の刊行について玉手は次のように述べている。

米穀ハ民命ノ繋ルル所、人ノ最モ大要トスル貴重ノ品類ニシテ該品ノ豊悪如何ハ勿論、其商況ノ冷熱ハ内国一般ノ諸業ヲ伸縮ナラシムルノ大関係ヲ有スルモノニ付、我米商会所ニ於テハ米穀取引ヲ円滑ナラシメ、其集散ヲ司掌スルノ機軸トナリ、以テ米穀商業者ノ便益ヲ謀ラント欲シ、従来屢々改良ニ着手致候得共、未タ其時期ノ成熟セサルヨリ改良ノ好実ヲ結成スルニ至リ不申、甚タ遺憾ニ存居候処、稍時運到来、先般来仲買人等ヲ精選シ、其取引方法等総テ確実便宜ニ改良仕候、猶此度仲買人等協同一致シ、米商会所改良ノ機関トシテ商況新報ナルモノヲ発兌シ、該紙ヘハ商業上ニ係ル一切ノ景況、殊ニ米穀ニ対スル事柄ハ一層注意シ掲載仕候間、御管下ニ於テ米穀作柄ノ模様、其他改良上ニ於テ諸商業者参考ノ資料トナルヘキ事柄ハ、甚御手数奉恐入候得共、速ニ当米商会所ヘ御報道被成下度、此段奉懇願候也

同米商会所がすすめる産米の規格化・標準化は、「米穀取引ヲ円滑ナラシメ」ることを目的とするものであり、そのための「参考ノ資料」を広く求めたのである。

さらに同米商会所は、各地の産米の規格化・標準化を実現するため、翌一八八七年三月に玄米品評会を開催したが、

その経緯と目的は次のとおりであった。

抑も我国の産米たる封建の当時にありてハ最も其品質の堅硬なるのみならず、調製亦精良を極め殊に其俵造一様なる、各藩々の封土国柄に従ひ当業者をして一見忽ち其何国の産米たるを知らしめたりと雖も、近年に至ては専ら競て濫造粗製を事とし、以て啻に内外に其声価を失墜せしに止らず、当業者の現品に就て鑑定するも容易に之れを識別するを得さるが如き勢となれり、……従来の鑑定基準を失ひたるが為め、或は改良米の優劣現品の産地を審かに査点するを得ざるの歎なきにあらず(22)

つまりここには、近世期に調整は「精良を極」めていたが、「近年」は粗製の結果、各産地の従来の産米の特徴が失われ、基準が混乱して鑑定が困難になった事情が記されている。玄米品評会はこれらの問題に対処するために開催されたのである。

したがってこの玄米品評会は、産地に対して産米改良を促すと同時に、兵庫市場・大阪市場など大都市市場における評価基準を新たに確立するという目的もあった。つまり、実際に授受される受渡米の品位を確定することにより、取引の円滑化をはかろうとしたのである。このため同米商会所は、それぞれの産地に対し、「普通米」・「改良米」の出品を求めた(23)。

すなわち、この玄米品評会における評価の基準をみると、同米商会所による「上申書」と同様に「品質」・「色沢」・「形状」・「乾燥」・「調製」の五項目があげられ、それぞれの基準・標準が次のように定められている。

品質　子粒堅硬にして量目重く外皮薄く食用に供し味の最も佳美なる品、又ハ臭気なき種類を上等とし、……

色沢　単純にして光輝あるを上等とし、……
粒形　長形にして丸みを含み立筋浅く細大均一なるを上等とし、……
乾燥　良好にして湿分なく保存久しきに耐ゆるものを上等とし、……
調製　精良にして粃籾青砕米〔及〕び土砂混入せざるものを上等とし、……(24)

この品評会においては、これら五項目の点数化された評価方法が注目される。つまり、それぞれ一等五〇点から五等一〇点まで一〇点刻みで点数化され、合計二五〇点の評価となっている。付属の「玄米品評鑑定付点表」によれば、各地からの出品産米を採点し、総合で一等（二〇五～二五〇点）、二等（一五五～二〇〇点）、三等（一〇五～一五〇点）、四等（五五～一〇〇点）、五等（一〇点～五〇点）と等級を付し、各等をさらに上・中・下の三等級に区分している。

評価方法・基準がこのように客観化され公開されることにより、産地における規格化・標準化の方法や目標が具体化したといえる。こうして、一三八〇余点の出品が審査されたが、山口県からの出品が「一等の上部」一〇件のうち二件、「一等の中部」三四件のうち八件を占めた。したがってこれらの基準は、防長米改良の具体的な指標としても、県勧業政策の目標や組織の規約などに採用されることになったのである。

第二節　米撰俵製改良組合・米商組合の設立

1　組織の形成

県庁の粗悪米対策

一八八〇年代半ばから、山口県内の米穀生産者・地主と商人を組織し、米の生産と調整、および流通の両面から「改良米」の生産と米穀検査の試みがはじまった。それは二つの組織、すなわち米撰俵製改良組合と米商組合によりすすめられた。

粗悪米への対応はすでに一八八〇年代はじめから、農談会などにおいて検討されていた。例えば八二年一〇月に都濃郡で開催された「農事会話」において、「物産用掛」である「番外」の発言をうけ、次のような質疑が交わされている。(25)

番外……第一項米撰方トハ米ノ種類性質ヲ撰フコトニアラスシテ稲刈取リノ后、精製シテ米トナスノ手続ナリ、近来該製シ方疎略ナル或ハ籾ノ多キアリ或ハ小石等ノ雑ルアリ、尚又俵ノ仕立ニ至リテモ製造疎悪ナルヨリ運搬ノ際散佚ノ弊少カラス、為メニ関西ノ声価ヲ失シタリ

五十七番……俵造ハ勿論米調ハ籾ヲ能ク晒シ小米通シ板箕ヲ使用スルニ一層ノ注意ヲ加フルヲ緊要ナリトス

二十五番……米納ノ制廃セラレテヨリ自然該製方ニ粗略ヲ来セリ、今之ヲ挽回センニハ素ヨリ各自ノ注意ニアリト雖モ、地主タルモノ殊ニ其責メニ当ラサルヲ得ス

四十九番……穀物仲買商ハ該頭取ノ検印ナキ以上ハ決シテ輸出入ヲ禁スル法ヲ設ケタシ

すなわち、県庁側の「番外」は、審議事項第一項「米撰方俵仕立改良法」を説明するなかで、「米撰」とは米の品質それ自体ではなく収穫後の調整に関することであり、近年籾や小石が混交したり、俵装が悪化して脱漏が少なくないため、「関西」市場の声価を失っていると述べた。

これに対し会場からも、調整と俵装が「緊要」であること、および生産者・商人双方の対応策を検討すべきであるとの提案があった。つまり、小作米を売却する地主が「其責メ」にあたるほか、米穀商も「検印」を受けた米俵以外は取り引きしないという制度が必要であるとの発言である。

生産者・地主と米穀商による粗悪米への対応は、一八八〇年代半ばの両者の組織化によってはじまった。その発端

は八五年三月の山口県会における建議である。県会議長吉富簡一は県令原保太郎に対し、近年米穀の「精撰」や「俵製等」が「頗ル粗悪」となり虫害がはなはだしく、また輸送や保管にあたり「漏溢」が多く、「大ニ防長米ノ声価ヲ低落」していると指摘し、その「改良ノ方法ヲ計画シテ急ニ着手セラレンコト」を建議したのである。(26)

ここに憂慮されている「精撰及俵製」の粗製は、この建議に対応する県の論達においても強調された。すなわち、一八八六年一月の論達「米撰俵製改良方法」は、防長米が「維新ノ後ヨリ米撰俵製共ニ其旧規ヲ乱《ママ》リ漸次粗略ニ相流レ」たため声価を落とし、「貿易市場ニ於テ越中下米ト其名ヲ斉フスルニ至」ったと述べている。これは、八〇年代はじめの防長米価格の相対的な低落傾向を指摘したものであった。八〇年代には、摂津米など阪神市場の標準米に対し、肥後米など遠隔産地の米価が同様の原因で低落しており、越中米なども同じ傾向をたどったのである。(27)

粗製による米価低落への対策として、県庁は、この論達にある「米撰俵製改良方法」（以下「改良方法」と略す）全九条を定めた。(28)それは、「乾燥調整等ニ注意シ精撰方ニ尽力」すること（第二条）、「青米・籾・稗・土砂礫交リ又ハ半乾ノ儘」の調整は「粗悪ノ最モ甚シキモノ」であり、それを「改良」すること（第三条）、「青米・砕米・粃米ヲ除去」すること（第四条）、「製俵ハ堅固ニシテ……脱漏損敗ノナキヨウ注意」すること（第五条）、一俵の容量を「四斗四升ニ定」めること（第六条）、などの指示事項であった。

また、第八条は俵装についての規定であり、各部分の寸法や仕様を詳細に指示している。すなわち、四斗俵の場合は、「上巻封小縄五尺尋ニシテ九尋四ツ切」、「口ノ封八寸五分」、「中ノ封六寸五分」、「尻ノ封七寸」、「七十五房乃至八十房編ノコト」、……「中巻封小縄五尺尋ニシテ八尋半四ツ切」、……「上俵尻ノ取方ハ小縄ニテ四房ツヽ掴ミ編ニシテ、一ツ越ニ目貫ヲスクヒ編ニナシ、最初皆掛ケ二廻目ヨリ順次一ツ越ニシテ結止シテ、其縄端五尺位残シテ俵ノ中ニ通シ置クヘシ」など、二二の項目と雛形の図によって、きわめて詳細かつ具体的に製法を定めている。なお、但し書きには「自用米ハ此限リニアラス」とあり、この規定は、自家消費分以外の産米に適用された。すなわちその対象は、米穀商らに販売し、また小作料として地主に納入する米であった。

このように、「改良」が具体的に意味するのは、斉一な品質、一定の容量、乾燥の徹底、夾雑物の除去、堅固な俵装などであり、収穫後の調整と俵装の改善により規格化・標準化を徹底し、良質かつ斉一な産米を「商品」として製することであった。したがって、第一条にある「毎年種子ヲ精撰シ培養及耕耘ニ充分注意スヘシ」という一般的な改良事項も、第二条以降の規定から判断して、調整過程に属するものといえよう。すなわち、白玉や都など「優良」大粒種の奨励により大粒種への切りかえがすすむなかで、特に大粒種と、小粒種など異品種との混交をさけて斉一な商品を製することを目的としたのである。

米撰俵製改良組合・米商組合　この諭達に続いて県庁は、生産者・地主と米穀商をそれぞれ組織化して、「改良方法」を実現しようとした。前者が米撰俵製改良組合、後者が米商組合であり、一八八六年一二月の県令によってその設置が定められた。また、米商組合の取締りを目的として米商組合取締所が設置され、県外移出の産米を検査する「輸出米検査所」を管轄することになった。

これに先立ち、同年九月に県庁は、豊作が予想されるなかで、米穀輸出の拡大による米価の回復を唱えている。防長米は輸出に適しており、「一致団結」して輸出をはかるのが「最大上乗ノ策」との主張である。そのため、まず第一に「十ノ八、九ハ粗製濫悪ニ流レ」た防長米を「改良」し、第二に組合を組織して「多数同品位ノ品物」を生産するため「製造斉一、検査厳密」にし、第三に赤間関（下関）に集荷して荷為替を取り組むとしている。また、輸出が拡大して食用に不足が生じたときには「北国安価ノ下米ヲ購入」して補うことも検討している[29]。第二の組織とは、同年末に設立される米撰俵製改良組合のことであろう。その設立の目的は、「改良米」を生産し、その規格を整えるため検査し、兵庫市場の問屋などに組織的に荷為替を取り組むことなどであった。このように、米撰俵製改良組合の設立は、防長米の輸出を奨励するため、産地農村において粗悪化した防長米の規格化・標準化の徹底を目的としたのである。[30]

ところで、一方で生産者に産米の「改良方法」を指示し遵守させ、他方で米穀商に県外移出米を検査させるという方法は、すでに一八七〇年代末に宮城県が採用していた。山口県庁文書の簿冊『米撰俵製一件』（表序－2）には、宮城県庁が作成し送付した関係書類が綴込まれており、[31]同県の事業を参考としていたことがわかる。山口県に一年ほど先行する福岡県からも、八六年にはじまる輸出米検査の規約が送付されている。[32]また、勧業諮問会においては、山口県庁が福岡県における豊前米改良を参考にするよう要望する意見もあった。[33]このように、県庁は先行する各地の事例を調査し参照しながら、生産者・地主と米穀商の組織化を計画したのである。

ところでこの二つの組織は、一八八五年一月の山口県甲第七号布達「農商工同業組合準則」に準拠して設立されたものであり、これは農商務省による「同業組合準則」（八四年一一月）の公布をうけて定められたものであった。その対象は県下の「田圃ヲ耕作スルモノ」、「米商ヲ営ムモノ」で、地主だけでなく自作農・小作農を含む「生産者」にも広がり、また移出港の移出米問屋や、農村で米を買い集める産地仲買などの米穀商にもおよんだのである。[34]

2　組織の機能

米撰俵製改良組合

次に、両組織の事業をその規約により検討しよう。まず、米撰俵製改良組合は一八八六年に発足し、一郡を領域とする美祢郡のほかは、一町村あるいは数町村を単位として組織された。例えば、佐波郡内に設置された「佐波郡牟礼村江泊村米撰俵製改良組」の規約第一〜二章は次のように定めている。[35]

第一章

第一条　米撰俵製改良取締ノ為メ規約ヲ結ヒ組合ヲ設置ス

第二条　組合ノ名称ハ山口県佐波郡牟礼村江泊村米撰俵製改良組ト称シ、事務所ハ当分ノ内勧業委員会事務所内ニ設置ス

第三条　地主小作人ハ渾テ組合ニ加入セサルヲ得ス

第四条　此規約ハ郡役所ヲ経テ県庁ノ認可ヲ得施行スヘキモノトス、故ニ自今更正追加等ヲ要スル事項アルトキハ集会議ニ附シ其評定スル所ヲ以テ此手続ヲ為スヘシ

第二章　目的

第五条　当組合ハ米撰俵製粗濫ノ悪弊ヲ矯正シテ之カ改良ヲ図リ、人民ノ福利ヲ増進スルヲ以テ目的トス

このように、同組合設立の目的は粗悪米の「弊害」を「矯正」することであり（第五条）、所有地の有無にかかわらずに地主・自作・小作全員の加入が定められていた（第三条）。また、組合の設立には県庁の認可を必要としており（第四条）、郡役所も含めて行政の指導・監督のもとにあった。

また、第三章の「改良方法」（第六条〜第一四条）は、「改良米」の製法を具体的に定めているが、それらは、すでにみた一八八六年一月の県諭達にある「改良方法」の各条項にほぼ一致している。すなわち、はじめに、①種子の「精撰」と「培養及耕耘ニ充分注意」すること、次いで②「乾燥・調整等ニ注意」し、「精撰方ニ一層尽力」すること、「青米・粃・稗・土砂・礫交リ」、「半乾ノ儘」の調製は「粗悪ノ最モ甚シキモノ」でありその「改良」につとめること、唐箕・千石篩にかけ「青米・砕米・粃等」を除去すること、俵装を「堅固」にして「脱漏・損廃等ノ憂」がないよう「注意」すること、などを定めている。また、③俵装方法についても、「改良方法」第八条の指示がそのまま繰り返されている。さらに、④一俵の容量については、「改良方法」が四斗四升と定めながらも、「別段ノ升量」を使用する場合はその理由を郡役所経由で県庁に届けるなど厳格さを欠いていたが、同組合規約は例外規定をなくしている。

このように同組合規約は、いずれも調整過程にかかわる実施事項を定めたものであり、それは「違約者処分」（第八章）の条文五項目をみても明らかである（表1－2）。処分の対象となるのは、組合費の滞納以外はすべて調整の不備にかかわることであった。

さらに、美祢郡の米撰俵製改良組合の規約にも同様の規程が確認できる。美祢郡においては一郡を区域とする「山口県美祢郡米改良組」が設立された。その規約によれば[36]、同組合は地主・小作人がすべて加入して粗製の「悪弊」を「矯正」し、産米の「改良」をはかり美祢郡産米の声価を回復することを目的としている。やはり、農法の注意点を定めたものであり、①種子を精選し培養耕耘に充分注意すること、②乾燥に注意すること、③青米・籾・土砂・半乾調整を改良すること、④青米・砕米・粃などを籾摺り・唐箕・千石篩の作業により除去すること、⑤俵装についての詳細な規定を守ること、⑥四斗四升の容量をみたすこと、などを定めている。同様に違約処分の規定をみると、罰金の額は異なるが、処分対象となる不正行為は、「佐波郡牟礼村江泊村米撰俵製改良組」のそれとほぼ一致していることがわかる（表1－2）。いずれも、「改良方法」の実践を目的とする組織であった。

それでは、各郡において米撰俵製改良組合による組織化は、どの程度進捗したのであろうか。一八八六年にはじまる各郡の組合設置の状況をみたのが表1－3である。佐波・厚狭・豊浦・美祢・大津・阿武の各郡では、組合設立は同年中にすすんだが、その他の郡は翌八七年以降になった。

次に、組織率を郡別にみると、序章にみた吉敷郡・佐波郡（九八％）・大津郡（九二％）などの高反収グループは、不明の吉敷郡を除けば組織率はすべ

表1－2　佐波郡・美祢郡における米撰俵製改良組合の違約処分

違約事項	佐波郡	美祢郡
種子を精撰しない	5銭～30銭	3銭～30銭
乾燥調整を改良しない	10銭～1円	3銭～30銭
升量をみたさない	10銭～1円	3銭～30銭
俵製の改良を履行しない	5銭～1円*	20銭～1円*
審査せずに搬出する		20銭～1円*
組合の費金を出さない	10銭～1円	賦課金の2倍

出典：佐波郡は防長米同業組合『防長米同業組合三十年史』（1919年）19頁、美祢郡は美祢郡『米撰俵製改良組合規約書』（1886年）。
注：*は1俵あたり、ほかは1石あたり。

て高く、また中間的な位置にあった各郡のうち厚狭郡（九一％）・都濃郡（八六％）も比較的高かった。逆に低反収グループに属する大島郡（五八％）・玖珂郡（七六％）・阿武郡（六七％）の組織率は低い。なお、低反収グループの豊浦郡（八四％）は比較的高位にあった。このような地域差をともないながら、一八八八年の時点で、設置率不明の吉敷郡・美祢郡・赤間関区を除く全県の割合は八一％であった。当時の町村の二割におよぶ地域には、組合が設置されていなかったのである。また、ほぼすべての郡に、組合未設置の町村が残されていた。組合が設置されない町村では、「改良方法」実践の督励・監視は困難であり、不徹底に終わる可能性が高かったといえよう。このように八八年においても、「改良方法」を実行するための組織化には一定の限界があったのである。

米商組合と取締所

次に米商組合について、佐波郡米商組合の規約[37]を検討しよう。同規約の総則と目的は次のように定められている。

第一章　総則

第一条　当組合ハ明治十九年（一八八六）十二月末県達ニ基キ、佐波郡富海村外五十一ヶ町村浦島米商者一致団結シ組合ヲ設ケ規約ヲ定ムル左ノ如シ

第二条　当組合ハ佐波郡米商組合ト称シ、事務所ヲ同郡三田尻字堀口ニ設置ス

改良組合の設立

吉敷		厚狭		合計	
組合数	町村数	組合数	町村数	組合数	町村数
14	15	33	48	204	390
8	11			41	84
8	8			11	11
30	34 (4)	33	48	256	485
	36		53		592
			91		82

表1－3　各郡区における米撰俵製

郡区	大島		玖珂		熊毛		都濃		佐波	
	組合数	町村数	組合数	町村数	組合数	町村数	組合数	町村数	組合数	町村数
1886年度	3	5	6	67	21	21	20	33	15	51
1887	6	13	9	27	8	15	4	10		
1888	3	3								
①計	12	21	15	94	29	36	24	43	15	51
②総数(2)		36		123		46		50		52
①/②（%）		58		76		78		86		98

郡区	豊浦		美祢(3)		大津		阿武		赤間関	
	組合数	町村数	組合数	町村数	組合数	町村数	組合数	町村数	組合数	町村数
1886年度	54	97	1	全町村	13	24	25	29		
1887							6	8	1	1(5)
1888										
①計	54	97	1	全町村	13	24	31	37	1	1
②総数(2)		115		22		26		55		
①/②（%）		84		100		92		67		

出典：『米撰俵製改良組合台帳』［農業４］。

注：(1)「町村数」は組合の設置区域内の町村数であり、市制町村制施行前の町村のものである。

(2)「②総数」は郡内の町村総数、小川国治ほか編『角川日本地名大辞典　35山口県』（角川書店、1985年）による。

(3) 美祢郡には一郡を単位とする組合が設立された。

(4) 吉敷郡1888年の町村数には「外数カ村」という記載を含んでいる。

(5) 赤間関は22町１村２島、表示した１はこの１村である。合計には美祢郡・赤間関区の数値を除外した。

第三条　当組合ハ、組合ノ資格ヲ
以テ営利事業ヲ為ス事ヲ得
ス

第四条　此規約ハ郡役所ヲ経テ県
庁ノ認可ヲ得施行スルモノ
トス、故ニ自今更正追加等
ヲ要スル事項ハ組合会議ニ
附シ其評定スル所ヲ以テ右
手続ヲナスモノトス

第二章　目的

第五条　当組合ハ米質俵製粗濫ノ
悪弊ヲ矯正シ之カ改良ヲ図
リ防長米ノ声価ヲ挽回シ、
営業上福利ヲ増進スルヲ以
テ目的トス

第六条　明治十九年本県諭達米撰
俵製改良方法ヲ遵守シ米質
ノ善悪、調整ノ製粗ヲ検査
シ品位等差ヲ定メ常ニ農業

ヲ奨励シ其改良ヲ促カシ販路ノ拡張ヲ計画スヘシ

すなわち、佐波郡米商組合は県庁の認可を受けて（第四条）、県下有数の移出港である三田尻に設置された（第二条）。その目的は「粗濫ノ悪弊」を「矯正」することであり（第五条）、また「改良方法」を実現するため産米を「検査」して「品位等級」を定め、農家を「奨励」して「改良」を促し「販路ノ拡張ヲ計画」することにあった（第六条）。

このように米商組合の目的は、米穀取引に従事する米穀商の側から「改良方法」の徹底をはかることにあった。同組合規約は組合の事業について具体的に定めていないが、「組長」一名と「取締」一七名の役員が、それぞれ「引受区域」として郡内の一〜数カ村を担当することとしている（第七条）。取締たちは「組合員ノ規約ニ違ハサル様監督スル事」、「規約実施ノ景況ヲ組長ニ報道スル事」など、監督・報告の事務を管掌した（第一〇条）。移出港の移出米問屋と取引をする産地仲買らが、「改良方法」に準拠しない粗悪米を取引しないよう監督し、取引の実状を組長に報告することを定めたのである。

さらに、米商組合を管轄する「米商組合取締所」が設置された。「山口県米商組合取締所規約」によれば、その目的は、「米商組合ヲ統括」して次の各事項を実施することにあった（第三条）。すなわち、①「改良方法」にもとづき農家を奨励して「改良」を促し産米の販路拡張をはかること、②輸出米検査所を設けて「輸出米」（県外移出米）を検査すること、③米穀商を監督して粗悪米の移出を「制止」すること、④地方庁へ建言し調査・報告すること、⑤各組合長を召集して会議を開くこと、などである。

米商組合取締所を「総理」し諸業務を「監督」する頭取・副頭取は、各組合長の「互選」により選出されたから（第一〇条）、米商組合取締所を運営したのは移出米問屋などの有力な米穀商であったと考えられる。ちなみに、一八八八年三月時点の頭取は、小郡に近い阿知須の米穀商江口新一であった。同取締所は米穀商を監督して粗悪米の取引を禁じるとともに、輸出米検査所により県外移出米を移出検査することを目的としたのである。

　このように、米撰俵製改良組合は産地農村において、一定の規格に達した「改良米」の生産を実現するとともに、それを「審査」により監視し、また、米商組合は産地仲買らの粗悪米取引を監視し、かつ県外移出米を移出港で「検査」することを目的とした。両組合がそれぞれの目的を達成するためには、規格外の粗悪米をチェックする米穀検査が必要になる。そこで次に、両組合が実施することになった審査・検査について検討しよう。

第三節　米穀検査の開始

1　審査と検査

審査体制の形成

　まず、産地農村における、米撰俵製改良組合による審査について検討する。ところで、すでにみた佐波郡牟礼村江泊村米撰俵製改良組の規約には、「改良方法」についての定めはあるが、審査自体についての規定はない。つまり、同規約は、「改良方法」の遵守は、「委員」が組合員を「誘導」して「改良進歩」の実施を促し（第一九条第一項）、規約に違反する者を「頭取」に報告して監視すると定めている。また、「改良方法」（第三章）に違反した場合には、「違約者処分」（第八章）にしたがって違約金を徴収することになっていた。しかし、この規約には産米を審査することについての規程はなく、また、「違約処分」の規程には「違約」の判断基準が明記されていない。このように、「改良方法」の遵守や、違約処分自体についての定めはあるが、審査や違約処分の具体的方法を定めた規程はなかったのである。(38)

　次に、一八八六年に作成された美祢郡の『米撰俵製改良組合規約書』(39)をみると、次のように、審査の「事務」を担当する「審査員」という役員を定めている（第二一条）。本条は審査にあたる審査員が、それぞれ担当する村を巡回して産米を審査し、審査済の米俵に「中札」を入れ、また俵の表に「墨印」・「印章」を押して「封緘」することを定めたものである。

一、毎年十一月受持村内ヲ巡回シ米質俵製等ノ良否ヲ順次審査スルコト
一、米撰俵製ノ審査ヲ終ヘタル上ハ中札ヲ入、俵面ニ墨印ヲ捺シ口縄ノ結止メニ其審査員ノ印章ヲ以テ封緘スルコト
一、審査高ヲ其翌月五日迄ニ頭取へ申報スルコト
一、前項ノ外審査上ニ関スル諸般ノ事項ハ渾テ頭取ト協議履行スルコト

規約によれば、美祢郡内の審査を担当する審査員は二六名で、その配置は表1-4のとおりであった。旧村二~三カ村につき一名を配置し、担当区域を管轄して審査にあたることが定められている。さらに、未審査米の搬出に対する違約処分をみると（表1-2）、先にみた佐波郡牟礼村江泊村米撰俵製改良組の規約には審査の規程がなく、処分自体の存在は不明であったが、美祢郡の規約には一俵につき二〇銭~一円の罰金を課すことが定められていた。したがって、美祢郡では現実に審査が実施されていたものと考えられる。ただし、美祢郡の審査は、審査後に「中札」を入れて合格とするものであり、等級などを付す規程はなかった。

このように、米撰俵製改良組合は「自用米」以外の販売米や小作米について、「改良方法」の実践を標榜したが、実際には産地農村における審査は不徹底であり、それを現実に監視しチェックする機能にも限界があったといえる。また美祢郡のように、仮に審査が行われても、それはきわめて簡略なものであった。米撰俵製改良組合による審査は、規程自体に具体性がなく、実施されても基準が曖昧であり、また合格しても「改良方法」がどの程度達成されたのか

明瞭ではなかったのである。

検査体制の形成

次に、移出検査についてみると、米商組合取締所が管轄する輸出米検査所は一八八七年三月に設置され(40)、県外移出米に対して検査を実施した。「山口県米商組合取締所規約」によれば、同所の検査に合格して「証明」をうけるまでは、防長米の県外移出は禁じられた（第二六条）。輸出米検査所がおかれたのは、県下の主要移出港である馬関（下関）・厚狭川岸・清末・瀬戸崎・三田尻・小郡・下松・柳井の八カ所であり（同前）、さらにその周辺には、検査員を「派出」して移出検査を実施する派出所が設けられた（第二七条）。当初の規約には、玖珂郡九、熊毛郡四、都濃郡五、佐波郡三、吉敷郡一七、厚狭郡一九、豊浦郡一六、大津郡一五の「派出個所」が掲げられており、検査を実施する地点は比較的広範に存在したのである（同前）。

移出検査の結果、受検米は次のように区分された（以下、第二八条）。まず、「改良米」として検査に合格したものには「Ō」の印が押印された。それ以外は、まず第一に「青米・籾・稗・砂礫交リ」、「半乾ノ儘調整セルモノ」、「俵製不完全ニシテ四斗四升入ニアラザルモノ」は県外移出が禁じられて再調整が命じられた。第二に精米されたものは二寸角の「日」が押印された。第三は「米質粗悪及濡米」で、送状に「其事由」を記したうえで三寸角「△」の標印を付し県外移出が許可された。県外移出の許可基準が米粒の品質の良否ではなく、混交・乾燥・容量・俵装など調整の適否によっていたことが確認できる。すなわち、第三の「米質粗悪」や「濡米」であっても、第一の条件がクリアされれば県外移出が認められたのである。また、罰則の条項があり、検査不受検米の県外移出、手数料の不払いには科料が課された。輸出米検査所の設置にあたり県庁は、罰則規定をともな

表1－4　美祢郡内各村の審査員数

村　名	人数
大田村・長登村	2
綾木村	2
長田村・真名村	2
岩永本郷村・同下郷村	2
秋吉村	1
絵堂村・赤村	2
嘉万上郷村外二ヶ村	3
伊佐村・河原村	3
大嶺東分村・同北分村	2
於福下村・同上村	2
大嶺西分村・同奥分村	2
厚保川東村・山中村	2
厚保本郷村・同原村	1

出典：美祢郡『米撰俵製改良組合規約書』（1886年）。

う県令「輸出米検査規則」を定めて、同所が果たす機能の重要性を強調している。

ところで、輸出米検査所の検査方法は成文化されており、「山口県米商組合取締所細則」の第七条には、米俵の三カ所から検出して品質調整の精粗を評価するなど、具体的な検査方法が定められている。その手順の要点は次のとおりである。

①俵装を検査し、「不当」なものを除いて俵数を改め、米俵の「首中尾ノ三ヶ所」から竹筒で「検出」して「品質調整ノ精粗」を点検する。

②容量は秤で概量を検査し、不適当なものは解俵して検査する。

③検査は荷主立会のもとで行う。

輸出米検査所による移出検査の規約は、米撰俵製改良組合の審査の規約とは異なり、整備されており具体性があった。さらに、米商組合取締所頭取江口新一の回顧によれば、実際には次のように、移出先の取引に適するよう上・中・下の三等級に区別するなど、移出検査はより厳密に、実際に兵庫市場の問屋との取引に適合するよう実施されていたのである。(41)

現今改良組合取締所設置以前ノ米商組合ハ米質上中下ニ依テ其俵口ニ三標印ヲ用ヒタリ、之ヲ輸入地ニ上陸シ上中下ノ区別一目瞭然故ニ、一片ノ検査証ヲ以テ売買立トコロニ決シ彼我大ニ之ヲ便トセリ

すなわち、この「改良組合」とは後年、一八八八年に米撰俵製改良組合と米商組合が合同して発足する防長米改良組合のことである。それ以前、すなわち八〇年代半ばには、移出港の米商組合は移出検査により上・中・下の三等級(「三標印」)を付していたというのである。その理由は、「輸入地」である兵庫市場などにおける取引を円滑化するた

めであった。兵庫市場においては、上・中・下に等級分けされ、規格化・標準化された産米が求められていたのである。ランクを付す移出検査は、すでにみた「佐波郡米商組合規約」のなかの、「品位等級」を定めるという第六条にも合致するものであった。

つまり、合格米にランクを付けない「一標印」では精粗の幅が広く、兵庫など「輸入地」との実際の取引には適さなかった。産地農村においては、米撰俵製改良組合の審査が実施されない地域があり、また仮に行われたとしても合格米に等級が付されなかったから、移出港の輸出米検査所が検査合格米に、兵庫市場との取引に適合する上・中・下の三等級を付したものと考えられる。兵庫市場との取引については、同市場の問屋や仲買人と継続的に取引している移出港の移出米問屋らが諸情報を蓄積しており、消費地の取引事情に適したランク付けが可能であった。このように移出港の米穀商は、集荷した産米の再調整を通じて、産地農村における審査の不備を補う機能を果したのである。(42)

2　事業の展開

審査の実態

各郡長は一八八七年二月、管轄郡内の米撰俵製改良組合について、初年度（一八八六年度）の事業を県庁に報告した。(43) 調査項目は、①米穀検査（審査）をめぐる地主と小作人との関係、②米穀売買の実際の「景況」、の二項目からなっている（表1－5）。まず①は、小作人に対する地主の補償を調査したもので、小作人が調整を徹底して規約を遵守するためには、地主から、新たな追加負担を償う奨励米・奨励金など補償の交付が必要であるとの認識にもとづくものである。これは県庁が事業開始当初から関心を寄せていた事項であった。

すなわち、調整作業の徹底は、小作人には「厭フ」べき「煩労」（赤間関区）であった。この報告からは、事業が実際に着手された地域では、この時期多くの郡で地主から小作人に対し負担を償う一定の給付があったことが確認できる。つまり、熊毛・佐波・豊浦・大津・阿見・見島の各郡では、「手当」や「手数料」として交付される、一俵あた

表1－5　米撰俵製改良組合の事業

郡区	事業展開　①地主と小作人との関係、②売買の「景況」について
大島	組合設置は３～４程度である。 ①小作人の苦情あるが地主に従わざるをえない。 ②「顕著ナル奏効ヲ見ズ」、郡外搬出は少ない。
玖珂	①小作を「多少慰労」する。 ②多少「増価」したが米商は「旧慣」により「改良」の良否を「不問」にしている、「精製ナルモノ」は「増価色ヲ呈スルガ如シ」。
熊毛	①「旧」に異ならないが、「相当」の「賞米」や、１俵あたり２～５合の「手数料」を与える。 ②「改良米ノ印」があると５～10銭／俵「騰貴」し「望人」が多く「販路モ拡」まっている。
都濃	①地主・小作人の契約には「改良」の文言はない。 ②郡下を通じて「概ネ改良ニ傾向セリ」、しかし「声価」「公利」には至らない。
佐波	①２銭・５～１升／俵の手数料を与えるので小作人には「手数を厭うの弊」がなく「苦情アルヲ聞」かない。 ②米商には「米質俵製精粗ハ省ミズ相競フテ買得スルノ弊」があるが、米商組合設置により「好結果」を得るだろう。
吉敷	①「紛紜」があるが、有志者が「説諭」し地主が報酬に「些少米銭を付与」したため「異状」はない。 ②改良米は３～５銭／俵「騰貴」、米商組合の設置が完備すれば目的を達する。
厚狭	①手数料の増加、不況による小作希望者の増加、規約により手数料を与えるなど「授受亦円滑」、従前に異ならず「苦痛ナシ」。 ②古俵を用いるのを不問にする米商があるが「一時ノ障碍」にすぎない、将来米商組合が設置されれば「改良」は疑いない。
豊浦	①地主は調整を「厳命」し組合設置後は一層である。１俵あたり２～３銭の手数料を与え効果がある。 ②米撰俵製規約設置後20～30銭／石ほど上昇した。
美祢	①はじまったばかりで不明。 ②幾分の利益。
大津	①1886年収穫米から地主は改良米以外収納しない。手数料は１俵あたり５合～１升・2.5～５銭であり多すぎるとして「減額の説」があった。「改良の挙」に小作人は「囂々」であったが「懇々説諭」により不服を唱える者はいない。 ②米商は規約を結び改良米以外の売買しない、10銭／俵以上の騰貴。
阿武	①１俵あたり５合～１升の手当要求。手当要求に「不承諾」なら「小作地ヲ返戻」。小作人は「精撰米」を納め地主が「俵製」するなどの地方がある。「異議」のない地方もある。 ②改良米は０～６～10銭／俵高、実施後日浅く本年収穫期には十分「良価」。
赤間関	①農家は僅少、小作人はその「煩労を厭ふ」。 ②農民の食料であり他に販路はない。

出典：「米質俵製組合設置以来景況取締ノ件」（[農業５-25]）。
注：阿武郡には、1896年に同郡に編入された見島郡を含む。

り五合～一升程度（一・二五～二・五％）の現米もしくは二～五銭の補償が具体的に示されていた。また玖珂郡・厚狭郡でも手数料が支払われている。厚狭郡では組合の規約に手数料の支払いが明記されていた。また、一八八六年の美祢郡の米撰俵製改良組合の規約には、「賞与」の規程として「小作人ノ米撰俵製ニ対シテハ組合会議ノ評定スル処ニ拠リ地主ヨリ手数料ヲ与フルコトアルヘシ」（第四〇条）という条文があった(44)。

交付がない場合には「紛紜」が発生することがあったが、地主が「些少」でも「米銭」を交付することによってそれは収拾している（吉敷郡）。また小作人が手当を要求しても地主が応じない場合には、小作人が小作地を「返戻」するなどして対抗したり、また小作人は「精撰米」を納めるが「俵製」しないため、地主が代わって行うという地方もあった（阿武郡）。このように、ほぼすべての郡で、地主の補償が実現していることが注目される。なお大島郡では報告時点でほとんど審査がすすまず、記載のない美祢郡でもそれは同様であったと考えられる。このように、小作人の新たな追加負担に対しては、一八八〇年代半ばの事業開始当初には、少量・少額ではあるが一定の補償が実現していたのである。逆に、地主の「強制」により調整を徹底したと報告しているのは大島郡に限られており、むしろ例外的であった。

次に②は、事業の効果を調査したもので、「改良方法」の励行が一定の経済的効果を発揮し、「改良米」が「普通米」との価格差をある程度実現したことが確認できる。すなわち各郡の報告をみると、それぞれ、五～一〇銭／俵（一二・五～二五銭／石）（熊毛郡）、三～五銭／俵（七・五～一二・五銭／石）（吉敷郡）、二〇～三〇銭／石（豊浦郡）、一〇銭／俵以上（二五銭以上／石）（大津郡）、〇～六～一〇銭／俵（〇～一五～二五銭／石）（阿武郡）の価格差を実現したのである。また具体額の記載はないが、「増価」（玖珂郡）、「概ネ改良ニ傾向セリ」（都濃郡）など、価格の相対的上昇が報告されている。

さらに、産地農村における米穀商の行動が、しばしば弊害として指摘されているのが注目される。つまり、「改良米」

以外の取引はないとの報告もあるが（大津郡）、米穀商が「旧慣」により改良の良否を「不問」にしている（玖珂郡）、改良の精粗によらず競って買い付けている（佐波郡）、古俵の使用を不問にする米穀商がある（厚狭郡）、などの報告である。また、米商組合が組織されれば米穀商たちのこうした行為が取り締まられ、改良が期待できるという報告もあった（佐波・吉敷・厚狭の各郡）。

すなわち、米穀商側（「奸商」）が粗悪米の取引に応じるため、産地農村では「精撰」がすすまないという指摘である。ここでいう米穀商とは主に、産地農村において生産者や地主と直接取引し、機を見て荷を転売し、また移出港の移出米問屋と取引する産地仲買であろう。したがって、移出港を拠点とし、兵庫市場や大阪市場の問屋と取引するような移出米問屋が集荷する産米は、必ずしも「改良米」ではなかったといえる。移出港の移出米問屋などの米穀商たちは、産地農村から集荷した米を再調整し、上・中・下などの等級を付して兵庫市場の要請に応えたのである。

輸出米検査所と検査

移出検査がはじまると多様な問題が発生するようになった。一八八七年一一月に県庁は、「輸出米検査之実況取調方」を各郡役所に照会し、移出検査の実態を調査した(45)。調査項目は、①「検査所員ノ適否及其勤惰」、②「検査処及派出処位置ノ便否」、③「受検人苦情ノ有無」、④「米撰俵製改良ノ実況」、⑤「右之他検査所ニ関スル必要ノ事項」、の五点である。

まず第一に、輸出米検査所の事務体制について調査項目①・②をみると、検査所により米穀商は「自分ノ商業」に専念しており検査は「自然忽カセナキニシモアラス」（玖珂郡）、「取締人」の「不勤」が多い（都濃郡）、「多少惰怠ノ風アリト認ルモ頭取ノ職権ヲ以テ之ヲ黜陟スル能ハサルハ遺憾」（吉敷郡）などと体制の不備を指摘しており、すべての検査所で厳格な検査が行われたわけではなかった。特に、瀬戸内海沿岸の米作地帯において、検査所の「怠惰」が多く指摘されている。また郡域が「広闊遠隔」で不便を感じている地方もあるなど（豊浦郡）、検査所の配置にも問題があった。

輸出米検査所員の「不適」や体制の不備、事務の停滞は移出検査自体の弛緩をもたらし、検査所間に検査基準の格差、検査の精粗が生じるようになった。このため、第二に、検査が弛緩し合格が容易な検査所に受検米が集中するという問題が生じた。一八八七年一二月、豊浦郡役所は県庁第一部第二課に対し、同郡輸出米検査所員と厚狭郡輸出米検査所員との間に生じた「軋轢」について報告している(46)。これによると、厚狭郡吉田村の木屋派出所は、厚狭川岸輸出米検査所から検査員の派出をうけて検査を実施していたが、豊浦郡保木中村ほかの諸村からも同派出所に「検査ヲ申込ム者」が続出した。豊浦郡役所は、その要因が同郡清末輸出米検査所と厚狭郡木屋村派出所の検査基準の格差にあると、次のように指摘している。

本郡清末輸出米検査所ニテハ鋭意熱心該検査ニ従事シ、苟モ不良ノモノアルトキハ断然其輸出ヲ禁止スルニモ拘ハラス、木屋派出所ニテハ如何ナル間違ヨリカ、清末検査所ニテ不合格ナリシモ同派出所ニテハ依然之カ輸出ヲ許セシコト間々有之候趣……右ノ次第ニテ、自然該派出所ニテハ検査合格ノ容易ナル故ニヤ、本郡米商者ニシテ同所ニ検査ヲ申込ム者逐次ニ増加シ、従テ清末検査所ニテハ受験者次第ニ減少スルノ勢アリト

つまり、木屋派出所では、清末検査所の検査に不合格となった産米が合格するという「間違」がしばしば生じていたのである。したがって移出検査は、基準の厳格な清末検査所は忌避され、合格が「容易」な木屋派出所に集中することになった。

県下八カ所におかれた輸出米検査所の検査基準は、規約には明記されていない。具体的な検査基準の設定は各輸出米検査所に委ねられていたと思われるが、そのような不統一は取引を混乱させ、産米の規格化・標準化にも限界を与えることになった。またこのケースのように、検査基準が弛緩した検査所に受検が集中して紛争が発生することにも

なった。

第三に、調査項目③をみると、検査料についての「苦情」は玖珂郡のみであったが、移出検査の実施自体に対する米穀商の「苦情」が噴出した。つまり、例えば都濃郡では「受検人目下仲買ノミ」と報告されたように、輸出米検査を受検するのは、産地農村で仕入れた米を取引する産地仲買や、県外に仲介する移出米問屋などの米穀商たちであった。しかし、産地農村では米撰俵製改良組合による審査が行われなかったり、また不備であるなどの限界があったため、移出検査の段階で不合格になる場合もあった。不合格米は県外への搬出が禁じられたから、米穀商は直接その影響を受けることになり、「苦情」が噴出したのである。このことについて吉敷郡役所は、次のように報告している。

受検人ノ苦情ハ創業中随分少カラサリシモ、新米以来米撰俵製共稍々改良ノ兆アリタルト、違犯者処分法ノ厳ナルトヲ以テ、遂ニ検査ヲ受スシテ輸出スルカ如キ悪弊ヲ見サルニ至ルト雖、輸出ノ際不完全ナル麁悪米ノ為メ再調ヲ命セラル、屢ナルヲ以テ、十分内地ノ改良ヲ為サヾレハ到底輸出者ノ苦情ヲ免ル、能ハス、厚狭郡地方尤モ然リトス(47)

この報告書は、郡長から委託された米商組合取締所頭取の江口が作成したものであるが、彼は取締所頭取として吉敷郡小郡の輸出米検査所を担当していた。したがってこの報告は、県内の移出検査全般について対象にしたものともいえよう。そのなかで江口は、まず、「遂ニ〔移出〕検査ヲ受スシテ」県外移出するような「悪弊」が見られなくなったと述べ、移出検査の一定の効果を認めている。

しかし江口は、産地農村の審査についてはきびしい評価を下し、移出検査が不合格となった米穀商たちの「苦情」を理解し、「十分内地ノ改良」が必要であると報告している。「内地」とは、米生産の現場である内陸の産地農村のことであり、江口は生産者の「改良」がなお不十分であるとして、「改良方法」の実践を米撰俵製改良組合に要請したのである。しかし、それは米商組合や同取締所が直接指導し管轄できない領域にあった。すなわち、江口は次のようにも述べている。

本所ノ負担タルヤ、輸出米検査及内地改良共ニ奨励スヘキ責任ナリト雖トモ、内地改良ニ至ツテハ費用予算外ニ渉ルヲ以テ止ムヲ得ス着手スル能ハス、内部改良ヲ厳ニセサレハ如何程輸出〔米検査〕ヲ厳ニスルモ到底米商人ノ苦情ヲ停止スルノ時ナカルベシ(48)

「内地改良」・「内部改良」、すなわち産地農村における「改良」を「厳ニ」しなければ、移出検査をいくら「厳ニ」実施しても問題は解決せず、米穀商たちの「苦情」がやむことはなかったのである。

また続けて江口は、吉敷郡南部・美祢郡（一部の地方を除く）の産地農村においては「改良」を実施したものの、大分県の豊前米と比較すればなお「一歩ヲ譲ラサル能ハサルモノアリ」と評し、その限界を指摘している。またその理由について江口は、「米質ノ改良是ナリ、人為ノ改良ハ直ニ之ヲ為シ得ルモ、米質ニ到リテハ翌年度ニ至リ農家ノ種子ヲ精撰スルニ非レハ其目的ヲ達シ難シ」と述べている。すなわち、種子の「精選」が重要であり、選種が不徹底で異種が混交するなど、産地農村における「改良」がなお不十分であるという指摘である。また江口によれば、吉敷郡北部の産米は前年まで米穀商の「賞讃」を博していたが、当年度中に大きく声価を落としたという。その理由は、ほかの地域の農家が「非常ノ改良」により声価を挽回したにもかかわらず、吉敷郡北部では「依然旧習ヲ墨守」していたからであった。さらに江口は、本年度中は山口町の消費があり移出検査には多くかからないが、次年度に県外移出が増加すれば移出検査成績が悪化し「臍ヲ噛ノ悔」となるであろうと警告している。産地農村における「改良」が不徹底であり、またそれを看過する米撰俵製改良組合の審査に限界があることを、くり返し指摘したのである。
このように、産地農村における「改良米」の生産と審査に限界があり、その産米が兵庫市場との取引に適していないという条件のもとでは、移出港の移出米問屋や産地農村で取引する産地仲買たちに、優先的に「改良米」を取引する誘因ははたらかなかったといえる。むしろ、それらを再調整するため解俵する場合には、「改良米」は俵装が堅固であり不都合であった(49)。すなわち、時期はやや降るが、九〇年代半ばの小郡では、次のような取引事情が美祢郡長から報告されていたのである。

小郡地方ノ仲買者ニ於テハ解俵ニ便ナラサル為メカ改良仕立ノ俵製ヲ厭忌スルノ傾有之、当業者カ購買者ノ所好ニ投スルハ免カレ難キ数ニシテ、如何ニ郡内ニ於テ組合規約ヲ励行セント尽力スルモ到底其目的ヲ達ス可ラサル段、各村長ヨリ申出候(50)

おわりに

近世期の防長米は大坂市場において高い評価を得ていたが、維新変革の過程で、廃藩と地租改正により他産地と同様に粗製がすすんだ。また明治中期に米穀輸出が活発化すると、従来の小粒種から大粒種に品種の切りかえがすすみ、両種の混合や品種の不斉一、籾・粃などの混交、乾燥の不良、容量の不足、俵装不良による脱漏など、収穫後の調整過程における「粗製」が大阪堂島米商会所から指摘されるようになった。産米の規格化・標準化は大量かつ円滑な取引の前提であり、中央市場の有力問屋は産地への要請を強めていった。

大阪堂島米商会所の指摘を受けた山口県庁は、先行する宮城県などの事業を参考に、一八八六年から米穀商と地主・生産者を組織化して「改良米」生産とその取引の徹底を試みた。県庁の主導により、市場が要請するような、「改良米」の「精撰」や「俵製」の方法が産地農村に指示され、米穀商には「改良米」に限定した取引が促された。しかし八〇年代半ばにおいて、県内産地農村における「改良方法」の実行と審査の進捗には、地域差はあるが、どちらも大きな限界があった。高反収グループのうちには、米撰俵製改良組合の高い組織率を実現する地域もあったが、「改良米」生産と審査の徹底には限界があり、移出検査の成績を制約することとなった。

しかし、米撰俵製改良組合と米商組合の事業、および米商組合取締所による移出検査が、粗悪品の排除をある程度実現して一定の効果をあげたことも、兵庫市場における防長米の相対価格や各郡の報告書により確認したとおりである。米穀商を組織した米商組合取締所は、県内八カ所の移出港で兵庫市場など県外へ移出する産米の検査をはじめた。中央市場との取引に応じた規格化・標準化は、まず、移出米問屋など移出港の米穀商らにより担われたのである。この検査の過程で、兵庫市場との取引に適合するよう米穀商は再調整し、上・中・下三等級のランクが付された。

検査所間には検査に精粗があり弛緩した検査所に移出米が集中するなどの問題が生じたが、兵庫市場における防長米の相場は、一八八六年末まで「防州上米」の銘柄が掲げられ、価格は肥後米とほぼ同等、「摂津米」・「摂津上米」のやや下位にあった（表1－6）。また翌八七年一月からは、「防長米」と「防州改良米」の二銘柄が掲載されるようになった。例えば八七年二月には、「防州改良米」五円二〇銭、「防長米」五円一〇銭と二%ほどであるが価格差が生じ、普通米とは別に「改良米」という銘柄が区別されて取引されていたことが確認できる。また「防州上米」は、移出港の米穀商たちが実施したという「上中下」の「三標印」に対応したものと考えられ、移出港では兵庫市場との取引に適合した再調整が実際に行われていたことがわかる。産地農村における審査は不徹底であり、その機能には大きな限界があったが、移出港における検査と等級区分は兵庫市場との取引に有効であり、一八八〇年代半ばから後半に

表1－6　兵庫市場における摂津米・防長米・肥後米の相場（1886年1月～87年3月）

（単位：円／石）

年月	銘柄	価格	銘柄	価格	銘柄	価格	銘柄	価格
1886. 1	摂津米	5.25	防州上米	5.20			肥後上米	5.15
2	同上	5.25	同上	5.15			同上	5.10
3	同上	5.20	同上	5.20			同上	5.20
4	同上	5.05	同上	5.02			同上	5.00
5	摂津上米	5.10	同上	5.00			同上	5.00
6	同上	5.25	同上	5.15			同上	5.20
7	同上	5.35	同上	5.25			同上	5.25
8	同上	5.20	同上	5.13			同上	5.13
9	同上	5.50	同上	5.37			同上	5.37
10	同上	5.40	同上	5.30			同上	5.30
11	同上	5.65	同上	5.55			同上	5.50
12	同上	5.85	同上	5.80			同上	5.75
1887. 1	同上	5.15	防州改良米	5.15	防長米	5.00	同上	5.10
2	同上	5.25	同上	5.20	同上	5.10	同上	5.10
3	同上	5.20	同上	5.15～18	同上	5.10	同上	5.10

出典：『神戸又新日報』（各号）。
注：毎月10日前後の時点の銘柄表記とその相場を示した。

かけて、肥後米をやや上回り摂津米に迫る価格を実現するという効果をもたらしたのである。なお、このような防長米価格の推移については、すでに確認したとおりである（本章第一節2）。

米穀商側からみれば、産地農村における産米の規格化・標準化の達成には大きな限界があった。米撰俵製改良組合が設置されない未組織の地域が存在し、審査の規程がない組合も多く、また審査が実施されても「改良米」をチェックする機能は低かった。したがって産地仲買などの米穀商は、産地農村では精粗にかかわらずなるべく安価に買い入れた。産地農村で集荷した産米はたとえ「改良米」であっても解俵し再調整する必要があり、粗悪米に対する「改良米」の実質的な優位は必ずしも保証されなかったのである。また産地農村の側も、米穀商は粗悪米取引に応じており、米を販売する地主や生産者に、相対的に高価格が期待できない「改良米」を「精撰」し「俵装」するメリットは少なかった。また、小作米の納入にも、強いて「改良米」が求められなかったと考えられる。

もちろん、「改良」が徹底すれば生産者・地主側、米穀商側ともに利益が増加することは想定できる。しかし、事業開始当初においては、生産者・地主側には粗悪米は価格は低いが調整に手間をかけず審査も受けずに販売できたし、米穀商側には「改良米」も「粗悪米」も大差なく再調整の必要があり、むしろ粗悪米の方が安価で解俵も容易であった。しかもこの時期、両者は相互に信頼は薄く機会主義的に行動するような関係にあった。したがって、両者間の取引に最も適合するのは粗悪米取引であったといえる。こうして、粗悪米取引が固定化し、違約行為が根強く残ることになったのである。

このような生産者・地主、および米穀商の行動を止揚して「改良米」生産とその審査を徹底するには、二つの組織を併合した新たな組織を必要とした。米穀商側は産地農村における審査の徹底を、生産者・地主側は粗悪米・未審査米の取引や運搬の取締りによる「改良米」価格の相対的上昇を「改良」の前提条件としていたから、両者の条件を、「改良米」生産と取引を徹底する方向で調整する組織が必要となったのである。これを米穀商の側から表現したのが、米商組合取締所頭取の江口による次のような提案といえよう。

> 内地改良ノ件ニ付テハ米撰俵製組合ト米商組合トヲ連合シ、山口県米穀改良事務所ヲ中央ノ地へ設置シ専ラ内地ノコトヲ執ラシメ、本所ノ如キハ同所ノ附属トシ防長輸出米検査ノミニ従事シ、内外共ニ事ヲ執ラハ其功ヲ奏スル遂ニ完全ノ域ニ至ラン(51)

すなわち、産地農村の生産・調整過程に直接関与できない米商組合取締所は、産地農村に対する「商人ノ苦情」には対処できず、それを「停止」することはできなかった。このため江口は、米撰俵製改良組合と米商組合を合併した組織（ここでは「山口県米穀改良事務所」）を「内地」、すなわち産地農村に設置して、「改良米」生産の督励と監視、つまり審査の徹底を説いたのである。

注

（1）防長米同業組合『防長米同業組合三十年史』（一九一九年）、元防長米同業組合『防長米同業組合史』（一九三〇年）。

（2）持田恵三『米穀市場の展開過程』（東京大学出版会、一九七〇年）一二七頁、農業発達史調査会編『日本農業発達史　第三巻』（中央公論社、一九五四年）三三一、三四〇頁。

（3）前掲『防長米同業組合史』などによる。

（4）大消費地から遠隔の地域にある米作地帯には、広域におよぶ領国を支配する大名領が多かった。長州藩の毛利家の場合だけでなく、加賀藩の前田家などについても同様の指摘がある。富山県内務部『越中米の来歴』（一九一一年）によれば、加賀・越中・能登を支配する前田家の年貢米収納は厳重にチェックされたため、「肥後米と其肩を比して声価を博した」といわれる（五頁）。

（5）一八八〇年代はじめに作成された『興業意見　巻二十三』のうち、山口県地方の農事調査、「農家収穫米販売上ノ利害及ヒ便否ノ実況」の欄（大内兵衛・土屋喬雄編『明治前期財政経済史料集成　第二〇巻』一四八頁）。

（6）防長米同業組合『防長米同業組合第五回業務報告』（一九〇三年七月）一頁。

（7）「豊浦郡西市町殖産集談会第二回結了書（明治十五年九月）」（『山口県勧業雑報』第二〇号、一八八二年九月）二四頁。「米穀精撰法ハ目下ノ急務トス、如何トナレハ中国米ノ声価既ニ下落セリ、之ヲ挽回スル方法」の審議。

（8）一八八〇年代の米穀生産の拡大については、大豆生田稔「米穀生産の拡大と対ヨーロッパ輸出の展開」（高村直助編『企業勃興――日本資本主義の形成』ミネルヴァ書房、一九九二年）二九六～二九九頁。

（9）それぞれ厚狭郡、都濃郡の議員の発言（山口県『第六回勧業諮問会日誌』一八八八年、一〇、一二頁）。

（10）米穀輸出については、大豆生田、前掲「米穀生産の拡大と対ヨーロッパ輸出の展開」を参照。

（11）奈良専二『新撰米作改良法』（一八八八年）（須々田黎吉編『明治農書全集　第二巻』農山漁村文化協会、一九八五年）一六頁。

（12）戸田忠主『日本産米品評会要録』（一八九三年）一七一頁。

（13）『初年以来米麦作沿革（周防）』［農業36］、『同（長門）』［農業37］。本資料については、序章・注（78）・（81）を参照。

（14）「玄米品評会記事」（『大阪商況新報』第九六号、一八八七年三月二二日）。「玄米品評会報告並賞状送付ノ件」［農業5－15］に綴込み。

（15）前掲『日本産米品評会要録』九六～九九頁。

（16）肥後米券社『肥後米券社史』（一九三九年）二頁。

（17）肥後米輸出同業組合『肥後米輸出改良同業組合史』（一九一一年）一頁。

(18)　以下、前掲［農業5－15］。
(19)　海外輸出向けの米は兵庫・神戸市場において精白された（『山口県勧業月報』第八号、一八八八年四月一〇日）。
(20)　「防長米改良の経緯・現状に関する同業組合長の談話」（『防長新聞』一九〇〇年三月二七日～二九日）、山口県『山口県史　史料編近代四』（二〇〇三年）一七五～一七六頁。防長米同業組合成立後の組長の談。
(21)　「御願」［農業5－15］。
(22)　前掲「玄米品評会記事」。
(23)　なお、序章にみたように、東京では一八八二年二月、深川の廻米問屋の組織である東京廻米問屋市場が同様の趣旨で玄米品評会を主催することになった（大豆生田稔「東京市場をめぐる地廻米と遠国米」、老川慶喜・大豆生田稔編著『商品流通と東京市場』日本経済評論社、二〇〇〇年、二〇二頁）。
(24)　前掲「玄米品評会記事」。
(25)　「都濃郡第六回農事会話（明治十五年十月廿九日）」（『山口県勧業雑報』第二四号、一八八三年一月）一六～一八頁。「検印」は、柳井の縞についての検印を例に述べられている。
(26)　前掲『防長米同業組合三十年史』九頁。
(27)　序章にみたように、他の産地においても粗製がすすみ、価格も同じ傾向にあった。越中米については、大豆生田稔「越中米改良と東京・北海道市場――一八八〇～九〇年代における産米改良事業の展開」（『東洋大学文学部紀要』第五四集・史学科篇第二六号、二〇〇〇年）。
(28)　「米撰俵製改良方法」（前掲『防長米同業組合三十年史』一〇～一三頁）。
(29)　山口県知事原保太郎代理山口県書記官頓野馬彦〔無表題〕（〔農事一件〕明治二二年、「金津家文書」三四四、山口県文書館所蔵）。
(30)　県庁の印刷物（同前）には、「粗悪米ハ外国市場ニ其望ミナシト為ス」と述べられている。袋に一括された書類に含まれる。活版印刷され、前文二頁・本文五頁、作成は一八八六年九月である。
(31)　「米撰俵製取締上ノ義ニ付照会」［農業5－1］一八八六年三月。宮城県の米穀検査については、大豆生田稔「東北産米の移出と東京市場」（中西聡・中村尚史編著『商品流通の近代史』日本経済評論社、二〇〇三年）第一節。
(32)　前掲「米撰俵製取締上ノ義ニ付照会」。
(33)　山口県『第二次勧業諮問会日誌』（一八八四年）三一～三二頁。

(34) 前掲『防長米同業組合三十年史』七〜九頁。
(35) 同前、一四〜二〇頁。
(36) 美祢郡『米撰俵製改良組合規約書』(一八八六年)。「米撰俵製改良施行ニ付聯合会開設伺」[農業5－35]に綴込み。
(37) 前掲『防長米同業組合三十年史』二〇〜二三頁。
(38) 同前。
(39) 前掲[農業5－35]に綴込み。
(40) 前掲『防長米同業組合三十年史』二四〜三二頁。
(41) 「理由書」(「輸出米改良組合創立願」[農業13－37]一八九〇年一二月)。
(42) 先にみた、一八八二年の豊浦郡西市町における集談会での発言によれば(本章第一節1)、下関で取引する「物産会社」が、購入した粗悪米を解俵して「精撰」しているが、これは再調整を行っている例といえよう。産地農村における調整が不備のため、兵庫市場などと円滑に取引するため、移出港において、このような再調整が行われていたのである。
(43) 「米質俵製組合設置以来景況取締」についての各郡長報告書(「米質俵製組合設置以来景況取締ノ件」[農業5－25])一八八七年一〜三月。
(44) 前掲『米撰俵製改良組合規約書』一六頁。
(45) 「輸出米検査ノ実況取調方件照会」(「輸出米検査ノ実況取調ノ件照会」[農業5－7])一八八七年一一月。
(46) 以下、同前の各郡役所の報告書、および江口新一「御諮問ノ主趣《ママ》左ノ通御答申上候」(同前)一八八七年一二月、による。
(47) 前掲「御諮問ノ主趣左ノ通御答申上候」。「内部」も「内地」と同様の意であろう。
(48) 同前。
(49) 移出米問屋などが移出米を再調整することについて、加藤瑛子「米穀検査と小作米——熊本県の場合」『史学雑誌』第七七編第六号、一九六八年五月)は、「調整や乾燥の改良は困難」であるが、「容量・俵装の改良は米商段階で可能である」と述べている(五二頁)。移出検査に合格するため、調整・俵装などの作業を産地農村においてではなく、米穀商が実施したのである。安孫子麟も、「地主・農民の販売米を、米商人の手元で再製し俵装し直す」と指摘している(中村吉治編『宮城県農民運動史』日本評論社、一九六八年、一九六〜一九七頁)。
(50) 「二丁第二八号」(「米撰俵製ノ件」[農業20－1])一八八五年一月。

(51)　前掲「御答ノ主趣左ノ通御答申上候」。「本所」(防長米改良組合取締所)は、「同所」つまり「山口県米穀改良事務所」の「附属」として、移出検査のみを担当することが述べられている。「山口県米穀改良事務所」は、のちに防長米改良組合として実現することになる。

第二章　防長米改良組合の発足——一八九〇年前後

はじめに

山口県庁の主導により米撰俵製改良組合と米商組合は一八八八年三月に合併し、防長米改良組合が組織された。八四年の同業組合準則により発足した改良組合は、組合員として生産者・地主と米穀商とをあわせて組織し、両者の提携による「改良米」生産とその取引の拡大を目的とした。また改良組合は、県庁の勧業政策の末端として設置された農区ごとに全県的に組織され、その上部組織として防長米改良組合取締所が設置された。この取締所には、各農区の防長米改良組合を監督するほか輸出米検査所を管轄して、事業全体を統括する機能が与えられた。

ところで、米撰俵製改良組合と米商組合が合同する経緯については、後年に次のような記述がある。

米穀改良の進否と市価の昂低は必す其消長を共にするものにして、生産者と米商者とは其利害関係最も密邇するものなれは、其団結を二にして到底事業運用の全きを望むへからす、組合有終の効果を収めんと欲せは必すや両者相提携して改良に努力すへき理の尤も観易き所なり(1)

しかし、すでにみたように、両組織の「利害関係」は「密邇」であったが必ずしも一致せず、「改良」の実現をはかるためその調整が課題となっていたのである。

産米の規格化・標準化の進展とその限界について、とりわけ実証的な研究が乏しい一八九〇年前後から九〇年代はじめの米穀検査の特質を明らかにするのが本章の課題である。すなわち、防長米改良組合設立当初の産地農村における「審査」体制の形成とその実態・限界に注目し、県庁や改良組合による審査体制形成の過程、改良組合による審査の実態と限界、難航する初期組合事業と米穀商による改良組合離脱の動き、不備な審査のもとで「検査」に従事する米穀商の行動、などについて検討していく。

第一節　防長米改良組合の設立

1　米撰俵製改良組合・米商組合の合同

両組合事業の限界

米撰俵製改良組合と米商組合は一八八八年三月に合同し、ほぼ農区の領域にしたがって二四の防長米改良組合が発足した（図2－1）(2)。粗悪米の生産、審査の忌避や未審査米の取引が続いたが、「改良」をより一層徹底するには生産者と商人の提携が必要とされた。すなわち、①産地農村においては、産米の規格・標準を定めた「改良方針」にしたがって生産し調整するとともに、それを検査し判定する審査をもれなく厳格にすすめること、および、②米穀商は審査ずみ産米以外は取引しないこと、である。その実現をはかる体制を形成するため、両組織を合併して事業を広域化し一新しようとする構想が台頭した。大津郡役所が次に述べたように、産地農村における審査の不振が移出港における検査成績を制約しており、両組織の合併により取締りを強化して審査を徹底

図2－1　各防長米改良組合の設立と変遷

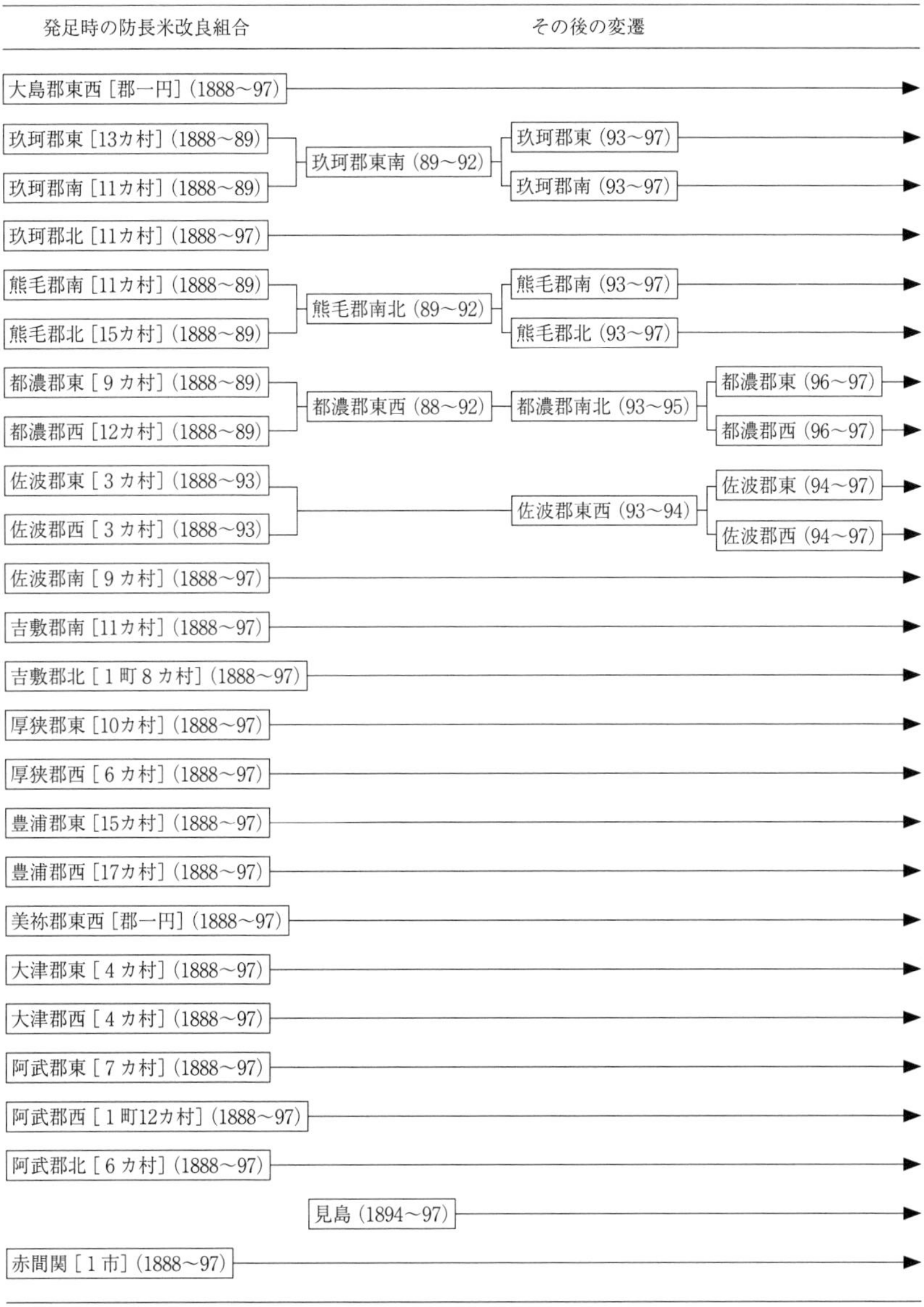
発足時の防長米改良組合
その後の変遷
大島郡東西［郡一円］(1888～97)
玖珂郡東［13カ村］(1888～89)
玖珂郡南［11カ村］(1888～89)
玖珂郡東南 (89～92)
玖珂郡東 (93～97)
玖珂郡南 (93～97)
玖珂郡北［11カ村］(1888～97)
熊毛郡南［11カ村］(1888～89)
熊毛郡北［15カ村］(1888～89)
熊毛郡南北 (89～92)
熊毛郡南 (93～97)
熊毛郡北 (93～97)
都濃郡東［9カ村］(1888～89)
都濃郡西［12カ村］(1888～89)
都濃郡東西 (88～92)
都濃郡南北 (93～95)
都濃郡東 (96～97)
都濃郡西 (96～97)
佐波郡東［3カ村］(1888～93)
佐波郡西［3カ村］(1888～93)
佐波郡東西 (93～94)
佐波郡東 (94～97)
佐波郡西 (94～97)
佐波郡南［9カ村］(1888～97)
吉敷郡南［11カ村］(1888～97)
吉敷郡北［1町8カ村］(1888～97)
厚狭郡東［10カ村］(1888～97)
厚狭郡西［6カ村］(1888～97)
豊浦郡東［15カ村］(1888～97)
豊浦郡西［17カ村］(1888～97)
美祢郡東西［郡一円］(1888～97)
大津郡東［4カ村］(1888～97)
大津郡西［4カ村］(1888～97)
阿武郡東［7カ村］(1888～97)
阿武郡西［1町12カ村］(1888～97)
阿武郡北［6カ村］(1888～97)
見島 (1894～97)
赤間関［1市］(1888～97)

出典：元防長米同業組合『防長米同業組合史』(1930年) 195～198頁。

し、米穀検査全体の進捗が要請されたのである。

右合併ハ最モ適当ナリトス、其理由ハ従来ノ組合ハ農商区々跨リテ取締上ノ不便尠ナカラス、且又米撰俵製改良組合ニ於テ相当ノ取締ヲ為シ得ス、米商組合ニ於テ厳重ノ取締ヲ為セハ米撰俵製改良組合ハ規約ヲ実行セサル等アリテ、到底地区ヲ拡張シテ一定ノ改良ヲ行ハサレハ好結果ヲ得難キコトアル可シ、故ニ合併ヲ適当ナリトス(3)

このため県庁は、生産者・地主には「改良米」の生産と審査、米穀商には「改良米」に限定した取引の徹底を目的に、両組合の一元的な組織への改組を試みた。新組織による産地の組織再編を機に、佐波郡役所が次に述べたように、米穀商との連携がすすめられるようになった(4)。

動モスレハ粗製品ヲ陰ニ売買スルノ弊アリ、畢竟組合両立シ結合力ニ乏シキカ故ナルヘシ、之ヲ矯正セント欲セバ両組ヲ合併ニ充分団結力ヲ惹起〔ママ〕サシムルニ如カス、依テ御諮問之通リヲ可トス(5)

海外輸出の活発化

ところで、この両組合の合同は、同時に、当時活発化しつつあった防長米の海外輸出を促進する目的があった。防長米改良組合が発足した一八八〇年代末は米穀輸出の最盛期にあたるが、規格化・標準化の限界はその発展を制約した。このため県庁は、あらためて「改良方法」の徹底を各防長米改良組合に指示した。全国の米穀輸出量は年間一四〇万石に迫ってその最盛期にあり、九〇年代半ばに確認できるように（後掲、表4－10）、防長米の輸出量は多量であった。八〇年代末の神戸港では米穀輸出が活発化しており、県庁は輸出の拡大をねらって防長米改良組合による組織再編をすすめたのである。

すなわち、一八八八年の組合成立とほぼ同時に、県庁は「米撰種子及耕耘培養ニ注意スヘキ件」を諭達して「撰種肥培の改良」を「鼓舞」し、海外輸出に適合した米を生産するため「種子ノ選択」、「耕耘培養調整」に留意し、輸出「販路ヲ拡張」するよう諭告した。(6)「改良米」の生産とその審査・検査は、県勧業政策の主要な課題の一つとなったのである。

この諭告は、石灰肥料の「濫用」により近年米質が「粗悪」となり、販路が「短縮」したと指摘している。つまり、米質に「粒形細小ニシテ色沢佳良ナラス、其形状・色沢ノミナラス製磨ノ際砕ケ米多ク……」という難点が生じ、また乾燥不良なども加わったため、輸送中に赤道直下の熱気に触れて光沢を失い「変質腐敗」することもあった。このためこの諭告は、日本米はジャワ米に大幅に劣ると評価し、その改良策として「撰種」をあげ、「要スルニ種子ノ撰択ヨリ急且大ナルハナシ」と述べている。県庁はこのような問題点を克服して海外市場を維持・拡大するため、小粒種を退け、輸出に適する大粒種に統一して斉一化するほか、米穀検査の一層の進捗を試みていくことになる。

2　改良組合の設立と規格化の徹底

組織の拡大

防長米改良組合の目的は、産米の規格化・標準化を全県に均しく浸透させるとともに、それぞれの組合区域内において、生産・流通の両面からそれを徹底することにあった。すなわち、まず第一に、それぞれの改良組合が領域とする農区は、県の勧業政策により設定された区域であり、各農区には「委員」が一名ずつおかれ、「地方に名望があり勧業上に識見のある有力者」が選ばれた。なお、大島郡の東西二農区、および美祢郡の東西二農区には、両農区を合併した区域に改良組合が設置された。

三新法体制下の町村は一八八〇年代末、町村合併により広域化しようとしていた。農区を基礎とする新組織は、新設された行政村数カ村を区域にやや広域な地域を領域とし、またその上部機関（取締所）を設置することにより、県内の産地農村全域をもれなく組合の対象区域としたのである。これは、米撰俵製改良組合による産地農村の組織化に限界があったのとは対照的であった。

さらに、防長米改良組合は産地農村の生産者（自作・自小作・小作）・地主、および米穀商をもれなく組織しようとした。生産者側の組織率をみると、まず一八八八年末における県内の総農家戸数は一二万八一三七戸であるが[7]、同組合の組合員数は九四年一月の一二万一二九一人が判明する最も早い時期の数値である[8]。米穀商の組合員は九〇年代末頃には三二八八人を超えていたから、生産者の組合員数は九三年の時点で一二万戸弱と推測される。したがって、総農家戸数一二万余戸に占める組合員数の割合はきわめて高かったといえる。

第二に、防長米改良組合は、同時に米穀商を組織して粗悪米の取引を禁じるとともに、防長米改良組合取締所は県外移出米を検査した。「農商」組織化のねらいは、県庁の指導により、一八八四年一一月の同業組合準則に依拠して実現したのである[9]。同業組合準則は、同業者の三分の二の賛成により区域の同業者の加入を義務化し、製品の品質管理などを目的とする組合組織の設立を定めたものである。組合の強制力にはなお限界があったが、生産者、および問屋・仲買・小売らの米穀商を組合員として「悉く網羅」[10]し、生産と流通の二面から、産米の規格化・標準化の徹底を目的に改良組合は発足した。

四斗俵装への統一

防長米改良組合の発足前後から規格化・標準化の徹底がすすんだ。まず全国的な趨勢にしたがい、一俵の容量が四斗四升から四斗に改められ統一された。すなわち、組合の結成直前の一八八七年一一月、吉敷郡の生産者は四斗への改正を求める上申書を郡役所を経由して県庁に提出した[11]。同郡の戸長たちは同年一〇月、旧慣の「土貢四斗」にあたる四斗四升は「端数」四升の処理に算盤を要して「甚タ不便不尠事」であり、また輸出米検査では「差謬過失ノ憂」となっていると指摘し、いまだに「依然旧慣ニ泥」んで容量一斗一升枡の「廃器」を使用しているが、これを「県下一般」に四斗とすれば、「米撰俵製」の「改良進歩」となると訴えた。

また同年末、厚狭郡内の米撰俵製改良組合である宇部米改良組からも同様の出願があった。[12]これは、一俵四斗とする同組合の当初の規約が認可されなかったため、同組合の頭取・副頭取が「再願」したものである。一俵四斗四升の計量は、旧慣の一斗一升枡が度量改正で廃されたため、従来は四回の「量入」が「新量器」では八回（一斗枡で四回、一升枡で四回）の「手数」を要するようになり、かつ「貿易市場ニ於テ重大ナル失敗ヲ発見」することになった。この「発見」とは、兵庫において容量を検査したところ、四斗三升や四斗二升の俵が「幾度トナク」見つかったことである。このため、一八八八年五月に五カ村の地主が「惣会」を開き、容量を四斗と定め小作人の姓名を俵口に付記したところ、こうした「失敗」がなくなり市場の「声価」が高まったという。四斗への統一は、端数の計算を省くだけでなく、計量が簡単で俵装の作業を正確かつ円滑にするものであった。

一八八八年四月に県庁が作成した書類[13]には、防長米改良組合規約の原案に俵装の秤量を「四斗四升」と記した部分が、朱書で「四斗」と訂正されている。立案の時点では四斗四升であったが、まもなく四斗に改められたことがわかる。組合の発足を契機として、全県下そろって四斗への統一が指示されたのである。四斗俵への統一は、各改良組合を通じて速やかに実現したが、これは全県を均しく管轄する組織の成立を前提とするものであった。

ところで、四斗四升の容量がなお有力であった理由は、輸送に効率的であり、一部の地域では支持されていたからであった。つまり、従来通りに「四斗四升ヲ可トス」と報告した玖珂郡役所は次のように、馬の背で運搬するときには四斗四升の方がより多く積載できると説明している。

馬脊ヲ以テスルトキハ一頭ニ四斗俵三俵ハ載ヒ得ス、二俵ヲ以テセサルヲ得ス、運搬費ノ如キ四斗俵二俵ニテモ四斗四五升二俵ヲ以テスルモ費額ニ差サク、四斗トスルハ運搬費ニ損失ヲ来ス故ニ四斗トスルヨリ四斗四升又ハ四斗五升トスル方可ナリ、如此次第ナルニ付、折角組合ニ於テ定メタル四斗四升ニテ可ナリ、改正スルヲ要セズ[14]

第二節　防長米改良組合の米穀検査体制

1　取締所と移出検査

取締所の機能

防長米改良組合取締所規約[15]によれば、取締所は米商組合取締所の後身として、それぞれの各防長米改良組合を統括する機関と位置づけられた。新たに生産者・米穀商双方を指導監督し、「改良米」の生産と取引を取り締まることになったのである。

取締所の事務所は吉敷郡山口町におかれ（第二条）、各防長米改良組合を「統轄」するため、①集談会・品評会・種子交換会の開催、②不正・粗悪米の差し押さえ、③当業者との「質問応答」、県庁・官省への建言・請願、④諸調査とその報告、⑤各農区の防長米改良組合の視察・誘導、⑥輸出米検査の「統轄」、などの事務にあたった（第五条）。役員は事務長一名・事務員二名であり、各組合の会議が「選定」した議員による「聯合会議」において組合員のなかから選ばれた（第一〇条）。

各防長米改良組合の構成員のうち大多数を占めたのは生産者（自作・自小作・小作）、および地主であり、有力な地主層が組合を主導したものと考えられる[16]。また、「聯合会議」で役員が選出される取締所も同様の性格があった。初代事務長に選出された都濃郡の磯部十蔵は、同郡農談会の会長をつとめた地主であった[17]。次いで一八九一年に事務長に就任した吉富簡一もまた、かつて吉敷郡の大庄屋をつとめた豪農で、県下有数の大地主であった[18]。

取締所は、各防長米改良組合の上部機関となった。まず第一に、「各農区組合員ハ組合規則ニ違背シタル米穀ヲ他農区組合へ運搬シ、又ハ他農区組合へ立入其組合ノ規約ニ違背シタルモノヲ取引スヘカラス」（第五三条）と定められたように、組合員が未審査米を組合区域外へ搬出したり、また他組合の地区へ立ち入って、その組合規約に違反して取引することが禁じられ、取締所は差し押さえなどの違約処分により取り締まることになった。このような取締りの機能を果たす機関は、一八八七年に発足した米撰俵製改良組合・米商組合には存在しなかった。改良組合は取締所に一定の強制力を与えて、規約の徹底をはかろうとしたのである。

第二に、取締所は各防長米改良組合間の事業を調整した。各防長米改良組合の規約は、「地方ノ情況ニヨリ均一ナリ難シト雖モ各地大差ナキヲ要ス」(第四七条)と定められたように統一がはかられた。また取締所は各組合長に対し、産米の売買取引、米穀の産額、組合員数のほか、取締所からの照会事項を報告させた(第四八条)。このように取締所は、各改良組合が定める規約の統一性を保ち、活動状況を的確に把握して事業の統一と促進をはかり、また審査や取締りなどの格差が組合間に紛争を引きおこすことのないよう配慮した。

第三に、「米商組合取締所規程」にはなかった「仲裁方法」(第七章)の規定が注目される。これは防長米改良組合の内部、および組合間に生じた紛争の「仲裁」について、その申立・言渡の方法や費用の負担、および仲裁言渡にあたり「不服ヲ唱フルヲ得」ないことなどを定めたものである。かつて審査をめぐる紛争が生じたため(第一章第三節2)、取締所に「仲裁」の機能を与えたものといえよう。さらに、取締所の機能を徹底するため罰則規定が強化された。その対象となったのは、移出検査不受検米の移出、検査手数料の不納、未審査米の他農区への搬出(以上、第五四条)、輸出米検査所役員の不正(第五五条)などのほか、取締所役員の不正(第五六条)である。このように取締所は、防長米改良組合の事業が統一的に展開するよう、各改良組合を監視し指導する機能を果たすことになったのである。

移出検査の成績

さらに取締所は、従前の米商組合取締所と同様に、移出港などの移出検査を主導した。取締所が管轄する検査に合格しなければ県外へ移出できず(第二九条)、また「青米・赤米・籾・稗・砂礫交リ」、「半乾ノ儘調整セルモノ」、「俵製不完全ニシテ四斗入ニアラサルモノ」など、不完全な調整には「再製」を命じたが(第三三条)、これはかつての米商組合取締所と同様であった。また、合格米の俵口に押印される標印「〇」も

表2－1　各郡の米生産量に占める移出検査量の割合

（単位：%）

郡市	1888～92年度	1893～1900年度	1900～10年度	1910～18年度
大島	0.6	2.5	3.0	3.5
玖珂	5.5	14.0	18.4	27.5
熊毛	3.6	12.3	15.1	18.2
都濃	15.4	20.7	18.2	19.5
佐波	19.3	27.0	36.1	39.8
吉敷	33.0	36.6	45.8	55.5
厚狭	25.1	40.0	27.3	18.4
豊浦	16.1	9.7	23.5	38.3
美祢			9.4	16.0
大津	15.5	23.2	24.8	32.8
阿武	5.2	6.8	6.5	6.6
下関	47.9	14.3		
全県	15.5	20.2	23.4	28.6

出典：生産量は山口県編『山口県統計書』（各年度）、山口県第一部第二課『山口県勧業年報』（各年度）の粳米の数値。検査量は各年度の防長米改良組合・防長米同業組合の事業報告書　（表3-12、表4-12）による。

注：各期間の平均値。美祢郡では1888～92年度、1893～1900年度には、移出検査が実施されていない。下関では1900～10年度以降は米生産量が少なく省略した。

同じものを受けついだ。ただし罰則の規定はより厳しくなった。米商組合取締所規約によれば検査手続違反は二〇銭以上一〇円以下の科料であったが、防長米改良組合取締所規約はその上限を引き上げて二〇銭以上二〇円以下とし、組合員に対し規約への「絶対服従」を求めたのである(19)。

一八九〇年前後の移出検査の実態をみるため、郡ごとに生産量に占める検査量の割合を、その後の一八九〇年代半ばから後半、一九〇〇年代、一九一〇年代の各時期と比較してみたのが表2－1である。まず一八八八～九二年の平均値をみると、全県の数値一五・五%は次期以降に比べかなり低い数値になっている。一八九三～一九〇〇年平均から検査率の上昇が顕著になるが、一八九〇年前後にはなお低位にとどまっていたのである。これを郡別にみると、高位にあるのが吉敷郡・佐波郡・大津郡など、序章にみた高反収グループの各郡であり、さらに厚狭郡・都濃郡も次の時期にかけて比較的高位にあった。逆に、低位にある玖珂郡・阿武郡は低反収グループに属し、熊毛郡も低位にあった。なお、内陸の美祢郡では、この時期まだ移出検査を実施していない。

移出検査成績が低位にとどまったのは、事業開始間もない時期にあり、特に産地農村における審査が不振であったからであろう。「改良米」の生産や審査が徹底せず、調整や乾燥の不備な産米が移出港にもたらされたため、米撰俵製改良組合・米商組合の時期と同様に、それが移出港における検査成績に影響を与えたものと考えられる。

2　審査体制の再編

改良組合の設立と審査規程

移出港などで実施される検査成績の向上は、産地農村における審査の実施と徹底を条件とした。すでにみたように、かつての米撰俵製改良組合の規約には、産地農村における審査の実施や、その具体的方法を明記しないものが多く、審査は現実には実施されないか、また実施されてもその機能には限界があった（第一章第二節2、同第三節1）。それでは、新たに発足した防長米改良組合は、審査の限界をどのように克服しようとしたのであろうか。

各防長米改良組合は、それぞれ県下の産地農村全域をカバーして未組織地域をなくし、産地農村に審査を実施しはじめた。一八八九年から改良組合による審査が本格化したことについては後年、次のように報告されている。

審査ハ実ニ我組合業務ノ枢軸ニシテ防長米改良ノ消長ハ一ニ之カ張弛如何ニ係ハッテ存セリ、去ル明治二十一年（一八八八）旧組合〔防長米改良組合〕創設ノ際、之レカ一着手トシテ其翌年審査法ヲ開始セシ以来、往時ノ粗製濫造ノ弊習ヲ防遏スルノ効アリシ……[20]

このように産地農村では、各改良組合の審査が実施されるようになるが、一八九三年頃までの審査はなお不振であり、後年の評価も「成績の見るへきものかかりし」と低い[21]。それが「漸く其緒に就」いたのは九三年九月の改革後であり、九四年の「準備期」をへて九五年以降に漸く「順境の発達を見」たとされる。つまり、組合発足から九三年までの五年間は、「諸般の制度」が「未だ整頓」しなかったのである。

そこで、防長米改良組合の発足当初の審査の実情について、各改良組合規約の作成過程に注目して検討しよう。まず、各改良組合設立の規約草案には、そのほとんどすべてに、審査についての条項が存在するようになった[22]。米撰俵製改良組合規約の多くにはそれがなかったから、各改良組合の発足を契機に「審査」が主要な事業として位置づけられ、それが規約に明記されたといえる。

ところで、県庁に提出された各防長米改良組合の規約草案のうち、審査の実施方法に関する条文は、およそ次の三つの型に分けられる。その第一は産米に「上中下」三等の等級を付して審査するという規定、第二は等級を付さないもの、第三は審査の具体的規定自体がないものである。

まず、第一の型の条文が最も多く、大島東西・玖珂東・玖珂南・玖珂北・熊毛南北・都濃南北・厚狭東・厚狭西・豊浦西・美祢東西・大津西・大津東・阿武北・阿武西・赤間関の各防長米改良組合の規約草案がこれにあたる[23]。それらによれば、審査の方法は、①耕作人が「米撰俵製」をすませて「検査委員」へ審査を申し出る、②審査により上・中・下の三等級を付し俵口に焼印・捺印する、③調整が不完全のものは再調整させる、④不正があれば委員・組長に通告する、⑤別に審査細則を設ける、という手順であった。

ところで、このグループに属する組合規約草案の原本にはすべて、②にあたる部分に付箋が貼付されている。すなわち、県庁の農工商務掛は、提出されたこれらの原案を検討したうえで、審査結果を上・中・下の三等級に評価する部分の条文すべてに付箋を貼り、知事名でその修正を指示したのである。例えば都濃南北改良組合の規約草案をみると、検査を定めた第一六条、およびそれに付された付箋には次のように記されている[24]。

第十六条　委員ハ耕作人及米商者ヨリ検査ヲ請ヒタルトキハ愛憎私偏ノ情ナク正実《(マヽ)》ニ検査ヲナシ、其品質ニ依リ等差ヲ表スル為メ俵口ニ相当ノ烙印ヲ為スヘシ、其烙印ノ記号ハ上中下ノ三等ニ分チ適宜之ヲ定ム

付箋　「正実ニ検査ヲナシ」ヲ「正実ニ検査シ俵口ニ検査ノ証ヲ付スベシ」ト修正シ、以下削除スベシ

おそらく、規約の原案作成当初には、県庁は上・中・下の三等級に区分する審査を実施しようと、各防長米改良組合を指導して規約草案を提出させたのであろう。このグループに属する草案ははじめ、ほぼ同様に上・中・下の三等級を付すことを定めていたのである。しかし、その後何らかの事情により、合格米には等級を付さない方針に改められた。そして、該当部分には付箋が付され、その修正が指示されたのである。

次いで、第二の型に属するのが吉敷南・豊浦東・阿武東の規約である。例えば吉敷南の規約は次のように定めている。

委員ハ組合員ヨリ検査ヲ請フトキハ検査担当者ヲシテ愛憎私偏ノ情ナク正実ニ検査ヲナシ、其俵ニ改良済ノ墨印ヲナスヘシ、但俵口ノ封へ検査員ノ認印ヲ捺スヘシ

つまり、このグループの規約草案は第一のグループより審査基準が後退し、等級を付さず合否のみを判定するに止めている。この条文は、第一グループの規約に付された県庁による付箋の文言にほぼ一致している。おそらく、はじめは上・中・下の三等級に区分することを規定していたが、規約作成の過程で県庁の指導を受け、このように修正を施したものと考えられる。

さらに第三の型は佐波北・佐波南・吉敷北の規約である。ここには、審査の規定自体が存在しない。なお、はじめは第二のグループであった豊浦東も、その後さらに原案を修正して審査に関する規定そのものを削除している。このグループは、豊浦東のように、はじめは上・中・下の三等級を付す審査方法を定めたが、県庁の指導により、第二の

グループのようにそれを書き換えるのではなく、その条文自体を削除するような修正を加えたものと思われる。

このように、各防長米改良組合が作成した規約原案の修正過程をみると、はじめ各改良組合は審査基準として上・中・下の三等級を設けていたが、何らかの事情によりそれは取り止めになったことがわかる。

審査能力の限界

当初の予定を変更して、県庁が上・中・下の三等級を付すという審査方法を放棄した理由を確認することはむずかしい。しかし、ほとんどの組合が審査の実施を定めた規約を作成し、しかも多くの場合、はじめ「上中下」にランク付けする方法を検討していた。さらに、例えば熊毛南北改良組合の規約のように、上・中・下（一等〜三等）の区分について、一定の基準とそれを示す標印を定めた組合もあった(25)。

第十六条　検査人ハ愛憎私偏ノ情ナク正実ニ検査ヲ為シ品位ノ等差ニ依リ其俵口ニ左ノ押印ヲナスベシ

一等　（久《く》）米質・乾燥・調整共ニ善良ナルモノ

二等　（満《ま》）米質稍劣ルモ乾燥・調整ノ佳ナルモノ

三等　（計《け》）米質・乾燥・調整共ニ粗ナルモノ

ただし県庁はこの条文にも、「検査ヲ為シ」の次に「『其俵口ヘ検査ノ証ヲ付スベシ』ト修正、以下削除スベシ」という付箋を貼付し、「品位ノ等差」を付さずに一〜三等の基準は「三項共削除スベシ」と指示した。

これに対して同改良組合の組長三輪伝七は一八八八年一〇月二八日、等級を付さなければ審査の効果はないとして、三等級を復活し、一〜三等に区別した「検印」を実現するよう、次のように県庁に要求した。

同規約第十六条中ノ三項ヲ削除スベシト御附箋有之候処、素ヨリ該件ニ就テハ組合会議ニ於テモ充分ノ審議ヲ遂ゲ公決シタルモノニシテ、本郡ハ特ニ創始ノ際、米質改良ノ目的ヲ達スル上ニ於テ、検査上之レガ等差ヲ附スルニ非ラザレバ検査シタル効力ナキノミナラズ、前途ノ奨励上最モ必要欠クベカラザルハ、業已ニ組合員ノ輿論ニシテ、同業者中其準備モ粗々之ヲ終ヘ、素ヨリ該件ニ対シ毫末ノ故障無之、而ルニ御付箋ノ如ク単ニ米質ノ精粗問ハズ均一ノ検印ヲ捺スルトキハ、全郡組合員ノ輿論ニ反シ、将来米質改良上不可言妨碍トナリ、究竟組合設置ノ目的ヲ達スル能ハザル義ニ付、該規約第十六条ノ三項ハ曩ニ公決セシ如ク、米質乾燥調整ノ精粗ニ依リ之ヲ三等ニ区別シ検印ヲ付シ度候間、事情御洞察ノ上本郡ニ限リ特ニ御認可相成様致度、此段奉請願候也(26)

つまり三輪は、上・中・下に区分することは組合会議においても十分に審議した必須の事項であり、組合の「輿論」であったという。三等級の実施について「故障」はなく、これがなければ審査の「効力」がなくなり、「改良米」生産の「妨碍」になるとも述べている。この出願は熊毛郡長阪本協も支持し、「本官ニ於テモ必要ト相考候」という郡長の「添申」(27)(翌一〇月二九日付)とともに知事に提出された。

しかし一方で、同郡内には、三等級を付すことに反対する意見もあった。この出願直後の一〇月三〇日、同郡小松原村の山内岩助は次のように知事に上申している(28)。

今般防長米改良ノ義ニ付テハ、一般人民ニ於テモ御定則ノ旨奉存候、然ル処組長議員等モ正当ノ人物ニ御座候ヘ共、諸所委員ニ至リテハ甚不当人有之候、右不当者愚民ヲ頼投票多数当撰者ニ御座候、彼レ検査ヲ致ニ付テハ俵別壱銭宛密礼ヲ致所ハ米ノ等級ヲ宜敷致遣抔、甚敷ニ至リテハ是迄金借与致候テモ不応者ヘハ此度其厄報ヲ致トカ米ノ等級ヲ見下ルトノコト、実ニ迷惑千万之至リニ御座候、右ニ付テハ彼等物調議ヨリ集会ヲ設、検査ノ際一等・二等・三等ト夫々検印ヲ付スルトノ風聞有之、万一右様ノコトヲ御許容相成候節ハ弥人民込[困]リ申候ニ付、等

級ヲ付スル義孰ヨリ相伺候トモ容易ニ御許可不相成候様奉頼上候、此段上申仕候也

この山内の上申によれば、審査に従事する「委員」のなかには「甚不当」な者がいて、審査は公正に実施されなかった。すなわち、一俵あたり一銭の「密礼」をとって等級を加減したり、「金借」要求に応じない者に報復するなどの行為であり、山内は「実ニ迷惑千万」であると述べている。熊毛南北改良組合の規約によれば、「委員」は各町村・浦・島から一名ずつ「撰挙」され、審査にあたる「検査人」は「委員」が「撰定」して「組長」の「締認」を要した（第一九条）。「検査人」は「検査部内ノ米質乾燥調整ノ精粗ヲ検査シ之レカ等差ヲ付スル事」（第二五条の一）と定められたように、村々で実際の審査にあたったが、「検査人」を「指揮監督シ検査上ノ景況ヲ組長ニ報告」（第二四条）する「委員」の監督のもとにあった。

山内の上申からは、各防長米改良組合において、厳格かつ公正な審査の実現が自力ではきわめて困難な事情が推測される。規約には、「検査人」は「愛憎私偏ノ情ナク正実ニ検査ヲ為シ」と記されていたが、実際には、不適格者が審査にあたることが多かった。公正な検査には一定の資質や能力を必要としたのである。審査についての専門的な知識や技術、公正さなどの規範を有した「検査人」を配備する体制は、速やかには形成されなかったといえよう。(29)

厚狭西改良組合の「検査細則」に付された付箋には、「上中下ノ等差ヲ立ルハ穏ナラス」という県庁のコメントが付記されている。(30)ここからは、上・中・下の評価をめぐる紛争を危惧した県庁の慎重な配慮がうかがえる。現実には、審査基準は曖昧で精密さを欠き、上・中・下の三等級に区分する客観的な審査基準を確定できず、審査にあたる人材にも乏しかった。このため県庁は、上・中・下の評価が恣意的なものとなり、その実施は困難と判断したのであろう。

実際、次節にみるように、発足当初の各改良組合の事業は、未審査米の取引や運搬、組合費の滞納などが続出して混乱した。このため県庁は、さらに「等差ヲ立」てれば一層の混乱が予想され、その実施を「不穏当」とみなしたので

あろう。各改良組合による産地農村での審査には、当初から大きな限界があったのである。

3　地主の小作人奨励

地主会設立への対応

防長米改良組合の規約によれば、地主に納める小作米も審査に合格することが定められた。小作人は小作米の調整や俵装など規格化への新たな対応が求められたが、そこから生じる利益を直接享受できなかった。このため県庁や郡役所は、何らかの形で小作人の追加負担に経済的に報いることが、事業進捗の基本条件であると認識していた。すでにみたように、事業開始当初、地主による小作人への補償はある程度の広がりがあった（第一章第三節2）。

熊毛郡長は、改良組合発足直後の一八八八年一一月、次のように「地主会」の設置を県庁に申請し、産米の規格化・標準化に応じる小作人を保護しようとした(31)。

地主ハ概ネ依然トシテ傍観坐視スルノ感有之候故、先般来地主ニ向テ懇々小作者奨励保護ノ改良上必要ナルヲ以テ説示致候処、地主ニ於テモ大ニ感覚スル所アリテ、各地地主等相団結シ地主会ヲ起シ小作上ニ対シ奨励保護ヲ加フルノ程度等一定センカ為メ、規約ヲ結ヒ追々認可ヲ請求スル向有之、右ハ改良ノ一端ヲ補助スルモノニシテ、其規約上不都合ナキモノハ奨励ノ為メ当役所限リ特ニ認可ヲ与ヘ度見込ニ有之候

このように熊毛郡には、地主による小作人の「奨励保護」を「一定」にするため、「団結」して「規約ヲ結」び、「地主会」を組織する試みがあった。地主たちも規格化・標準化をすすめるため、小作人「奨励保護」の必要性を十分認識していたといえる。このため同郡役所は、米穀検査事業の「一端ヲ補助」するものと地主会を位置づけ、「不都合」

がないものは認可しようと県庁に指示をあおいだ。

しかし県庁は各郡長に次のように指示し、地主会の設置を求める出願を認めなかった。

地主・小作人互ニ隔離シ異様ノ会合ヲ催スニ至ラハ却テ小作人等ノ苦情ヲ惹起シ、後日何等之軋轢ヲ生スル哉モ難計候間、殊更地主会ヲ設ケ規約ヲ作ルハ不可然義ト相考候、尤奨励保護ノ程度及其方法等ハ防長米改良組合規約ニ挿入シ、当該ノ認可ヲ請ハシムルハ敢テ妨ケ無之義ニ有之候条、右様御誘導相成候様致度、此段知事之命ニ拠リ本官ヨリ申進候也

県庁が地主会を許可しなかった理由は、地主の組織化を「異様ノ会合」と解する小作人の「苦情」に配慮していたからであり、地主の「奨励保護」を必要としないからではなかった。むしろ県庁は米撰俵製改良組合の設置以来、小作人奨励の必要性を認識しており（第一章第三節2）、慎重に「奨励保護」を実現しようとしていた。つまり「奨励保護」の「程度」、その方法などについて各防長米改良組合の規約に示し、郡の奨励策については逐次県庁の認可を求めたのである。県庁は、「奨励保護」を地主会に一任するのではなく、自らの管理・指導のもとに実施しようとしていたといえる。(32)

小作人への奨励策

それでは、県庁は地主の「奨励保護」を実現するような具体的措置を講じたのであろうか。防長米改良組合は一八九一年七月、山口県内務部に対し、改良すべき「組合事業ノ目的」の「要点」をまとめて提出した。(33)これは、静岡県の調査依頼に山口県庁が応じて、各改良組合に回答を求めたものである。そのなかで、山口県庁が組合事業の進行を妨げる「障礙」と認識していたのが、「改良」に要する負担をめぐる小作人の「感情」であり、地主・小作人間に存在する「円満ナラズ」という関係であった。

つまり、地主に納入する小作米は審査に合格することを条件とし、小作人はそのために「費用」と「労力」を負担することになった。しかし、そこから生じる利益は小作米を販売する地主に帰したから、小作人はそれに異議を唱え、組合加入を拒む小作人も現れた。この事情を改良組合は次のように述べている。

> 組合規約ニ遵イ改良スルハ敢テ地主ノ利益ノ為メ之ニ務ムヘキノ手段タルニ過キス、然レハ従来ノ如キ已定ノ程度ニ於テ之レヲ為スニ如カサルトノ感年〔観念〕ヲ常ニ懐クモノニシテ、従テ組合員中改良法ニ就テ異議ヲ唱ヘ規約ノ実施ニ円満ヲ得難キヲ来タスモ、多クハ此小作人ニ於テ然リトス、甚シキニ至テハ遂ニ組合加盟ヲ脱センコトヲ図ルニ至ル場合ナシトセス

改良組合は、このような小作人の「感情」を当然のことと認識し、「救正」すべきと判断している。利益を手中にする地主が、小作人に対し一定の物的補償を行うことが適当と判断していたのである。改良組合は、地主と小作人との関係を具体的に組合規約に定めなかったが、地主の「約束」、もしくは「恩義」や「奨励」による補償の実例を調査し紹介している。それは地主が、①「純良」な種籾を購入して小作人に無償交付すること、②海産物・石灰などの肥料を与えること、③農具を贈与すること、④奨励米や農具・金品などを授与すること、などであった。また、①審査結果が優等なものには納入小作料の量にしたがい米や金品を授与する、②組合規約に適合するものには肥料代・農具代を無利子で貸与する、③「撰製共に美」で期日内に完納すれば賞与交付もしくは無利子貸しをする、などの約定が結ばれる場合もあった。

ただしこの調査は、「是等ノ事各地方ニ行ハル、ト雖トモ、素ヨリ組合規約ノ規定ニ依ルモノニアラサレハ、各地主必スシモ此方法ヲ行ハサルモノナキニ非ラズ」としている。つまりこれらの措置は、制度として審査の一環に組み

こまれたものではなく、その実施はなお限定的であった。防長米改良組合は、審査を徹底するには小作人に対する地主の奨励が有効であると認識し、それは県庁も同様であったが、産地農村においては、小作人の負担に対する地主の補償はなお一部にとどまっており、審査の進捗に限界を与えていたのである。

第三節　難航する事業

1　審査の不振

未審査米の取引

各防長米改良組合の設立が県下にすすんで事業がはじまると、意図的に審査を逃れた未審査米が取引され、また組合費を滞納するなどの規約違反が続出することになった。まず第一に、組合成立直後の一八八八年末には、未審査米の取引が県下各地で報告されるようになる。

未審査米は相対的に取締りが緩慢な改良組合区域に向かった。例えば内陸の美祢郡からは、隣接する小郡方面へ未審査米が流出した。一八八八一一月、美祢東西改良組合は取締所に対し、吉敷郡南部の移出港小郡の仲買が美祢郡内の未審査米を買い入れていると訴えた。同組合の組長内藤善九郎は同年一一月二八日、取締所の磯部事務長にその取締りを次のように願い出ている。

当農区輸出米之義ハ十ノ六、七歩ハ吉敷郡小郡地方へ売出シスル景況ニ有之候所、規約之別ヲ以テ各村戸長役場尚検査員ニ於テ厳重之取調等致候得共、中ニハ間々不心得之モノ有之、検査未済之俵製小郡地方へ売出来リ候モノ有之由ニ相聞へ甚不都合之至リニ候、然ルニ其検査未済之米俵、該地方米商仲買者ニ於テ何程ニテモ買入候赴ニテ、当節ニ至リ候テハ検査員へ隠シ尚右等ノ処業増長スル赴ニテ、組合費金ノ徴収ニ困却罷在候間、千万御手

数之義ニ御座候へ共、小郡地方ノ仲買者ニ於テ検査未済米俵ハ壱俵ニテモ買取不致様御取締方相成度、……(34)

すなわち、内陸の美祢東西改良組合の区域には移出港や輸出米検査所がなく、県外移出米には輸出米検査所からの「派出」による移出検査が行われた（輸出米検査規則第六条）。しかし、美祢郡から搬出される産米のほとんどは、美祢東西改良組合の審査を受けずに、そのまま移出港の小郡へ向かったという。なぜなら、小郡方面と取引する産地仲買が、同組合の審査を受検しない未審査米を「何程ニテモ買入」れて、さかんに取引したからであった。この願書は、それが「増長」して組合費徴収にも困難を生じたため、取締所に対処を求めたものである。小郡を管轄する吉敷南改良組合の取締りは緩慢であり、同組合に属する産地仲買が規約に違反して隣接農区で未審査米を活発に買い入れていたため、美祢東西改良組合による審査を妨げることになったのである。

また、厚狭東改良組合議長伊藤彦輔は一八九〇年一一月、同じ吉敷南改良組合に対し、「完全ナル規約ヲ説《マ》ケ《マ》実行スヘキ」旨を知事に建議した(35)。それによれば、隣接する吉敷南改良組合の規約が「準則ニ悖」り産地農村における審査を「緩慢ニ付」し、輸出米検査（移出検査）だけに「一任」しているため、厚狭東改良組合でも同様に、同組合の審査を受けずに直接吉敷郡内へ運搬して取引する者が多く「取締上甚困難ヲ極」めるようになったという。さらに、厚狭郡役所の「説諭」も「其功ナク」、組合費滞納者は千余名にものぼった。ただし、その処分は「実行上困難」であり、あえて強行すれば「民心ヲ傷ケ将来事業執行上ノ円満ヲ欠ク虞」があると訴えている。このように、改良組合はなお、違約処分の断行には慎重であった。「弊風」は「組合全般」におよび「土崩瓦解ニ至ルハ必然ノ勢」で、その影響は県下各郡の組合にも「波及」したのである。

また一八八八年一二月には、阿武東改良組合からも同様の報告があった。同郡篠目村には、未審査米を取引するため吉敷郡山口町近辺から来訪する産地仲買が増加したが、彼らが所属する吉敷北改良組合はこれを取り締まらなかった。このため阿武東改良組合は、吉敷北改良組合が取締りを強化するよう、取締所に対し次のように要望したのである。

今以テ山口近辺ヨリ当農区篠目村へ米商人無検査米俵買得ニ罷来リ、地下人民ヨリハ検査済外売捌方不相成段申候処、吉敷郡ニハ彼様ニ六ツケ敷事ハ無之ニ付、違約所分等ノ迷惑不為致抔申述、買入候テモ宜シト申シ、地下人ニ於テモ当農区計リ厳重ニ為申候ハ如何ナト申族モ有之由委員ヨリ申出候ニ付、彼様相成候テハ地下向制シ方相成難キニ付、……(36)

吉敷南改良組合と同様に同北改良組合でも米穀商は、吉敷郡には「彼様ニ六ツケ敷事」はなく違約処分もないと述べて買い入れたという。このように、吉敷郡では産地仲買など米穀商の取締りが徹底せず、山口町方面に未審査米が流出したのである。

ところで厚狭郡役所は同年一二月四日、取締りが相対的に弛緩した地域へ未審査米が流出している事態について、次のように県庁に照会している。

同業者ニ於テ未タ其旨ヲ会得セス、自然粗製濫造米ヲ取扱ノ徒有之、取締上大ナル障害ヲ与へ候所、今此弊ヲ矯メントスレハ米仲買商人等ノ取締ヲ厳密ニスルノ外手断(段)アラサルへク、然ルニ一、二郡区ニ於テ取締法ヲ厳密ニスレハトテ他郡区ノ弊風ハ往々伝播シ易キヲ以、到底県下一般ノ特約ヲナスニアラサレハ好結果ヲ得難カルへク被相考候、就テハ此際御庁ヨリ便宜ノ地ニ於テ県内各農区組長御召集ノ上、右協議会御開設相成候テハ如何哉、目下ノ急務ナリト相考候ニ付、……(37)

すなわち、未審査の「粗製濫造米」の取引が広範に展開して、個々の防長米改良組合では取り締まれず、各組合間におよぶ問題となっていた。取締りの弛緩した組合が一つでもあれば、その影響は一組合の領域を超えて他組合にも波及することになった。厚狭郡長の提案は、これを取り締まる全県を通じた「特約」を結ぶため、各組合の組長による「協議会」を開催することであった。「改良米」の生産と取引の確実な実現には、同一規約を全県域にもれなく、均しく徹底させることが必要になったのである。

対立の深刻化

しかし、規約の徹底は困難であった。一八八九年末には玖珂東南改良組合区域のうち比較的県外移出のさかんな地域で、組合事業に反対する者が続出した。組長田坂匡亮は同年一二月二日、取締所の磯部事務長に、組合組織と事業の混乱について次のように報告している。

米穀改良組合区域内ニテ米穀搬出ニ屈指ナル高森・米川・玖珂・祖生・伊陸ノ各村ヨリ反対者現出シ不改〔良〕品已而〔而已〕取扱ヒ候ニ付、過日来（岩国川西・柳井樋ノ上・由宇村・通津村）等米穀搬出之場所ヘ事務員一同出張シ、不改良品取押ヘ説諭ヲ加ヘ、或ハ各村巡回組合資格者召集協議会ヲ開キ、其他種々方法ヲ以テ改良進歩ノ計画ヲナスモ加盟ヲ拒ムモノ多ク、表ニ賛成ヲ表スルモ実地ニ改良ノ手続ヲナサズ、加之甲村組合費ヲ納ムルモ乙村徴収切符受ケズ費金取纏方困却不少、不止得事情ヲ具申シ郡長閣下ノ説諭ヲ請求スルモ、公務御多端ノ折柄トテ容易ニ出張ノ隙ナク遂ニ時宜ヲ失ヒ、本年度ニ於テ改良ノ結果ヲ得ル能ハズ景況ナレバ、将来事務員ノ面目ニ関スル義ニテ、已ニ木村・松井両事務掛ヨリ辞表ヲ提出シ、小生モ共ニ辞スルノ決心ニテ、其旨意本郡衙第一掛長マデ上申致置候次第候間、此段御申報候也(38)

すなわち、玖珂郡のなかで移出量が多い高森村ほかの地域では、組合加盟を拒む「反対者」が続出して粗悪米を審査せずに搬出し、組合費の徴収も困難となった。このため、組合事務員が出張して「説諭」したが応じなかったという。このような事態に直面した組長は郡長の「説諭」を求めたが、これは多忙を理由に認められなかった。このため組長は「時宜」を失したとして、「事務掛」二名とともに郡役所に辞意を申し出るにいたった。規約は実行されず、未審査米の取引が活発となり、組合役員による説得も無視されたのである。

この報告を受けた取締所の磯部事務長は同年一二月六日、知事に対し次のように、県庁の担当課員を派遣して「説諭」するよう願い出た。県下の各改良組合を管轄する取締所は、玖珂東南改良組合の審査体制が弛緩して粗悪米が同農区から各地に「続々」と搬出されるようになると、他の改良組合が「改良」し審査を徹底しても防長米全般の声価を落とし、その影響は全県におよぶと判断したのである。

防長米改良組合之義ニ付、玖珂郡高森・米川・玖珂・祖生・伊陸其他之諸村ニ於て加盟相拒ミ、又ハ加盟致居候ても費金之徴収ニ応せさる者等有之、結局組合ノ組織相調ハス候ニ付、是迄取締所ニ於ても種々手ヲ尽し同郡組長ニ於ても頗ル心配致候得共、今以好結果ニ立至り兼候、其レカ為メ組長及事務員とも辞表差出候次第ニ有之候、然ル処他之諸郡ニ於而折角改良致候ても、同郡ヨリ続々粗製米輸出致候ては防長米一般之声価ヲ落シ、県下全般之損害ヲ受ルコト尠ナカラス候条、何卒県庁ヨリ主務課員御派出、郡長と共ニ前陳諸村々等ニ御説諭相成候様奉願候也(39)

この出願に対して県庁は、組合規約を実行し「猶一層尽力充分」に「説諭」するよう玖珂郡長に指示した。すなわち、県庁も同様に「一郡一村ノ利害ニ止マラズ延テ県下二州産米改良上大影響ヲ及ボシ、決シテ等閑ニ付スベキ義ニ無之」と述べたように、他地域にもその影響が波及することを危惧していた(40)。防長米改良組合の事業は県行政の一環に位置していたのである。

2　組合費の滞納

滞納の拡大

未審査米取引の広がりは、組合費滞納の問題を引き起こした。各改良組合の審査が徹底せず、その必要性が低下するにしたがい、組合費の円滑な徴収が困難となったのである。

熊毛郡では一八九〇年八月、熊毛南北改良組合が通常会を開いたところ「紛議百出、劇論」となり翌月に延会となった。組長三輪伝七はその理由を、隣接する玖珂東南改良組合が「目下瓦解ノ状況」にあり、その「非常ノ影響」が「当組合」におよんで次年度以降組合事業の継続が「確定相成兼」ねる状況に陥り、「終ニ組合存廃ノ大問題」に立ちいたったからであると説明した(41)。熊毛南北改良組合も玖珂東南改良組合と同様の問題をかかえていたのである。このため三輪組長は、同年八月から九月にかけて再三、県庁主務課長が通常会に臨席するよう求めた(42)。やはり県庁は、はじめ課長や課員の派遣を認めなかったが、九月下旬になって願書が聞き届けられた(43)。なお、同様の願書は吉敷北改良組合からも提出されている(44)。

続いて熊毛南北改良組合では、組合費の滞納が問題となった。このため一八九〇年一一月、三輪組長を含む議員一二名は県知事に対し、滞納分に対する県費補助を求めた(45)。この願書によれば、八八年六月の組合設置から九〇年八月までの経費は二〇〇〇円余りにのぼったが、組合費の徴収は「実ニ名状スベカラサル困難ヲ極メ」ていた。八九年度予算総額八三六円余に対する滞納額は、一六五円余で二〇％を占めた。滞納者は五一九名を数え、「百方説諭」を加えたが「頑然謂ナキ苦情」を唱えており、規約にしたがい「法衙」に訴える措置をとらざるをえなくなったという。

しかしこの願書は、法的措置を「断行」すれば「前途事業上非常ノ障碍」となるとし、その実行を躊躇している。

ただし、組合費の滞納を「不問ニ付ス」こともできず、また未納分を他の一般組合員に転嫁することもできず「困難モ亦究マ」った。組合費徴収に「全力ヲ耗サレ」て事業運営に影響がおよび、いよいよ「紛擾瓦解」となるため、この願書はその打開策として、県に補助金の交付を願い出たのである。処分の断行には、やはり慎重であったといえる。熊毛郡長は、この出願が「容易ニ御詮議難相成」いことを承知のうえで、あえて知事に「添申」したが、その理由は「有形無形ニ改良ヲ加ヘ防長米ノ声価ヲ博シ」た組合事業を「瓦解ニ帰セシムル」のは「遺憾」であるからと述べている。県庁はこの願いを却下したが事態は深刻であった。

また、都濃南北改良組合の場合も同様であった。一八九〇年九月に知事に宛てた上申書によれば、やはり、違約処分を断行すれば事業に支障が生じると困惑している。

爾来事業ヲ実施セシニ、或ハ頑然旧慣ヲ墨守シ加盟ヲ拒ミ目下小利ニ汲々シ費金滞納者往々之レアリ、百方諭説毫モ其効ナク終ニ違約処分ニ拠ル止ムヘカラザルニ至モ、強テ之レヲ断行ナス場合ニ於テハ、為メニ前途奨励ノ妨碍ヲ来タス亦不尠……(46)

違約処分は「前途奨励ノ妨碍」となると危惧しているが、滞納を放置すればさらにそれが広がるため、「私共痛苦措ク能ハサル」と苦悩を深めたのである。このため同組合は、滞納問題が発生した戸田村・須々方村・久米村大字譲羽村・豊井村の四村に対する「説諭」を県庁に願い出た。これに対して県庁は都濃郡長に対し、「説諭」のうえ「円滑ニ局ヲ結」ぶよう「配意」を促している。

町村役場の組合費徴収

県費補助の要求が容れられなかったため、改良組合は町村役場による組合費の代理徴収を要請した。組合の管轄地域は広大で組合員数も多数存在するため、一八八九年の発足間もない行政村の役場に、組合費徴収の代行を請願したのである。すなわち同年四月、各改良組合の組長・副組長は連名で、知事に組合費徴収を求める上申書を提出した。改良組合が「販路ノ声価ヲ得タルノ利益ハ実ニ莫大」と、事業の一定の進展を認めたうえで、県庁に組合費徴収の困難を訴え、徴収事務の受託を請願している。

茲ニ一ツノ憂フベキモノアリ、何ゾヤ費金徴収ノ手続コレナリ、此ノ徴収方ハ改良米委員ニ於テ担当スルノ手続ナリト雖トモ、実際取扱上ニ於テ種々云フベカラザルノ困難ヲ来シ到底行ハレガタク、果シテ此ノ事行ハレザル場合ニ遭遇スルトキハ組合事業ハ自ラ瓦解ニ至ル、実ニ嘆息ノ至リニ候、依テ第弐回会計年度ヨリハ一町村毎ニ組合費金徴収委員一名ヲ置クモノトス、此委員ハ組長ヨリ当該町村長へ嘱托仕度、尤モ該徴収ニ係ル費用ハ組合費ヨリ弁償致候儀ニ有之候、此場合ニ臨ミ町村長ニ於テ受托相成候様、本庁ヨリ御諭達被成下度懇願ニ堪ヘズ、此段謹テ上申仕候也(47)

このように、この上申書は一八八九年度から各町村に「組合費金徴収委員」をおき、それを町村長に嘱託することを求めたものである。知事はこれを裁可し、同年五月には、改良組合の事業を「町村ノ貧富消長ニ直接ノ関係ヲ有スル一大要務」と認識し、各郡長に対し「若シ組合ヨリ請願依頼」があれば、管下の町村長に「示談」し「保護便宜」を与えるよう指示した(48)。県庁は、全県に展開する改良組合の事業に、町村の産業奨励という公共的性格を認めて、町村役場による組合費の徴収を許可したのである。

なお同年九月には、取締所と県庁との間に同様の往復があった。磯部事務長は九月一六日に願書を知事宛に提出し、同年四月の上申書のように徴収経費を組合が支出する条件で、組長から町村長に「請願」があった場合には徴収業務を担当するよう県庁の示達を求めた。これに対し県庁は、各組合は区域が「広闊」、かつ組合員も「夥多」であり「費金徴収上甚タ困難」という事情を認め、各郡長に対し、町村役場に「便宜徴収」の依頼があった場合は、それを容認するよう指示している(49)。

このように一八八〇年代末において、各改良組合と取締所は罰則を明記した規約を有していたが、強権を行使することにはなお慎重であり、違約処分の断行は回避された。組合事業は公共性をおびていたから、それぞれの領域を管轄する郡役所・町村役場など、県庁が指導する行政機関の支援を得て、組合費を行政村が徴収するという現実的な対応がすすんだのである。

3 米穀商の分離運動

吉敷郡南部の米穀商

すでにみたように、産地仲買は産地農村において未審査米を活発に取引した。また移出港などにおいては、米穀商はそれらを解俵し再調整していた。米穀商たちがこのような取引をすすめる事情について、一八九〇年に防長米改良組合の内部でおきた紛争の経緯とその要因から検討しよう(50)。小郡地方の米穀商たちが、改良組合からの分離を主張して生じた紛争は長引き、解決まで一年ほどを要したといわれる。

吉敷南部の米商者は新組合に嫌焉たらす侃々として組合分離説を主張し、相結托して検査規則を遵奉せず形勢頗る不穏なるものあり、当局者及ひ在野の有志者其間に斡旋し朞年にして漸く鎮撫するを得たり(51)

この事件の経緯は次の通りである。一八九〇年一一月、吉敷郡南部を中心に「周南米商人輸出者」七〇名を代表して、江口新一・中村唯一の二名が県知事原保太郎に対し、防長米改良組合からの分立を出願した(52)。また彼らは同年一一月以降、県庁や県会議長に対しても、同組合からの独立を再三求めた。江口は小郡の南方、瀬戸内海に面した廻船業の拠点である阿知須の米穀商で、明治初年には村会議員、八七年には吉敷郡南部米商組合組長、および山口県米商組合取締所頭取を歴任した（第一章第二節2）。おそらく兵庫市場や大阪市場の問屋との防長米移出取引に携わっていたと思われる。江口の父茂兵衛は浦庄屋をつとめた有力者であった(53)。

この出願書によれば、江口らが独立を企てたのは、まず第一に、改良組合の負担が米穀商に偏重していたからであった。県会議長に宛てた一一月の建議によれば、「農商ノ区別」を要望する最大の理由は、「地価分担ノ課出ヲ廃止シ輸出商人ノ手数料ヲ増額セシハ最不当ノ甚シキ……」と述べているように、地主に対する地価割の賦課を廃止して米穀商への負担を重くしたことにあった(54)。また、防長米改良組合取締所の業務を「商ヲ抑ヘ農ヲ助クル」ものとみなし、「厳然タル一官府ノ勢ヲ示シ不当圧制ニ堪ヘス、商ヲ抑ユルノ反響ハ農直接ニ之ヲ受ルノ理ヲ覚ル」と、取締所が米穀商（「商」）を抑圧し地主・生産者（「農」）を助けていると批判した(55)。

彼らはその根拠として、まず、「農」と「商」の役割の違いを主張している。すなわち、商人は直接生産にはあたらず「物産改良ノ事」に関与できないから、「改良ノ義務ヲ負フノ理」がないにもかかわらず、改良組合は米穀商に対して「農人ニ超過シタル改良ノ義務ヲ負」わせているとし、これを「正理ニ戻リシ者」と批判したのである(56)。米穀生産の「改良」は本来生産者・地主の負担で実施すべきだが、組合は米穀商も含めて経費を徴収しており、そのうえさらに「米商人ノ義務増額」を求めるのは「不当モ亦甚シ」いという訴えである。

彼ら米穀商の主張は、「農」は町村（「小町村」）を、「商」は小郡ほか、三田尻・宇部などの都市や移出港（「大地方」）をそれぞれの領域（「自治区」）とすべきであり、両者を「均一ニ附シテ可ナランヤ」と、現行の生産者と米穀商の両者を一体化した組織の在り方を批判するものであった。したがって、彼らは改良組合や取締所からの独立を主張した。都市は郡を「離レテ」府県の「直轄」となり、取締所からも独立して「特別ニ其自治ヲ許シ」て、「改良ノ進歩ヲ促カ」すのが「当然ノ方法」であると述べたのである。

米穀商の主張

負担の問題に加えて、米穀商が独立を求める第二の理由は、「農」との提携が困難なことである。現行の改良組合と取締所による防長米の規格化と米穀検査の方法が、最大の需要地である兵庫市場での取引には必ずしも適合していないというのがその主張であった。兵庫市場の情報を有する彼らは、取引の実情に応じた規格化・標準化に独自に取り組んでいたのである。(57)

すなわち彼らは、まず、取締所設置以前の米商組合取締所は、移出検査の合格米を「上中下」の「三標印」により三ランクに等級分けしていたが(58)、現在の改良組合と取締所による米穀検査は、合格に「都テ一標印ヲ捺」するのみとなったという。つまり、取締所はかつての「上中下」の三等を排して「上下二印」としたが、「下」は「濡米、大虫焼残ノ大悪米」であまり用いられなかったから、実質的には「都テ一標印」となったと述べている。ところが江口たちは、この「一標印」への変更は「輸入地」兵庫において混乱をまねいているという。彼らは、防長米最大の仕向地である兵庫では、「一標印ノミ」の区分は排斥され価格を落とすと警告したのである。

輸入米第一ノ兵庫米商人ノ如キ、全額一標印ノミナルヲ見テ、是レ吉敷郡米ナリト擯斥シ、夏季ノ如キハ其直ヒニ最モ著シルキ《ママ》差額ヲ為スニ至ル、故ニ商況不活溌ニテ廻漕ノ全額ヲ区分シテ売渡スノ際ハ必ス自ラ再調査ヲ為シ、先第一ニ検査員ノ捺セシ俵口ノ標印ヲ抹殺シテ跡ナキニ致サ、ルヲ得ス、現ニ隣郡宇部村農商人ノ如キハ吉敷南部ノ濫出ノ為メ自己ノ価直ニ影響ヲ及ホスノ苦情アリ、以テ取締所ノ直轄啻其効力無キニ止マラサルヲ証スヘシ(59)

各改良組合による審査は、すでにみたように、「上中下」の等級を付す方法では実施できなかった。産地農村の審査は、兵庫市場における取引には適していなかったのである。このため、江口ら小郡の移出米問屋たちは、兵庫市場との取引に適した規格化・標準化を実現するため、県外移出にあたり独自の再調整が必要となった[60]。すなわち彼らは、「廻漕ノ全額ヲ区分シテ売渡スノ際ハ必ス自ラ再調査ヲ為シ」ており、そのため、審査をへて封印された「俵口ノ標印」を「抹殺」してその「跡ナキニ致サ、ルヲ得」ずとあるように、俵装を解いてあらためて等級区分し再調整（「再調査」）したのである。このように、各改良組合が産地農村で実施する審査は、兵庫市場との実際の取引には適さず、また再調整のための解俵には「改良米」の堅固な二重俵装はかえって不都合であった。彼らが「改良米」の取引をあえて求めなかった理由はここにある。一八八〇年代後半に確認した米撰俵製改良組合・米商組合による審査・検査の限界は、なお解決されていなかったのである（第一章第三節2）。

江口ら吉敷郡南部の米穀商によるこの出願は却下されたため、続けて「追願」[61]が提出された。それによれば、「農ハ米質米撰ニ自任シ、商ハ輸出上適当調査法ヲ設ケシメ」と「農」・「商」の任務の違いを確認したうえで、自らが兵庫の米穀問屋と親密な関係にあり、市場における取引事情に精通していることを再度強調している。すなわち、例えば、入港する米の計量は「兵庫港ニ限リ」一升舛が使用されていること、兵庫の米穀商は一八九〇年新穀から「刎米」（不良米分として控除する米の定量）を「俵別二升乃至五合」に増量したことなど、取引の実情について詳細かつ具体的に述べている。兵庫において防長米の刎米量が増加したのは、各改良組合の審査が不適切で、「皆改良ノ方法其道ヲ得」ていないからであるとし、さらに「輸出検査ノ手続只手数料ヲ収ムルニ在ルノ結果」であると、取締所の移出検査もその機能を果たさず、単に手数料徴収を目的にしていると批判したのである。しかし、彼らは新たな検査体制について、「各輸出地方」（移出港）を「自治区」として「改良米ノ輸出取扱所」を設置するよう構想しているが、その具体的方法を示してはいない。再度提出された請願書類も、輸出米検査規則と取締所の廃止を主張するにとどまっていた。

このように彼らは、各改良組合・取締所による審査・検査の体制から離脱して「独立」を求める理由を、兵庫市場における取引の「便益ヲ謀」り、その「信用ヲ進ムル事ニ尽力」するためであると力説している。(62) 改良組合が実施しはじめた審査、取締所による検査という現実の検査方法は、必ずしも兵庫市場における取引実態とは適合していなかったのである。一八九〇年の一部米穀商の独立・離脱の動きは、産地農村における「改良米」の生産とその審査体制が中央市場の取引実態をふまえて整備されない現状のもとでは、農商の提携による規格化・標準化の徹底が困難であったことを示している。課題は、産地農村の審査を兵庫市場との取引に適合するように改め、それを徹底することにあった。

兵庫市場の防長米

以上のような米穀商たちの主張には一定の根拠があった。神戸で発行された『神戸又新日報』により、一八八六年から九〇年にいたる時期に、兵庫市場で取引された各地産米の銘柄ごとの正米取引相場をみよう（表1－6、表2－2）。

相場表が掲載されない期間もあるが、まず防長米についてみると、一八八六年一月～一二月には「防州上米」、八七年一月～四月には「防州改良米」・「防長米」、八九年四月～一二月には「中国一等米」・「中国二等米」、九〇年一月には「中国米」の各銘柄が掲載されている。なお、八六年から八七年の表記の変化は、表示しなかったが、八六年の「防州上米」は翌年になると「防長上米・古米」となり、新米の「防州上米」は「防州改良米」と称されるようになった。米撰俵製改良組合の発足が八六年であるから、そのもとで生産され審査・検査された産米の一部は、兵庫市場で早々に「改良米」と認識され、「上米」と評価されていたことがわかる。ところで、各改良組合

(1887年1月～90年1月)

（単位：円／石）

銘柄	価格	銘柄	価格
肥後上米	5.10		
同上	5.10		
同上	5.10		
同上	5.00		
同上	4.65	肥後並米	4.15
同上	4.50	同上	4.18
同上	4.65	同上	4.35
同上	4.80	同上	4.60
同上	5.55	同上	5.20
同上	6.80	同上	6.65
同上	6.80	同上	6.40
同上	7.20	同上	6.45
同上	7.15	同上	6.25
同上	7.10	同上	6.80

表２−２　兵庫市場における摂津米・防長米・肥後米の相場

年月	銘柄	価格	銘柄	価格	銘柄	価格	銘柄	価格
1887. 1	摂津上米	5.15			防州改良米	5.15	防長米	5.00
2	同上	5.25			同上	5.20	同上	5.10
3	同上	5.20			同上	5.15〜18	同上	5.10
4	同上	5.15	摂津中米	4.45	防州改良上米	5.10	同上	5.00
1889. 4	同上	4.70	同上	4.25	中国一等米	4.73	中国二等米	4.40
5	同上	4.60	同上	4.25	同上	4.55	同上	4.35
6	同上	4.80	同上	4.55	同上	4.70	同上	4.50
7	同上	4.90	同上	4.70	同上	4.85	同上	4.70
8	同上	5.65	同上	5.40	同上	5.70	同上	5.30
9	同上	6.90	同上	6.60	同上	6.80	同上	6.60
10	同上	6.95	同上	6.60	同上	6.90	同上	6.70
11	同上	7.30	同上	6.90	同上	7.25	同上	7.00
12	同上	7.40	同上	7.95	同上	7.30	同上	7.00
1890. 1	同上	7.20	同上	6.90	中国米	7.10		7.50

出典：『神戸又新日報』（各号）。
注：毎月10日前後の時点の関係銘柄と相場を示した。

の審査が上・中・下三等級の区分を廃したにもかかわらず、兵庫市場の相場表に等級があるのは、移出港の移出検査により等級区分が付されたからであろう。(63) 移出港の米穀商が、兵庫市場との取引に適合するよう、検査にあたって等級を付したものと考えられるが、彼らの行う再調整は兵庫市場において一定の効果を実現していたのである。

それぞれの期間において、防長米にはいくつかのランクが設けられている。これは、摂津米や肥後米についても同様であり、一八八九年四月〜九〇年一月には「摂津上米」・「摂津中米」、「肥後上米」・「肥後並米」のように二ランクに分けられ、またそれ以前の時期においても「摂津上米」、「肥後上米」などのように、それぞれ「中米」・「下米」・「並米」などに分けられている。したがって、防長米についても、産地農村の審査では「上中下」の等級が付されなかったが、兵庫市場では少なくとも「上」と「並」、「一等」と「二等」のランクが存在している。このように兵庫市場では、小郡・三田尻など移出港における米穀商の再調整により、実際には等級が付されて取引されたのである。

また、防長米と摂津米・肥後米の価格を比較すると、改良組合設立前後の防長米価格は摂津米にほぼ匹敵し、肥後米の上位にあったことがわかる。とりわけそれは、一八八九年に明瞭になったといえる。神戸港からの海外輸出が活発な九〇年前後の防長米の評価とその取引については、一九〇〇年頃ではあるが、次のような回顧がある。

外国人の嗜好と申せば即ち大粒種ならざるべからず、故に各国幾種の米を混和するは畢竟質と量と価格との平均を保たしむる所にして、即ち我が〔防長米の〕都・白玉の如き優等の米種は寡量に混和して其の質を美にし其の量を重くすべし、……乃ち防長米も其の混和せらるゝ最も須要なる一種の薬味として配剤せられ、而して其の割合は概ね一割五分乃至二割内外なりと云へり、左れば海外輸出の頻繁なる際は防長米は時に一定の相場以外の高値にも取引されるゝこととなり、譬へば一石十円が其の時の相場とすれば十円五十銭にも売買せらるゝなり、何となれば我が防長米を二、三割を混入したるが為めに、他の七、八割の石十円以下の米が十円の価を保ち得ると云ふ計算になるを以てなり(64)

防長米の白玉や都は、大粒種で「優等」と評価され輸出に適していた。これを「薬味」として他品種に混ぜると全体の評価を高める機能があり、他品種の相場を上回って高値で取引されたという。また、すでにみたように、兵庫や神戸においては、精米の目減りを防ぐため米粒の斉一性が重視されていた（第一章第一節2）。

このように、海外輸出には規格化・標準化が重要になるが、「一標印」の審査・検査は兵庫市場の評価を落とすことになった。移出港における解俵・再調整を必要とする江口ら米穀商の主張には根拠があり、彼らは、不徹底な審査が中央市場との取引に適合せず円滑な取引を妨げると判断し、解俵して兵庫市場に適した規格に再調整したのである。

したがって「改良米」の堅固な俵装は再調整の妨げになった。産地農村の審査合格米を「奸商」が解俵するという不可解な行為は、他産地においても指摘されているが[65]、そこにはこのような事情があったのである。中央市場との取引に適する産米と、産地農村で実際に取引される産米には格差があり、移出港の米穀商が再調整してそれに対応するという過渡的な取引が展開していたのである。

おわりに

一八八八年に発足した防長米改良組合の事業に即して、九〇年前後の米穀検査について検討してきた。八〇年代半ばから、産地農村における「改良米」生産と審査の不振は、粗悪米を移出港に送り出して移出検査成績を圧迫した。移出港を拠点とする米穀商の再調整による規格化・標準化には一定の限界があり、彼らも産地農村における「改良米」生産と審査の徹底を必要とした。こうして、産地農村の生産者・地主、および県内の米穀商の連携、米撰俵製改良組合と米商組合の合同が構想されるが、一八八八年に発足する防長米改良組合は県庁の主導によりそれが実現したものである。産地農村における審査の進捗は移出検査成績が向上する前提であり、産地農村の生産者・地主、および移出港の米穀商をあわせて組織することにより、審査・検査の徹底がはかられたのである。改良組合のもとにおかれた取締所は、移出検査だけでなく、産地農村の各改良組合の事業を指導・監督することになった。

改良組合の設立を主導した県庁は、一八八〇年代後半に活発化した米穀輸出の拡大を目的として、産米の調整を徹底して規格化・標準化をすすめようとした。しかし、設立当初の改良組合は、八〇年代半ばの米撰俵製改良組合・米商組合と同様に、なおその目的を速やかに実現することはできなかった。両組合の合併により全県下に改良組合が組織され、地主・生産者と米穀商との提携がはかられたが、事業は停滞し混乱した。一八九一年に作成された報告書のなかで改良組合は、組合事業をすすめるうえで「最モ困難」な問題として、「組合経費徴収方困難ノ事」と「規約実施上障害トスヘキモノアル事」の二点をあげている。[66] すなわち、組合費の滞納、組合への非加入、審査の忌避、未審査米の取引など規約違反の諸事項であり、組合組織や審査を阻害する事態が各地に発生して組合事業は混乱したのである。しかし、改良組合は違約者に対し処分を断行することができなかった。組合設立後間もない時期に、県庁や改良組合は慎重な対処を迫られ処分は回避されたのである。このため改良組合のなかには、次のように、「緩慢」な対応が「障害暴毒」を蔓延させているとの指摘もあった。

抑モ本組合ハ素ト民設ニ係ルノ性質ニ基キタルモノニシテ、元来其組織ノ当時ニ於テハ準則ニ因リ之レヲ設置シ規約ヲ設ケ、爾来実施上ニ於テ地方官衙等ノ種々保護奨励アルト雖トモ、未ダ充分ニシテ公ナル制裁力ノ藉ルヘキモノニ乏シク、為メニ違約者ノ如キ処分スルノ途ハ備ハルト雖トモ、今日容易ニ規約ニ因テ之レヲ為ス能ハサルニ至ルモ又実ニ不得止事ニシテ、随テ終ニ一少部分ノ違約者アリテ而シテ若シ之レガ取締ヲ緩慢ニ付スルガ如キ為メニハ、忽チ区内全般ニ障害暴毒ヲ波及スルハ事実ニ於テ免レサル所ナリトス[67]

県庁は審査など改良組合の事業に公共的な性格を認め、町村役場による組合費の徴収などの措置により、組合組織や事業を支援するという現実的な対応をすすめたのである。

産地農村には、全県の各農区に「改良米」の生産と審査を担当する防長米改良組合が設置され、未組織の地域は解消することになった。しかし審査機能はなお限られており、審査により兵庫市場との取引に適合する上・中・下三等級を厳密かつ公正に付すことは現実にはできなかった。一八八〇年代後半に確認した米撰俵製改良組合・米商組合による事業の限界は、防長米改良組合が設立されても直ちには克服されなかったのである。またこの時期においても、

表2-3　赤間関区役所の各郡産米評価（1889年）

	郡	評　　価
米質	玖珂・熊毛・都濃・佐波	米質普通ヨリ少シク善良ナリ
	吉敷	全体粒大ニシテ光沢ヲ帯ヒ随而米質善良ナリト雖トモ、間ニハ古米籾入等ノ粗製アツテ一定ナラズ
	厚狭	土地ニ良否ノ差異甚敷シテ、或ハ碎米古米又ハ籾入等アツテ、価格ニ比較スルニ同産中ニテ上下五十銭高低ヲ生ス、是等ハ米質ノ良否ノミニアラズシテ、或ハ製撰法ニ不注意ノナス所ナラント想像セリ
	大津	米質ノ差違サルニアラサルモ、多クハ小粒ニシテ赤米尤モ多シ、又古米籾入等ノ粗製不少ナリ
	阿武	全体光沢薄クシテ随而製撰法モ不完全ナリ
俵装	玖珂・熊毛・都濃・佐波・吉敷	普通改良ノ位置ヲ供シタルモ、間ニハ古俵製アツテ一定ナラサルノミナラズ、総而明縄小ニシテ取扱上ノ便ナラサルナリ
	厚狭	俵製一定ナラサルノミナラズ、間ニハ古俵製多クシテ又縦縄ヨリトメニアラズシテ結ヒ、切落シアツテ改良法不完全ナリ
	豊浦	最モ俵製一定ナラサルノミナラズ、縦縄ニ大小アツテヨリトメ結ヒ切落シ等ノ差違アリ改良法不完全ナリ
	大津	俵製ハ粗均一ナリト雖トモ俗ニ云フ坊主掛ト申仕方ニテ、運搬上ノ不便甚敷シテ、当赤間関ノ如ク水揚蔵入ノ后出シ渡シ、又ハ蔵入等ノ手数平素ノ取扱ニテ終ニハ縦縄ヲ除キ明縄ノミニ止アツテ最モ取扱上ノ不便不少、故ニ右等ハ防長両国一定ノ調製法ニアラサレハ改良法ノ効力アラサルナリ
	阿武	粗製モ又甚敷ニ就キ一般ニ改調アランコトヲ望ム

出典：〔赤間関区役所より申報〕（「左ノ通防長米改良組合取締処並ニ郡役所照会致度」［農業12］）の記述を引用した。

審査の利益を直接享受できない小作人たちの追加負担に対する、奨励米・奨励金など地主の物的な補償は限定されたままであり、審査の進捗を制約することになった。

改良組合発足一年後の一八八九年四月、赤間関区役所は下関市場に集まる防長米を、各郡ごとに評価している（表2―3）。それによれば、冒頭に「改良組合設置后日尚浅クシテ、米質俵装上ニ於テモ未タ充分ノ改良□□〔虫損〕難認有様ニ有之」とあるように、各郡における改良組合の事業結果は必ずしも良好ではなかった。この評価は「米質」と「俵製」の二項目からなり、「米質」については、佐波郡ほか三郡はやや評価が高いが、そのほかの多くの郡では古米・赤米・砕米・籾の混入など調整や選種の不備が記されている。また「俵装」についても、指定通りの規格が守られず、県内の俵装が一定せず改良の効果が現れていないと評されている(68)。いずれも、産地農村の改良組合による「改良米」生産や審査が不振であるとの評価である。

また、これを地域ごとにみると、高反収グループの吉敷・佐波・大津の各郡においても、佐波郡の米質が「少シク善良ナリ」と評された以外は、米質・俵装ともに概して低い評価であった。その他の中間的グループや、低反収グループについても同様であり、特に低反収の阿武郡は「粗製モ又甚敷」(俵装)と酷評されている。産地農村における「改良米」生産、および審査によるチェックには大きな限界があったのである。

産地農村における「改良米」生産の不振と未審査米取引の広がりは、米穀商たちが依然として再調整と移出検査による現実的な対応を継続していたことを意味する。このため、兵庫市場との取引に精通し、再調整により三等級にランク付けして取引していた米穀商のなかには、県庁に対し改良組合からの離脱を主張するグループも現れた。組合加入により組合費を負担することになったが、産地農村における審査は不徹底のままであり、再調整を担当している米穀商に対する過重な負担を不当としたのである。

改良組合発足前の一八八〇年代後半と同様に、産地農村の生産者や地主は、米穀商が「改良米」を求めなかったから、追加負担が必要な「改良米」の精製や販売には消極的であり、審査も避けて産地仲買らと取引しようとした。また産地仲買らは、審査に合格した「改良米」も再調整が必要であり、あえて相対的に高価な「改良米」を求めず、解俵が容易な未審査米を取引した。したがって八〇年代後半と同様に両者間には粗悪米の取引が根強く残ることになったといえよう。また改良組合はなお、このような違約行為に対し、処分などの措置を断行できなかった。発足後間もない改良組合が違約処分を行えば、事業のさらなる混乱や組織の分裂をまねくおそれがあったからである。ただし、産地農村において「改良米」生産が遅滞し、審査が未確立のまま県外移出数量が増加すれば、米穀商らによる現実的対応にも限界があり局面の打開が必要となった。

注

（1）防長米同業組合『防長米同業組合三十年史』（一九一九年）三四頁。

（2）ただし、後述するように、大島郡の東西二農区、美祢郡の東西二農区の地域にはそれぞれ一つの防長米改良組合がおかれた。また、発足後間もなく、合併により、玖珂東改良組合・同南改良組合は同東南改良組合、熊毛南改良組合・同北改良組合は同南北改良組合、都濃東改良組合・同西改良組合は同東西改良組合となった。なお、元防長米同業組合『防長米同業組合史』（一九三〇年）によれば、熊毛南と都濃北には当初から役員がおかれていないから（二〇六～二〇七頁）、熊毛郡・都濃郡では郡内の二組合が実質的に合同して発足したものと思われる。

（3）大津郡役所による「諮問項目ニ対シ見込」の第二項（〔農業7〕）一八八八年二月。

（4）両者の提携については、のちに防長米同業組合がまとめた『第五回内国勧業博覧会出品　防長米同業組合業務成績』（一九〇五年、以下、『業務成績』と略す）七八頁。

（5）佐波郡役所による「郡役所見込書」の第二項（〔農業7〕）一八八八年二月。

（6）前掲『防長米同業組合三十年史』四八～四九頁。

（7）『山口県統計書』（一八八九年版）五九頁。

（8）防長米改良組取締所『明治廿六年度取締所事務功程』の付表「防長米改良組合一覧表」による。組合員構成が不明な防長米改良組合が五組合ある。

（9）県庁は取締所の設置にあたり四〇〇円を支出して事業を奨励した（山口県文書館編『山口県政史　上』山口県、一九七一年、三五四頁）。

（10）前掲、防長米同業組合編『業務成績』二頁。

（11）「米俵升量ノ義ニ付上申」（〔同上〕〔農業5－49〕）一八八七年一〇月。

（12）「米撰俵製組合規約ノ件ニ付再願」・「俵製ヲ四斗ト為スノ旨趣」（〔俵製ノ義ニ付願」〔農業5－51〕）。

（13）「米俵升量ノ伺ニ付回答」（〔米俵升量ノ件ニ付照会回答」〔農業11－9〕）一八八八年四月。

（14）玖珂郡役所による「防長米改良組合組織上ニ付意見書」の第五項（〔農業7〕）一八八八年二月。

（15）前掲『防長米同業組合三十年史』三九～四七頁。

（16）前掲『山口県政史　上』によれば、「勧業上に見識のある」名望家が各農区の委員になった（一二九頁）。

（17）山口県勧業課『勧業雑報』（第五号、一八八一年七月）によれば、河内村の磯部は「都濃郡農事会話」の会員の一人として、その第一回に参加し、投票により会頭に選ばれている。この「農事会話」は、「各村篤志ノ人々集会シ実地ノ利益ヲ第一トシ都テ農事一般ニ関スル利害得失ヲ互ニ陳述シ……交換」することを目的とした農談会であり、第一回は「麦作概況」、「苗代培養法」などを議題とした（同、二一～三四頁）。また、一八七九年に県会議員に選出され、九四年には衆議院議員に当選した。耕作にも関心が深い地主であったと考えられ、「経理の才」もあったといわれる（吉田祥朔『増補　近世防長人名辞典』マツノ書店、一九七六年、四五頁）。

（18）前掲『山口県政史　上』九一頁、小川国治ほか『山口県の百年』（山川出版社、一九八三年）六七～六八頁、藤本茂『郷土開発の先覚者たち』（山口県公論社、一九六四年）四七頁。

（19）前掲『防長米同業組合史』三四九頁。

（20）前掲、防長米同業組合『業務成績』一二三頁。

（21）前掲『防長米同業組合三十年史』一五五頁。

（22）それぞれ、簿冊［農業8］・［農業9］に綴り込まれている。以下、本資料による。

（23）注（13）に同じ。ただし、厚狭東改良組合の規約には、「品質ニヨリ等差」と記され、「上中下」三等級とは明記していない。

（24）「［都濃南北］防長米改良組合規約」（「防長米改良組合規約認可」［農業8］）。

（25）「［熊毛南北］防長米改良組合規約書」（「規約更正認可願」［農業8－22］）一八八八年一二月。さらに「検査細則」が規約に付属している改良組合の場合、それは一層明瞭である。すなわち、「上中下」を区別する基準についての規定は見当たらないが、例えば厚狭西改良組合の「検査細則」（「［厚狭郡西農区］防長米改良組合規約」（「防長米改良組合規約許可願」［農業9－1］））に、「見本米弐タサシニ付、籾・粃・土砂・礫・稗・砕米・赤米等四粒以上アルトキハ、再調セシムヘシ」（第一条の二）、豊浦西改良組合のものには、「壱升枡ニテ……其表面ニ籾四、五粒以上アルモノハ不良米トシテ更ニ製撰ヲ命スヘシ」（「豊浦郡西農区防長米改良組合規約」（「防長米改良組合規約認可願」［農業9－4］））とあるように、不合格米の客観的な規準が明記されている。ただしこうした細則の条項も、県庁の指導ですべて削除されることになった。

（26）「防長米改良組合規約中特別認可願」（「規約中特別認可願」［農業8－23］）一八八八年一〇月。

（27）「防長米改良組合規約中特別認可願ヘ添申」（同前）一八八八年一〇月。

（28）「防長米改良組合検査ノ義ニ付上申」（同前）一八八八年一〇月。

（29）なお、熊毛南北改良組合の三輪組長は一八八九年八月にも、三等級を付す検査とするよう規約更正を県庁に願い出ている。県庁は前年に「品位ノ等差」を削除して認可したため、再度「品位ヲ挿入」して更正を願出する理由を求めたが、熊毛南北改良組合の回答は見当たらない（「防長米改良組合規約更正認可願」（「防長米改良組合規約更正認可之義ニ付熊毛郡役所へ左案之通御照会可相成哉相伺候」［農業12］）一八八九年八月。

(30)「〔厚狭西改良組合〕検査細則」（「防長米改良組合規約認可願」［農業9－1～3］）。

(31) 以下、「防長米改良上地主会規約へ認可方ノ件ニ付伺」（「防長米改良地主会規約認可方ノ件伺」［農業11－10］）一八八八年一一月。

(32) 美祢郡『米撰俵製改良組合規約書』（一八八六年八月）一六頁。一九一二年に、県庁が地主会を「督励」したのを契機に地主会の設立がすすみ、一九年には二六を数えたという。「小作奨励米」の交付のほか小作米品評会・講演会・調査などの事業を営んだが、奨励米は会員である地主が個々に小作人に交付するのが「普通」であり、そこに県や地主会が関与するものではなかった（前掲『山口県政史　上』六〇九頁）。

(33) 以下、「組合ニ於テ改良スヘキ目的ノ要点」（防長米改良組合答申）（「防長米改良組合ニ関スル件」［農業14－22］）一八九一年七月による。

(34)〔美祢東西防長米改良組合組長内藤善九郎より取締所事務長磯部十蔵あて書簡〕一八八八年一一月二八日付（「防長米売買取引上ニ付吉敷郡役所照会」［農業11－11］）。なお、本資料中の「検査」とは「審査」のことである。

(35)「建白書」（「同上」［農業13－42］）一八九〇年一一月。

(36)〔阿武東改良組合事務所より取締所あて依頼〕（「防長米売買取引上ニ付吉敷郡役所照会」［農業11－12］）一八八八年一一月。

(37)「業照第四三六号」（厚狭郡役所より第一部第二課あて照会）（「防長米改良組合会開設ノ義ニ付照会回答」［農業11－17］）一八八八年一二月。

(38)〔玖珂東南防長米改良組合組長田坂匡亮より取締所事務長磯部十蔵あて書簡〕一八八九年一二月二日付（「防長米改良組合ノ件」［農業13－4］）。

(39)〔事務長磯部十蔵より県知事原保太郎あて書簡〕一八八九年一二月六日付（同前）。

(40)「防長米改良組合之件」（同前）一八八九年一二月。

(41)「防長米改良組合会議開設ニ付臨席願」（「臨席願」［農業13－9］）一八九〇年八月。

(42)「防長米改良組合会議御臨席之議ニ付再願」（同前）一八九〇年九月。

(43)「熊毛郡防長米改良組合会議御臨席願」（「組合会議臨席願」［農業13－32］）一八九〇年九月。

(44)〔吉敷北防長米改良組合事務所より臨席願〕(「臨席願」〔農業13－9〕) 一八九〇年八月。
(45)「防長米改良組合費補助金御下付願」・「防長米改良組合補助金下附願添申」(「組合費補助下附願」〔農業13－34〕) 一八九〇年一一月。
(46)「防長米改良組合之件ニ付上申」(「同上」〔農業13－33〕) 一八九〇年九月。
(47)「防長米改良ノ件ニ付上申」(「防長米改良之件ニ付上申」〔農業12〕) 一八八九年四月。
(48)「防長米改良之件ニ付上申」(部長より各郡市長へ照会伺) (同前) 一八八九年五月。
(49)「御願」・〔課長より各郡市長へ照会伺〕(同前) 一八八九年九月。
(50)紛争の概観と米穀商の離反については、前掲『山口県政史　上』三五六頁も参照。
(51)前掲『防長米同業組合三十年史』五〇頁。
(52)「輸出米改良組合創立願進達」・「御親展書」ほか (「輸出米改良組合創立願」〔農業13－37〕) 一八九〇年一〇・一二月。
(53)阿知須町史編さん委員会『阿知須町史』(一九八一年) 五九〇～五九一頁。
(54)〔江口新一・中村唯一より山口県会議長古谷新作あて建議〕(前掲〔農業13－37〕)。その詳細は不明であるが、組合事業が混乱するにともない、経費の徴収が円滑にはすすまず (前掲「防長米改良之件ニ付上申」)、江口の属する吉敷南改良組合では、「農」からの徴収が難航したため「商」に負担が転嫁されたものと考えられる。
(55)前掲「御親展書」。
(56)以下、「理由書」(「輸出米組合創立願」〔農業13－37〕)。
(57)米商組合取締所は米穀商が主導したが、取締所は磯部・吉富などの地主層が事務長となった。江口はかつて米商組合取締所頭取をつとめていたが、改良組合に再編されて取締所への影響力が低下したことも、離脱を願い出た理由と考えられる。
(58)以下、前掲「理由書」。確認はできないが、米商組合取締所が検査を実施していた時期に三等級に区分されていたため、発足当初の改良組合規約の審査規定にも「上中下」の三等級が存在したものと考えられる。
(59)「防長米改良組合取締所規約取消願」(「規約取消願」〔農業13－38〕) 一八九〇年一二月。
(60)実際に移出港では、米穀商たちが解俵のうえ再調整していた。第一章・注 (7) の資料には、「物産会社」が一八八二年に、下関で買い入れた粗悪米一万六〇〇〇石を再調整し、混交した籾・砕米一八〇石を分離していたことが記されている。
(61)「防長米改良組合取締所規約取消之追願」(「規約取消願」〔農業13－41〕) 一八九〇年一二月。
(62)「農商協議書」(「改良米之件ニ付請願」〔農業14－3〕) 一八九〇年一二月。独立を求める理由はほかにあったかも知れないが、かつての米商組合取締所頭取を当事者とする紛争という点に着目すれば、改良組合と取締所による検査体制のあり方をめぐるものであったといえよう。すなわち、一部の有力な移出米問屋たちは、産地農村の改良組合と同一の組織では、兵庫市場との円滑な取引が困難と判断していたのである。

(63) ただし、一八九〇年一月の等級区分は「中国米」の一つになっている。同月以降、『神戸又新日報』には兵庫相場の記事がなくなり、その後一八九三年まで不明である。

(64) 「防長米改良の経緯・現状に関する同業組合長の談話」(『防長新聞』一九〇〇年三月二七日〜二九日)、山口県『山口県史　史料編近代四』(二〇〇三年) 一七五〜一七六頁。

(65) 例えば、大豆生田稔「越中米改良と東京・北海道市場」(『東洋大学文学部紀要』第五四集・史学科篇第二六号) 五八〜五九頁、など。一八九〇年代の富山県では、米穀商が集荷した米俵を解俵して容量を減じたり、異物を混入するなどの「狡猾」な行為が広がっていた。

(66) 「組合ニ於テ改良スヘキ目的ノ要点」(「防長米改良組合ニ関スル件取調方御依頼」[農業14－22]) 一八九一年七月。

(67) 同前。

(68) この調査は、米穀輸出の最盛期となる一八八九年のものである。海外輸出用の産米は、輸出用に袋詰めするため解俵された。このため、「海外輸出ニ係ル者ハ俵直シ、袋詰ニナルヲ以テ、俵製良否風説ナシ」といわれたように俵装が軽視された (表2－3の出典に同じ)。俵装の評価が低いのは、こうした事情が加わっていたからといえよう。

第三章　防長米改良組合の改組——一八九〇年代

はじめに

一八八八年に設立された防長米改良組合は九三年に改組した。本章は、九三年の改組、およびその後九〇年代半ばから後半に展開する、改良組合の米穀検査事業を検討する。八六年に発足した米撰俵製改良組合・米商組合、および八八年創立の防長米改良組合は、移出港において県外移出米を「検査」するとともに、産地農村においては生産者や地主を組織化し、「審査」による規格化・標準化をすすめようとした。しかし、第一章・第二章にみたように、その事業展開には大きな限界があった。兵庫市場や大阪市場は、産地に規格化・標準化された産米の供給を求めたが、産地農村においては、「改良米」を生産・調整しそれを審査する体制は直ちには形成されなかったのである。

一方で、小郡など移出港の米穀商たちは中央市場との取引の実情に応じて、産地農村から仕入れた産米を独自に再調整して県外移出した。兵庫市場などとの取引に必要な産米の規格化・標準化は、移出港の米穀商たちが担い実現していたのである。しかし、このような方法には限界があり、一八九〇年代半ば以降、産地農村において生産者の栽培技術や収穫後の調整の改良、およびそれを審査する体制が形成されていった。また、米穀検査を主導する山口県庁は、警察も動員しながらそれを強力に推進していく。改良組合は九三年に規約を改定して事業の再編をはかり、九〇年代半ばからは本格的に審査などの事業を徹底していくことになった。

これらの事業が本格化する一八九〇年代半ばの防長米改良組合については、組合組織や事業展開が概観されるほか、同業組合準則による事業の限界、規則改定による取締りの強化や検査方法の変化などが指摘されている(1)。しかし検査制度の改変や規約の励行、およびそれらの意義について、各改良組合の具体的な事業展開に即した研究は乏しい。九三年の改良組合の組織・事業の再編から九〇年代後半にいたる事業の進捗を、特に産地農村における審査に注目して検討し、九〇年代後半に急速に審査が進捗した条件とその限界について明らかにするのが本章の課題である。

第一節　新規約と組織

1　規約改正

新規約の制定

一八八八年に発足した各防長米改良組合は、九三年九月に規約を一新した。同年七月公布の県令「防長米改良組合取締規則」にもとづいて定められた新規約は、まず、①原則としてすべての「田圃」の所有者と耕作者、および米穀商を組織する（第一条）、②組合の設置は「農区」による（第三条）、③防長米改良組合取締所をおいて傘下の組合を統括する（第七条）など、組合組織にかかわる従来の規程をそのまま採用した。

しかし、新規約により県知事には、組合運営に関する強力な監督権が認められることになった。すなわち、各改良組合組長や取締所長の人事について「不適任」と認めた場合には改選を命じ、規約に「違背」し「公益」を害するような組合の「行為」や「決議」を取り消し、また、組合非加入者や組合費滞納者に一〇円以下の罰金を科すことができるようになったのである。

また、同時に改訂された取締所規約は、取締所が従来通り各改良組合と連絡して各事業の「斉一」をはかり、移出検査を実施することを定めている。取締所は各改良組合の事務を「監督」し、事業が遅滞した組合を「特ニ干渉シテ誘導」し（第二五条）、事務の怠慢を「忠告矯正」し（第二六条）、紛議には「相当ノ処置」をなし（第二七条）、各改良組合の会計を「検閲」し、また同所役員は各組合会議に出席して意見を陳述する（第三〇条）など、各改良組合の事業を細部にいたるまで監視できるようになった。さらに、組合規約に違反した米俵を発見した場合には、それを差し押さえて担当組長へ通知し、関係者はこれに異議を申し立てることができないなど（第三四条）、監督権限が大幅に強化されたのである。

この一八九三年の新規約は後年、次のように回顧され、組合の事業展開の画期となったと位置づけられている。本章は、この新規約により九〇年代半ばに展開する改良組合の事業について検討する。

新規約に於ては従来の如き組合員たるを拒み或は経費を納入せす、若くは種々の取締規約に違背せるものは十円以下の罰金を課すの明文のあるありて、頑迷固陋の組合員に制裁を加ふるに於て一の楯を得たれは執務上大に活気を加へ、曾て曠廃に属したるの観ありし組合も俄然其内容を刷新し、着々改良を計るの気運に向ひたり(2)

県庁の支援

一八九三年の組織再編によって、県庁は改良組合の運営に深く関与することになった。また県庁は干渉の強化とともに、事業の公共的な性格を認めて財政面での支援を強化した。

まず、組合の事業資金の円滑な調達をはかるため、すでに県庁は、町村役場による組合費の代理徴収を許可していたが（第二章第三節2）、さらに、町村の歳出による補助を認めるようになった。すなわち、佐波東改良組合は一八九四年一一月、「数千ノ組合員」から「僅々数十円」の賦課金を徴収するのは「甚タ困難」であるとし、借入金による事業資金七五円余の調達を計画した。しかし県庁は、本年度は豊作で徴収には好機会であるが、来年度凶作になれば二年分の賦課は「至難」になるとし、次年度も含めて賦課徴収方法を定めるよう指示した。(3)これに対し同組合は一二月、将来は賦課金徴収を廃して組合区域内町村の補助による組合運営を計画し、また、佐波郡内の各町村会もこの方法を「得策」と認めていた。改良組合の「組合会議員」や「役員」たちも「村会議員就職者」であって補助をすでに「内定」しており、町村の歳出による円滑な組合運営の合意が形成されていたのである。このため佐波郡長滝弥太郎は、改良組合の借入金に関する県庁の照会に対し、それが「毫モ障碍」がないと県内務部長に回答した。(4)これを受けた県内務部は申請をいれて、町村税の補助を受ける計画があると郡長から報告があったとして、同月には予算を承認している。(5)このように佐波東改良組合は、一八九五年度の経費は組合員に賦課せず、町村財政の補助により事業を運営することになった。同組合はこの措置が組合事業の進捗を促したと、次のようにその効果を報告している。

事業著シキ盛況ニ趣カントス、其原因タル当区ハ組合費金ヲ直接各戸ニ賦課徴収セス、村税ノ補助ヲ仰クニ起因スルモノノ如シ、進ンテ米種ノ改良及俵製等ニ注意シ、数年ヲ出テス充分改良ノ目的ヲ達スル事ヲ得ベシ〈佐波東94〉(6)

また取締所所長吉富簡一は一八九六年七月、県知事大浦兼武に対し補助を年額四〇〇〇円に倍増するよう要求した。その理由は、改良組合の事業が「戦後経済上首要ノ一」であり「官民挙テ茲ニ注目」し、新規約を励行して諸事業を多面的に展開した結果、「既ニ経費ノ不足ヲ生スル」ようになったからであった。しかし、組合員の負担増は、「却テ動モスレバ組合員ノ感情ヲ害フノ傾向ヲ免レズ」と危惧し、年額二〇〇〇円の補助を四〇〇〇円に増額するよう求めたのである。(7)

県庁は、すでに年間経常費二〇〇〇円、試験田費一三八〇余円を補助しており、[8] この出願を直ちには認めなかったが、一八九八年以降は大幅に増額されることになった。このように、発足当時から審査など公共的な機能を果たしてきた改良組合は、九三年の規約更新後も県庁の財政的支援や町村の補助を受け、また県庁の指導・監督のもとで事業を展開し、公共的な性格をより強めていった。

農商務省の照会

ところで、罰則をともなう新規約の制定については、農商務省は県庁に対しいくつかの問題を照会している。つまり、同省農務局長藤田四郎は一八九三年五月付で、新規約の内示に対する七項目の質問書を県知事原保太郎に送付した。[9] その要点は、①同業組合準則を全廃して新規則を発布する理由、②従前の準則組合の「事蹟」、③輸出米検査の成績、④組合に関する当業者の感情、さらに、⑤現行準則に組長・所長人事に知事の同意を必要とするという条項がないことにより「不都合ヲ醸シタルノ実例」の有無、⑥県内人・県外人を問わず一時組合地区内に入り同業を営む場合には当該組合の規約にしたがうという条項について、このような事実の有無、⑦違警罪によらず罰則の条項を設けた理由、の七点である。

県庁は①〜⑦に対し、それぞれ次のように回答した（②は省略）。[10] すなわち、①同業組合準則では組合の「基礎」が「鞏固」でなく、加入を拒み、規約を履行せず、「甚シキニ至テハ組合ヲ破壊」しようとする者が存在する、③各改良組合が産地農村で実施する審査は不十分だが、取締所直轄の検査は合格証票を付し「県界要港通路」に検査所を設けるなど機能している、④組合のうち「頑冥不霊ノ民」、すなわち「共同ノ利ヲ起スハ即チ自己ヲ利スルノ理ヲ知ラサル者」は経費の負担と検査の手数を厭うが、「多少トモ識見アル者」は皆、「今日防長米ノ声価ヲ得タルハ組合ノ効果タルコト」を知り、組合規約が「浴〔洽〕ク行ハレザルヲ憾」んでいる、⑤そのような「実例」はないが、「監督上将来ヲ慮リテ」定めたもので、当選者に「一層ノ重キ」をおいて適任者がえられる、⑥産地仲買は「去来常ナク到底組合ニ加盟セシムルコト能ハザル」者が多いので規則により取り締まる必要がある、⑦制裁がなければ目的を達することができない、という回答である。

つまり、県庁のねらいは、改良組合の事業を徹底するため、加盟を拒み、審査を受けず、組合費を負担しない生産者・地主や米穀商に対し、罰則を積極的に適用して強制的に規約を遵守させることにあった。特に⑦について県庁は、「制裁ヲ附セザレバ規定ノ目的ヲ達スルコト能ハズ」と強い調子で回答している。

県庁はこの回答を農商務省農務局に提出するとともに、規則改正に直ちに着手できるよう速やかな認可を求めて同局長に電報を発した。しかしこれを受けた農務局は一八九三年六月、県庁に対し、販売量が僅かしかない自家用米生産者まで強制加入させ、違反者に制裁を課すのは「不穏当」であると申し入れた。農務局は、改良組合規約が収穫米を「自用ニ供」して販売しない耕作者や土地所有者まで「同業者」とみなして強制的に加入させることは、本来の組合の目的である「防長米ノ声価ヲ市場ニ得セシメントノ主趣」には必要ないとし、「自家ノ用料ニ供スル耕地所有者及耕作者」の加入強制を削除するよう知事に申し入れたのである(11)。

しかし、県庁はこの条文の削除には応じなかった。この間、農商務省の取調べがあったが、結局組合加入の徹底と制裁については、前記の規約が認可された。規約改正をすすめる県庁の姿勢は強硬であり、加入を徹底させ、また制裁がなければ組合の目的が達成できないとする主張が認められたのである。

2　規約の統一

合併と規約統一　各改良組合の規約は強制力を増したが、同時に各組合の規約を統一し、県内全域にわたる一定の規程の実現が試みられた。まず、隣接する改良組合が実質的に合同して事業をすすめる場合は、制度的にも一つの組合となるよう整理がすすんだ。例えば、大島東改良組合と同西改良組合、美祢東改良組合と同西改良組合、都濃北改良組合と同南改良組合は、改組を機に合併して一つの組合となった(12)。

次いで、それぞれの改良組合は、同一の規約により同質の事業を展開するよう試みられた。すなわち、新規約が制定された一八九三年八月、取締所は「可成各組合同一揆ニ出テントスルノ主旨」により各組合の組長会を開き、議決事項を活版印刷に付して周知した[13]。この「組長会協議決了書」の冒頭には、①各組長は別紙雛形にしたがい議員・役員の「選挙手続」と「会議法」を定め、郡市役所を経由して知事の認可を得る、②各組長は認可された「選挙手続」により組合「議員」の選挙を実施し、選出議員が新組長・聯合会議員を選び、また規約・予算を制定する、③・④各組長は旧組合の残務を処理する、⑤各改良組合は、本組長会が決議した組合規約草案により新規約を制定する、という五項目が記されている。つまり、まず、選挙人の資格、選挙管理の方法など組合役員の画一的な選出方法が提示され、次いで、組長会が審議・決定した草案にしたがって、各組合が新規約を制定するよう定められたのである。

また、この「決了書」には、新規約の雛形として規約草案が添付されている。取締所長はその冒頭に、「規約書ノ一定ヲ要スルハ勿論、特ニ改良法・審査法・取締法等ハ毫末モ其精神ヲ変更増訂スルヘカラサル議決ニ拠リ……」と記しており、この草案の文面を変更せず各組合ともなるべく同一文言になるよう指示したものといえる。これは、各組合ごとに異なっていたこれまでの規約を改め、その統一を強く求めたものであった。

つまりこの規約草案は、次にその冒頭の部分を示すように、空欄に当該改良組合の名称を記入する形式になっている。上部組織である取締所の指導のもとで組長会が考案した一定の雛形を、下部の各組合に下達したものといえる。

明治廿六年七月廿一日県令第三十八号防長米改良組合取締規則ニ基キ組合ヲ設置シ規約ヲ定ムルコト如左

郡　　農区防長米改良組合規約

第壱章　総則

第一条　当組合ハ　　郡　　農区防長米改良組合ト称ス

但事務所ノ位置ハ会議ノ議決ヲ以テ別ニ之レヲ定ム

……

第三条　当組合ハ　　郡　　農区ヲ以テ区域トス

……

その各条文をみると、まず、その第四章は、米作の「改良法」を定めている。生産者が遵守すべき事項として、①種子を「精選」し「培養及耕耘」に「充分注意」する、②石灰を濫用しない（ただし、「草・下木・堆積肥料等ニ混用シ一反歩廿貫目以下」はこの限りではない）、③刈入時期を逃さず「乾燥・調整・精選方」に注意する、④「赤米・青米・籾稗・土砂交リ又ハ半乾」のまま調整しない、⑤籾摺りののち唐箕にかけて夾雑物を除去する、⑥俵装を堅固にして「脱漏・損壊ノ憂」がないようにする、⑦容量を四斗に定める、という七項目を列挙している。いずれも、すでに米撰俵製改良組合の規約にも定められた稲作の「改良方法」であるが（第一章第二節1）、この雛形により、すべての組合規約のなかに、同一の条文が明記されるようになった。また第一六条は俵装方法を九項目にわたって列挙するが、これにも同様の意味があった。

第五章は「審査法」である。審査については次節で検討するが、「審査細則」には合格を上・中・下の三等級に区分することが成文化され、それぞれに同形の「標印」を俵口に押捺するよう定められた。評価の方法や基準、および審査結果として米俵に付される各等級の印字を、やはり各組合で統一しようとしたのである。

第六章の「改良取締法」は、審査を受けた「改良米」の授受について定めている。一度捺印した「審査標印」と「検査印」、使用ずみの「中札」は再度使用せず、また審査後の「審査標印」がないものは「売買授受」や組合地区外への「搬出」が禁じられた。また規約に「違背」した米俵を「発見」したときは組合役員へ「告知」することとし、違反者だけでなく「情ヲ知テ告知セサルモノ」を「共犯者」として処分するなど、綿密かつ詳細に罰則が定められた。

第七章は、役員として組長（一名）・委員（各町村一名）・審査員（委員が「適宜ノ人員」を「特撰」し組長の承認をえる）・書記がおかれた。組長の任務は組合員名簿の調製、違約者の処分と功労者の顕彰、全般にわたる会計、県庁への事業報告、委員の監督、改良法・審査法・取締法の監視などであり、組合の管理、組合員の処分、諸事業の監視など組合の事業全般を指揮した。委員は組合員を誘導し、審査細則にしたがって米撰俵製を審査する審査委員を監督し、また組合費を徴収して組長へ送付するなど実際の業務を主導し、特に審査を実地で指導・監督することを主な任務とした。

さらに第一一章の「違約所分《ママ》」が特徴的である。組合事業に関する第五八条の規定によれば、次の各項に該当する場合には、二〇銭以上一〇円以下の違約金が課されることになった。すなわち、①組合役員による出頭通知に応じない、②組合員証を所定の場所に掲げない、③記名本人以外の者が組合員証を使用する、などの行為であるが（第七・九・一一～一四条）、特に、④審査標印（生産検査）・検査印（移出検査）を捺した米俵を再度利用する、⑤いったん使用した中札を再度使用する、⑥審査標印を受けていない米俵を「売買授受」し「組合地区外」へ搬出する、などの違反行為が注目される（第二二～二四条）。これらは、審査をめぐる不正行為や審査忌避を罰する条項で、違反項目が詳細かつ具体的に定められており、罰則の重点はここにおかれていたといえる。こうした処分は、各改良組合を通じて統一的に施行されなければならなかったから、雛形により各組合の規約をそろえる必要が生じたのである。

次に、役員の選出方法や任期についても、それぞれ各改良組合の規約が同一となるように定められた。従来は、「各農区ニ於テ組合組織ニ遅速有之ニ依リ、組長及議員ノ就職期一様ナラズ、随テ其満期モ同一ニ無之」とあるように、組合ごとに異なる任期であったが、聯合会議員（第二章第二節1）の任期を定め各組合ともに改選期を一致させたのである(14)。また県庁は一八九五年二月、各組合の「実施初期ノ任期」は就任の遅速にかかわらず組長は九六年三月末、聯合会議員は同年八月末を満期とするよう各郡市長に通達した。

組織化の徹底

一八九三年の新規約は、その徹底にあたり組合間に格差が生じないよう、またもれがないように、全県を通じて均質に組織化がすすめられた。すなわち、まず同年九月の県令公布直後、熊毛郡田布施村の村会議員一八名は連名で、改良組合への加盟の延期を知事に請願した[15]。同村では、「同業者」一五〇〇余名のうち、加入者は二〇〇名に過ぎなかった。出願者によれば、その理由は「眼前ノ小利」を求めて「遠大ノ利益ヲ視ルノ明ナキ」ためであった。「頑民」の存在は「如何トモスル能ハサル所」、「遺憾トスル所」であり、加盟まで一年の猶予を請願したのである。この請願に対し熊毛郡長は、「頗ル不都合ノ請願ニシテ又正当ノ理由アルヲ認メザル」と判断して、請願者に「直接懇々説諭」したが請願の「進達」を申し立てられ、「無論御詮議難相成義ト考定」しながらも知事に「添申」することになった[16]。県庁も、「本件ハ何等ノ理由モ無之」と請願を差し戻している[17]。

また、村外への米搬出量が僅少であることを理由に加盟を拒もうとする請願もあった。玖珂郡灘村大字海土路村の総代は、「本村ハ元来リ《〔ママ〕》輸出米無之」、さらに当年の旱害の被害の深刻さを、「意外ニ旱魃シ衰損平年ニ比較スルニ大豆・小豆及甘藷等ハ九歩ノ旱害、稲作七歩ノ旱害ノ見込ニ有之」と訴え、加盟猶予の願書を県庁に提出した[18]。しかし県庁は、旱害は大字海土路村に限らず、また「組合ニ加入シ難キ事由アルモノハ知事ノ認定ヲ受クヘシ」という規約第三条第二項は本件には該当しないとして、請願を認めなかった。さらに、佐波南改良組合の華城村は「輸出米ナク只飯糧米已而《〔而已〕》」であり、「審査シテ無用ノ手数ヲ掛ケ」るため、組合加盟の必要はないと請願したが[19]、県庁は一八九五年七月、「畢竟組合ノ羈絆ヲ脱セントスルモノニシテ特殊ノ事由アルモノトハ認ラレズ」とこれも却下した。

このように県庁は、移出量が僅かな地域においても改良組合への加盟を求め、生産者をもれなく組合員として組織しようとした。さらに、県外から県内に入り込む米穀商らにも同様に規約を徹底している[20]。こうして各改良組合は、県下の産地をほぼもれなく、規約の規制が均しくおよぶ組合地域として編制していった。かつて組織された米撰俵製改良組合は組合未設置地区を残し、また一八八八年の改良組合発足当初の時期には規約の実行に精粗があるなどの限界があったが、九三年の新規約は同一の規約により、地域差が生じないよう審査の徹底を促したたのである。

3　取締所の改組と移出検査

検査の徹底

一八九三年の組織再編以降、防長米改良組合が実施した産地農村における審査、および移出港における検査について検討するが、ここではまず、取締所と検査所による県外移出米の検査についてみよう。

一八九四年一月に取締所は、「監督員」・「検査員」・「雑則」の三章からなる「輸出米検査処務規定」を作成し、検査に従事する「検査員」とそれを監督する「監督員」の任務を定めた。まず監督員は検査員を監督し、検査の精粗や事務を視察して検査全般を管理した。また毎月二日間、定期的に区域内を巡回して検査所の報告をとりまとめ、検査手数料をまとめて取締所に送付するなどの事務にあたった。次いで九三年の改組によって、移出検査を担当する検査員が任命されることになった。検査の担当者については、八八年の規約では、「輸出米ノ検査ハ輸出米検査所所在地組合組長へ便宜委任スルモノトス」とあるように、検査所所在地の改良組合長に移出検査を一任するという簡略な規定であったが、新規約は新たに「適当ノ場所ニ検査所ヲ設ケ検査員ヲ配置シ検査ヲ執行セシム」として、検査員が配置されて検査を「執行」することを明記している。同時に、取締所長を任命権者とする検査員の「選任状」も作製されるようになり[21]、就任にあたり検査員が取締所長に提出する「請書」の書式も整えられた。そこには、「取締所規約」・「輸出米検査処務規定」にしたがって移出検査を「担当執行」するという文言が記されている[22]。

このように一八九三年の改組後に、検査を担当する検査員の任免方法、および執務事項とその手続きが定められるようになった。検査員の任務を定めた「輸出米検査処務規定」第二章（検査員）の冒頭の第三条には、

検査員ハ本所役員及監督員ノ指揮ヲ受ケ平素篤実ヲ旨トシ、若シ輸出人ニ於テ規則ノ誤解其他不正ノ廉アリト認

ムルトキハ予メ懇篤説諭スヘシ[23]

とあり、簡単ではあるが、検査に誠実に取り組み、また受検者を懇切に指導するという任務や心構えが明記されている。検査の執行という専門性や公正さが求められる職務を、着任者が自覚的に意識するよう定められたのである。

また検査員は、担当する「受持地内」を「日々」巡回して、「犯則ノ事跡ナキヤ否ヲ注目取調」べ（同前・第二章第四項）、「説諭」を聞かず、また検査合格証である「検査証印」を付さずに移出する者を発見したときは、警察署に告発し取締所に報告するよう定められた（同第三項）。検査員は、輸出米検査に実際に従事するとともに、日常的に規約違反を監視し取り締まることを任務としたのである。

また移出検査の実施主体である取締所は、一八九五年一〇月に組織をさらに改め、山口町から、下関に次ぐ移出港である吉敷郡小郡村の東津へ移転し、取締所役員が検査を「直轄監督」するようになった。さらに副所長を二名おいて、県下各地の輸出米検査委員を「其地方最寄ノ場所」に招集して「検査員会」を開催し、「業務改善法」を打ち合わせた。また、副所長は書記とともに各改良組合を随時巡回し、事務の状況や会計の「整否」などを「視察調査」した。このように、取締所は移出米の検査体制、および移出検査自体を常時監督することになった。[24]

一八九五年二月現在の移出検査員の一覧を示した表3－1によれば、改良組合の領域とは異なる一九の輸出米検査区域が設定されている。各区には監督員が一名おかれており、未配置の区は取締所の直轄であった。さらに各区には複数の検査所が設けられ、それぞれ一名の検査員が配置されている。移出検査の区域は、各改良組合の領域とは異なる独自の領域を形成した。このように、産地農村における改良組合による審査と、移出港などにおける取締所管下の検査所による検査は、組織的には防長米改良組合という一組織に統合されたものの、前者は産地農村、後者は移出港を拠点とするものであり、異なる性格を有していたのである。

表3－1　輸出米検査員数（1895. 2. 1現在）

地区	監督員数・取締所直轄	検査員数	設置箇所
大島区	—	—	未設置
岩国区	直轄	1	川西
由宇区	1	5	通津、由宇、神代、鳴門、原村
柳井区	1	3	岸ノ下、柳井、古開作
平生区	1	4	麻郷、平生、水場、伊保庄
宝積区	1	3	光井、室積、浅江
徳山区	1	4	下松、徳山、福川、桑原
三田尻区	1	6	江泊、三田尻、中ノ関、西ノ浦、自力、富海
小郡区	1	10	且浦、納屋、南若、名田島、東津、干見折、今津、阿知須、東岐波、床波
宇部区	1	4	草江、新川、藤曲、半固屋
下津区	1	9	有帆、切通、渡場、下津、梶浦、埴生、宇津井、津布田、松屋
小月区	1	4	木屋2、小月、清末
小串区	1	11	安岡、永田郷、室津、涌田、松谷、小串、二見、矢玉、肥中、粟野、阿川
深川区	1	4	豊原、仙崎、港浦、境川
人丸峠	1	5	立石、黄波戸、伊上、掛淵、久津
徳佐区	直轄	2	野坂、嘉年
萩区	直轄	3	奈古、大井、萩
須佐区	直轄	3	江崎、須佐、宇田
馬関区	直轄	1	馬関
合計	13、直轄5	82	

出典：「輸出米検査員一覧（明治廿八年二月一日現在）」（「輸出米検査員一覧表」［農業20-6］）。
注：大島区は未設置。小月区木屋のみ2名。「直轄」は防長米改良組合取締所直轄の地区。

移出検査の広がり　一八九三年の改組を契機として、検査員を配置した検査所が増設されて検査網が広がり、移出検査が浸透していった。まず、実際の検査地点となる検査所数の大幅な増加が確認できる。九四年まで県内の輸出米検査所は、当初設置された馬関・厚狭川岸・清末・瀬戸崎・三田尻・小郡・下松・柳井の八カ所に限られていたが、九五年には急増して六七カ所となった（表3－2）。瀬戸内海側の各郡、および大津郡・阿武郡など日本海側にも設けられた。特に吉敷・厚狭・豊浦の各郡に大幅に増設されたほか、玖珂・熊毛・都濃など瀬戸内海側の各郡における新設が著しい。

検査所数の増加とともに、一八九〇年代半ばからは検査量が拡大していっ

表3－2　各郡市の輸出米検査所数（1888～1898年）

年度	1888	1889	1890	1891	1892	1893	1894	1895	1896	1897	1898
大島											
玖珂		1	1	1	1	1	1	7	7	7	7
熊毛		1	1	1	1	1	1	6	6	6	6
都濃								3	3	3	3
佐波		1	1	1	1	1	1	4	4	4	4
吉敷		1	1	1	1	1	1	10	10	10	10
厚狭		1	1	1	1	1	1	12	12	12	12
豊浦	1	2	2	2	2	2	2	12	12	12	12
美祢								1	1	1	1
大津								8	8	8	8
阿武								3	3	3	3
下関		1	1	1	1	1	1	1	1	1	1
合計	1	8	8	8	8	8	8	67	67	67	67

出典：元防長米同業組合『防長米同業組合史』（1930年）371～381頁。
注：各年度1月現在の数値。

た（表3－3）。検査量は豊凶などによる増減を含みながらも、九〇年前後から毎年順調に増加を続けたが、これを促したのは、防長米の海外需要の拡大であった。山口県産米の海外輸出は活発であり、九〇年代半ばには総検査量の六〇～七五％を占めていたことがわかる。

ところで、検査量の拡大は、基本的には、産地農村における米穀生産の増加と審査の進捗によるものといえる。つまり、粗悪米がそのまま移出検査にかかって不合格となれば、県外移出・海外輸出の増加は阻まれるから、検査数量の増加は、産地農村における「改良米」生産の増加、および審査体制の進展が前提となった。米穀商による再調整には一定の限界があったのである。

例えば玖珂東改良組合では、「悉ク」審査を受けるよう委員・審査員が産地農村の改良組合員に説諭するほか、一八九四年度には隣接農区と「協議」して農区境の「要所」に事務所員を派遣して監視するなど、審査が徹底されるようになった。また、審査の進捗について、「審査ノ成績ニ至リテハ、曩ニ横山村大字川西村ニ輸出米検査所ヲ設置シタル以来、諸般ノ改良事業ニ著シキ好果ヲ得タリ」〈玖珂東94〉と同組合が報告しているように、輸出米検査所の設置が審査徹底の契機となった。審査についてはさらに、次のように「周到」に準備がすすめられた。

> 先是一面隣農区ト協議シ、農区境ノ各要所ニ事務所員ヲ派遣シ販売者ニ向テ直接諭旨ニ当リ、一面委員・審査員ヲシテ収穫米ハ悉ク審査ヲ受ケザルベカラザルノ必要ヲ説カシメ、俵入前審査俵概数ヲ取調ベシタル等準備周到、遂ニ本農区未タ曽テ見ザル所ノ好果ヲ得タリ〈玖珂東94〉

同農区内に輸出米検査所が開設されたため、検査成績が向上するよう審査の徹底が期されたのである。横山村大字川西村に検査所が正式に設置されるのは一八九九年一月のことであるから[25]、この検査所はそれに先立つ、おそらく臨時のものと思われる。しかし、検査の拠点が設置されたため、審査に不備がないよう組合事務員・役員が徹底したところ、審査が進捗し「好果ヲ得」たという報告である。このように、審査と検査は有機的に連繋するものであった。それでは、一八九三年の組織再編により、審査体制とその実績はどう変化したのであろうか。

表3－3　防長米改良組合の移出検査量

（単位：石）

年度	検査数量	防長米の海外輸出量
1888	90,420	
89	216,266	
90	142,135	
91	162,413	
92	162,456	
93	195,263	147,702
94	186,349	113,430
95	223,845	133,948
96	249,556	150,561
97	203,490	
98	139,916	
99	376,396	↑
1900	211,880	平均136,410
01	209,293	↓
02	257,518	
03	219,837	

出典：検査数量は防長米同業組合『防長米同業組合三十年史』（1919年）209～211頁。海外輸出量について、1893～96年は「同業組合設置ノ儀ニ付上申」（「同業組合ニ関スル件」［農業28-1］）、『明治二十八年度分　防長米改良組合取締所報告』21頁、1899～1901年の平均値は前掲『防長米同業組合三十年史』218頁による。

第二節　審査体制の整備と違約処分

1　実施体制

新規約と審査規程

一八九三年の新規約により各防長米改良組合は、審査に合格した産米に上・中・下の三等級を付すことになった。発足当初の改良組合は必ずしも明確な審査規程をもたず、また審査合格米には等級を付さず、審査が不徹底な地域を残していたが（第二章第二節2・第三章第三節1）、九三年九月の新規約により審査に関する規程が明確になった。九三年以降整備され、九〇年代半ばから本格化する審査などの諸事業については、後年次のように述べられている。

〔一八八八年に発足した防長米改良組合の〕創業時代の上半に属する六年間は、諸般の制度未た整頓せす為に一盛一衰成績の見るへきものなかりしも、〔明治〕二十六年〔一八九三〕九月の改革後に於て業務漸く其緒に就き、二十七年は準備期として費し、二十八年より順境の発達を見るに至りたり(26)

各改良組合が採用した規約雛形の「審査法」（第五章）は(27)、審査について次のように定めている。まず、組合員は、収穫後の調整がすむと直ちに所属町村の審査員に申し出て、審査を受けなければならなかった。審査方法を定めた「審査細則」の冒頭には「万不得止事故ナクシテ審査ヲ遅延スルコトヲ許サス」とあり、速やかな受検を義務づけている（細則第一条）。そのうえで細則は、第一に、上米・中米・下米を合格とし（同第二条）、三等級の標準をそれぞれ次のように定めている（同第六条）。

（上米）米質優等ニシテ調整最モ善良ナルモノ
（中米）調整ハ完全ナルモ米種ノ混交又ハ赤青米アルモノ
（下米）調整ハ完全ナルモ砕ケ米及ヒ米種ノ混交甚シキモノ

このように、合格に上・中・下の三等級を定めたことが注目される。それによれば、まず、上・中・下いずれも完全な調整が必要であり、十分な乾燥、四斗の容量、堅固な俵装は不可欠の要件であった。それに加えて重視されたのが米種の斉一性でり、赤米・青米など異種の混交は「中」、砕米や異種の混交が甚だしいものは「下」となった。

この規約雛形にしたがって作成された吉敷南改良組合の「細則」は、次のように、上・中・下三等級の識別法をより具体的に定めている。

（上等米）都・白玉及ヒ之レニ類スル優等ノ米質ニシテ精撰善良ナルモノ
（中等米）中等ノ米質ニシテ精撰善良ナルモノ及ヒ上米ヘ中米ノ混合シタルモノ、幷ニ上米ニシテ青米・赤米ノ稍多キモノ
（下等米）下等ノ米質ニシテ精撰善良ナルモノ及ヒ中米ヘ下米ノ混合シタルモノ、幷ニ中米ニシテ青米・赤米ノ稍多キモノ
（不合格米）濡米・腐敗米・土砂交リ、幷ニ籾・砕ケ米・粃ラ（ママ）等ノ粗悪米交リノモノ、其他精撰不完全ノモノハ総テ不合格トス[28]

やはり上・中・下いずれも「精撰善良」が基本条件であり、「上等米」については白玉・都の二種が指定されている。県外移出米に占める海外輸出向けの割合が高かったため、審査にあたり海外市場に評価が高い大粒種が奨励された。また「上等米」でも「中等米」が混じれば「中等米」に、「中等米」でも「下等米」が混じれば「下等米」と評価された。品質の斉一性が重要であり、一ランク下の米が少しでも混じると、全体の評価を落とすことになった。青米・赤米や砕米の混交も同様である。

第二に、審査基準に組合間格差が生じないように規約が定められた。各組合は雛形をもとに規約を定めたが、特に審査方法については、「殊に審査法……、取締法等は毫末も変更増訂すへからさるものとし委員を設けて起草した」(29)ものであり、この規約雛形にしたがって各組合とも画一的に定められ、任意に改訂できなかった。これは、従来の審査方法が各改良組合ごとに「区々に渉」って統一性がなく、「草創の際止を得さりしものなり」と評されていたのとは対照的であった(30)。

画一的な審査規程の制定は、全県に均質な審査の実現を目的とするものであった。各改良組合間に審査の精粗をなくすことにより、審査が弛緩した地域への粗悪米取引の集中を阻止しようとしたのである。各改良組合はなお、それぞれ固有の領域を有していたが、審査規程の統一は全県に均質な空間を形成する前提となり、同一基準による審査が浸透していく条件が形成されたといえる。

また、審査結果として標印が米俵に捺印されたが、全県を通じて上・中・下の標印が統一された。上・中・下の等級が付された合格米には、一定の標印が押印されることになり、各組合ともに上米は○、中米は□、下米は△の記号を付し、そのなかに、各改良組合固有の記号が捺印されることになった。「審査法」の第十九条は次のように定めている。

第十九条　審査員ニ於テ合格ト認ムルトキハ左ノ標印ヲ俵口ニ押捺スヘシ、……

上米　○　径三寸

中米　□　方二寸五分

下米　△　三寸角

さらに、この標印の中に各組合の符号（表3－4）が表示された。例えば大島東西改良組合では、「上米㋾」、「中米[ヲ]」、「下米[ヲ]」という標印である。この標印は審査を受けた防長米すべてを対象としており、上・中・下をそれぞれ○・□・△の三種の記号で統一し、そのなかの記号により審査を実施した改良組合を示すものであった。各改良組合の独自性はなお残るが、審査基準の統一を前提に、審査ずみの産米は全県統一して○・□・△三種のマークにより、その規格が明示されることになったのである。

表3－4　各防長米改良組合の符号

改良組合	符号	改良組合	符号
大島東西	ヲ	厚狭東	ア東
玖珂東	久東	厚狭西	ア西
玖珂南	久南	豊浦東	ト東
玖珂北	久北	豊浦西	ト西
熊毛南	ク南	美祢東西	み
熊毛北	ク北	大津東	大東
都濃南	ツ南	大津西	大西
都濃北	ツ北	阿武東	阿東
佐波南	サ南	阿武西	阿西
佐波北	サ北	阿武北	阿北
吉敷南	吉南	赤間関	赤
吉敷北	吉北		

出典：〔組合規約雛形〕（「組長会決議書」〔農業16-18〕）。

第三に、審査は県内の全改良組合において、もれなく徹底して実施されるようになった。実際の審査規程の条文は、組合間に若干の相違が生じるようになったが、審査の統一・徹底をすすめる点で一致していた。審査を忌避する未審査米の取締りについて、各改良組合の条文を示したのが表3－5である。審査を厳格に実施し、いずれも審査の忌避や未審査米の取引を徹底的に追及しようとしている。

また県庁は、審査忌避を排除するため、組合員の負担について慎重に配慮している。熊毛北改良組合は一八九四年、組合費の大

表3-5　各防長米改良組合の審査取締りの条文

改良組合	条　文
大島東西	組合員ハ審査標印ヲ受ケタルモノニ非レハ売買授受及組合区外へ搬出スルコトヲ得ス
玖珂東・玖珂南・玖珂北	組合員ハ規約第四章ニ依リ改良法ヲ施シ、審査標印ヲ受ケタルモノニ非レハ売買授受及組合区外へ搬出スルコトヲ得ス
熊毛南	組合員ハ規約第四章第十八条ニ依リ改良法ヲ施シ、審査標印ヲ受ケタルモノニ非ラサレハ左ノ各項ニ該当スル行為ヲナスヲ得ス、一売買ヲ為スコト、二授受ヲナスコト、三組合地区内外ニ運搬ナスコト 小作米ニ限リ其地審査員ノ証明書ヲ受ケ地主ノ居宅ニ於テ他ノ審査員ノ審査ヲ求ムルコトヲ得、但組合地区外へ運搬スル俵米ニハ本条ヲ適用セス、前項ノ場合ニ於テ証明書ヲ所持セサルモノハ規約違犯者トシテ処分ス
熊毛北	組合員ハ規約第四章第十六条・第十七条ニ依リ改良法ヲ施シ、審査標印ヲ受ケタルモノニ非〔ママ〕ラサレハ左ノ各項目該当スル所為ヲ為スコトヲ得ス〔以下、熊毛南に同じ〕小作米ニシテ地主ノ居宅又ハ其地ノ場所へ運送シ、地主ノ立会ヲ求メ米撰俵製ヲ為シ授受セントスルモノハ、其米撰俵製ヲナシタル地ノ審査員ニ申出審査ヲ受クヘシ
都濃東西	組合員ハ規約第四章ニ依リ改良法ヲ施シ、審査標印ヲ受ケタルニ非レハ売買授受及其村外ニ搬出スルコトヲ得ス、但不得止場合ニ於テハ其村委員又ハ審査員ヨリ受査地ヲ指定シタル証明書ヲ携帯スヘシ
佐波東	都濃郡東農区ト同シ
佐波西	玖珂郡東農区ト同シ
佐波南	組合員ハ規約第四章ニ依リ改良法ヲ施シ、第五章ニ依リ審査標印ヲ受ケタルモノニ非レハ売買授受ハ勿論戸外へ搬出スルコトヲ得ス、但該組合内ト雖売買授受ノ目的ヲ以テ運搬スルコトヲ得ス
吉敷南	組合員ハ第四章ニ依リ改良法ヲ施シ、第五章ニ依リ審査標印ヲ受ケタルモノニ非レハ売買授受ハ勿論戸外へ搬出スルコトヲ得ス、但該年十月ヨリ翌年一月迄ノ間ニ於テ組合地区内ハ、耕作者ヨリ地主へ納入スル小作米ハ、地主ノ宅ニ於テ審査ヲ受クルモ妨ナシ
吉敷北	組合員ハ規約第四章ニ依リ改良法ヲ施シ、第五章ニ依リ審査標印ヲ受ケタルモノニ非レハ俵米ヲ売買授受スルコトヲ得サルハ勿論、売買授受ノ目的ヲ以テ之レヲ運搬スルコトヲ得ス、但小作米ニ限リ審査ヲ受クルノ前地主小作人ノ間ニ於テ之レヲ運搬スルハ妨ナシ
厚狭東	組合員ハ此規約ニ依リ改良ヲ施シ審査標印ヲ受ケタルモノニアラサレハ売買授受及其目的ヲ以テ運搬スルコトヲ得ス
厚狭西	組合員ハ規約第四章ニ依リ改良ヲ施シ審査標印ヲ受ケタルモノニ非レハ売買授受及搬出スルコトヲ得ス
豊浦東・豊浦西	玖珂郡東農区ト同シ
美祢東西	組合員ハ規約第四章ニ依リ改良法ヲ施シ、審査標印ヲ受ケタルモノニ非レハ売買授受及搬出スルコトヲ得ス、但シ地主ノ望ニ依リ其村内ノ小作米ニ限リ地主受領ノ際縦縄ヲ添付シ審査ヲ受クルモ妨ナシ
大津東	組合員ハ規約第四章ニ依リ改良法ヲ施シ、第五章ニ依リ審査捺印ヲ受ケタル者ニ非レハ売買授受及運搬スルコトヲ得ス、但シ小作米ニシテ地主ノ面前ニ於テ審査ヲ受クル為運搬スルモノハ此限ニアラス
大津西	玖珂郡東農区ト同シ
阿武東	厚狭郡西農区ト同シ
阿武西	組合員ハ規約第四章ニ依リ改良法ヲ施シ、第五章ニ依リ審査標印ヲ受ケタルモノニ非レハ売買授受及他ノ町村へ搬出スルコトヲ得ス
阿武北	玖珂郡東農区ト同シ
赤間関	玖珂郡東農区ト同シ

出典：『明治二十八年度分　防長米改良組合取締所報告』40～42頁。

部分を「審査俵別」、つまり審査受検俵数に応じて賦課する経費徴収方法に改訂しようとしたが、受検俵数が多くなると経費負担が増加するため、県内務部はこの新方法が審査忌避を促すことを危惧して熊毛郡長に調査を依頼した。これに対し同郡長は同年五月、組合員の「意向」として、地価割・反別割・受検俵数割という賦課方法のうち「審査ノ俵別ニ賦課スルヲ至当」とすると回答している。受検俵数割が公平な賦課方法であり、審査忌避には直結しないとする改良組合の判断について、郡長は次のように報告している。

審査ノ俵別ニ賦課スルトキハ、多数ノ組合員中或ハ自己ノ負担ヲ軽カラシメン為メ、審査ヲ忌避スルモノアラントノ恐レアルモ、規約六章改良取締法ヲ励行ナストキハ右等ノ弊害ナク、却テ組合員ノ負担ヲシテ偏重偏軽ナカラシメ、公平ヲ得、因テ不納者ヲ防キ、併セテ徴収上ノ手数ヲ省略シ得ルノ好方便ナリト云フニアリ(31)

つまり、同改良組合の委員たちは先の新規約第六条により、受検ずみの標印がなければ売買授受や組合地区外への搬出ができず、また違反には違約金が課されるから、規程の「励行」によって審査の忌避を排除できると判断していた。このように、最終的には規程の「励行」、すなわち違約処分の断行を示唆していたのである。

しかし、この報告を受けた県庁の判断は慎重であった。すなわち、県内務部長は熊毛郡長に対し、受検数量に応じた賦課は「公平ナル賦課法」であるが、新規約成立後まもなく「未タ組合ノ基礎鞏固ナラサル処ニ斯ノ如キ方法ヲ用ヒ強テ励行スルハ、却テ組合ノ効力ヲ減殺スルニアラザルカ、聊懸念」と判断して即断をさけ、「一層御注意」を促したうえで、はじめてそれを認可した(32)。このように県庁は、受検俵数割の公正さを認めながらも、審査忌避が広がることを極力避けるため、その実施には、なおきわめて慎重な姿勢をとっていたのである。

審査員の能力

産地農村における審査の実施にあたり、最も重視されたのが公正さであった。「審査細則」は、「審査ハ正直ヲ基トシ、受検者ノ意ヲ充タシムル様注意シ、苟モ威権《ママ》ケ間敷行ヒアルヘカラス」（第四条）と、受検者が納得できるよう審査は「正直」を旨とし、公正に行われなければならないと定めている。この点に関しては、規約にも、「審査員ハ審査ヲ請フモノアルトキハ、愛憎私偏ノ情ナク、別ニ定ムル審査細則ニ基キ正実《ママ》ニ審査スヘシ」とうたわれており、私情を排し規則にしたがって公正に審査することが定められている。合否の基準や上・中・下三等級の基準は必ずしも客観化されていなかったから、評価をめぐり審査員と受検者との間に紛争が生じることが予想された。したがって、審査員には公正さがまず最初に求められたのである。

また、審査の公正を期するためには、規則が定める「一定」の評価能力を有する審査員が必要となった。審査にあたる審査員については、

> 創業時代の上半に於ては、組合員の互選に係る毎村数名乃至十数名の委員をして産米検査を執行せしめたるも、同時代の後半に至りては委員と審査員を区別し、甲は乙の上位に在りて毎村の組合事務を分担し、乙は専ら検査を担当する事となり(33)

と述べられているように、一八九三年の改組を契機に委員と審査員を分離し、各組合の委員のもとに専門の審査員がおかれることになった(34)。審査員の資質を高め、かつその監督を強化するために、審査員数の削減を検討する組合もあった。都濃東改良組合の委員会は同組合の審査事業について、「各村ニ於ケル審査ノ事業ヲ一定ニスルヲ要スルヲ以テ、監督上可成現今ノ審査員数ヲ減少スルノ方針ヲ取リタシ(35)」と協議している。

さらに同組合は、「審査ヲ一定」にするため傘下の町村に「見本米」を「収集陳列」した(36)。公正な審査を実現する

基準として見本米を公開・展示し、客観的に評価しようとしたのである。また、審査を客観化し、手順を画一化するため具体的な審査方法を整備していった。すなわち、厚狭西改良組合の審査員が次のように決議し、審査手順を定めて成文化したように、一部の改良組合は公正な審査を実現するため、その手順が一定になるよう規則を定めて公開したのである。

第一条　審査ハ毎村ニ審査区ヲ別チ、組長ノ意見ニ拠リ審査員ヲ随時交代スヘシ
第二条　毎年最初ノ審査ハ上俵縦縄及結縄ノ各寸法ヲ検シ、尚ホ壱俵若シクハ弐俵必ス解俵シ、米撰及中俵ノ正否ヲ審視スヘシ
第三条　前条ノ解俵ヲ拒ミ又ハ再審ニ係ルモノ、事実明瞭ナラサルモノハ、其旨組長へ急報シ出張ヲ待ツヘシ
第四条　毎年二回若シクハ三回事務ノ打合セヲナシ、其集会ノ時日・場所ハ三日前ニ組長より通知スヘシ、但シ出席者ハ審査日計簿ヲ携帯スヘシ(37)

このように、審査は村を単位として実施され、公正を期すため審査員は随時交代した。俵装については毎年最初の審査において一〜二俵を解俵して内容物と中俵をチェックした。また、問題が生じた場合には、組長の出張を求めるなどの手続きが定められた。

さらに、審査にあたり各改良組合は、事前にその方法を確認するなど審査員に対する指導を徹底した。例えば、玖珂東改良組合では審査員を招集し、組長のほか各町村の委員・書記が出席して、組合規約にある俵装方法などの「注意条項」を「評議」するほか、取締りを「厳重」にすること、品評会に出品を促すこと、組合員の「標準」となるような「米撰俵製」を実践する「功労」の事例を組長に報告すること、などを協議している〈玖珂東96〉。

また熊毛北改良組合は、市場の声価を高めるためには「各村一定」の審査が必要であるとして、審査員全員を「一同ニ」招集して協議会を開催した。県庁係官や取締所副所長の「巡視」の際にも、各村の委員・審査員が集まって「協議打合」をしている〈熊毛北95〉。佐波南改良組合も、熊毛郡と同様に「審査員会議」を開催して、審査方法を「一定ナラシムル打合セ」を行った〈佐波南94〉。さらに吉敷南改良組合も、審査実施前に審査員の「総集会」を開催し、細則を励行し「遺憾」なく審査を実施するよう打合せている〈吉敷南97〉。

厚狭西改良組合はさらに徹底し、審査ずみ米俵の封印に村名を記して審査員が特定できるようにしたところ、「審査ノ正否」が直ちに判明するようになり、審査員が「私情ヲナサヾルノ一途」となったという。また同組合は、これまで審査員代表人会を組合全体で開催していたが、二区に分けて開催したところ「著キ好結果」を収めたと報告している〈厚狭西95〉。

また美祢東西改良組合は一八九五年度に、審査の「一定ノ方法」や「心得」を審査員に協議させ〈美祢東西95・96〉、その翌年には都濃郡のように、審査員の人数を前年度より削減して「充分人撰任用」し厳選するようにした。大津東改良組合・同西改良組合も同様に審査員を集めて、審査方法について協議している〈大津東95・大津西95〉。

このように、ほとんどすべての改良組合において、審査の実施にあたり審査員の指導が繰り返され、公正な審査の実現が期されたのである。

2　試験田の設立

設置と事業

新規約の制定を機に改良組合は、「改良米」生産の模範の実践と試験研究を目的に試験田を設置・経営し、米穀検査にとどまらず生産過程にも事業を広げていった。審査制度を確立しその実践を徹底するには、収穫後の検査だけでなく、「米作の改善は之を実際的試験の結果に俟たざれば其徹底を期し能はざる」とのちに評されているように(38)、生産過程における技術指導・普及が要請されたのである。

一八八〇年代～九〇年代には各府県において、郡農会、およびその上部に県農会が組織され、地域レベルの勧業政策が農会組織とともに展開した。さらに、府県立の農事試験場が設置され、郡レベルにも支場がおかれるなど試験研究機関も整備される(39)。山口県では農会の設立が遅れ、この時期には、改良組合が農事改良を担当することになった。各改良組合が実施する審査や、検査所による移出検査は、収穫後の調整や流通過程を対象としたが、九六年からは試験田の経営がはじまり、技術改良など生産過程にも事業が広がった。ここでは九六年の設置から、九八年の改組による同業組合への移管前後の時期を対象として、試験田の事業について検討する。

ところで、試験田が設置された一八九六年には、吉敷郡大内村に県立の農事試験場が設立されている。その業務は、①米作に関する試験、②麦作など裏作に関する試験、③改良組合の「試験田指針」の指示および試験の監督、および④巡回講話であった。また、県農事試験場の「事務章程」にも、業務として諸試験の設計、巡回講話などに加えて、改良組合の試験田に出張し監督することが定められている(40)。他府県の農事試験場と同様の業務であるが、下部機関は郡農事試験場ではなく各改良組合が経営する試験田であった。すなわち、県レベルから農区レベルにいたる試験場の連携がはかられ、県農事試験場の諸試験が、各改良組合の試験田によって実地応用されることになったのである。一般に、府県の農事試験場は郡レベルの支場や、郡農会などによる試験場を指導したが、山口県の場合は改良組合が経営する試験田がその機能を果たすことになった。

一八九六年に試験田を設置したのは、玖珂南・熊毛南・熊毛北・都濃西・佐波南・吉敷南・厚狭東・厚狭西・豊浦東・大津西・美祢東西・阿武東・阿武北の一三改良組合である(41)（表3－6）。それぞれ数反の試験地を有し、各改良組合の経費により運営された。また、県庁からは経費の三～四割程度が補助されている。県庁の勧業政策を農区レベルで分担する組織として、各改良組合の試験田には公共的な性格が与えられ、経費の一部が補助されたのである。また

表3-6　試験田の設置と経費

改良組合	設置場所	反別（反）	経費（円）	地方税補助（円）
玖珂南	伊陸村	2.7	206.2	70.8
熊毛南	平生村	5.0	162.6	76.0
熊毛北	周防村大字立野村	4.0	243.8	76.0
都濃西	富田村	2.1	246.0	68.0
佐波南	華城村大字仁井令村	3.7	239.5	74.4
吉敷南	小郡村	2.4	156.5	69.2
厚狭東	船木村	3.2	201.0	72.4
厚狭西	厚西村大字郡村	3.0	143.8	72.0
豊浦東	豊東村大字田部村	3.8	178.3	74.8
大津西	菱海村大字新別名村	4.5	192.0	76.0
美祢東西	大田村	3.3	207.0	72.8
阿武東	高俊村村大字高佐下村	3.8	197.8	75.2
阿武北	弥富村大字弥富下村	3.4	186.2	73.6
合計		44.9	2,560.8	951.2

出典：『明治二十八年度分　防長米改良組合取締所報告』34～35頁。

各改良組合を指導する取締所は県庁に対し、試験田の設置経費としてさらに補助の増額を要求している。取締所所長吉富簡一は一八九六年七月、県知事大浦兼武に対し、すでにみたような補助額の倍増を要請したが（前節1）、その理由として次の点を強調している(42)。

……殊ニ県立ノ米作試験田ヲ新設スルト同時ニ県下十三ケ組合ニ命シテ試作田ヲ設立セシメ其試作ヲ促スト共ニ、其場長等ヲ派出セシメテ農作改良上ノ講話等ヲ為サシムルガ如キハ最其当ヲ得タルモノニシテ、是ヨリ益斯業ノ根本的ニ改善ノ結果ヲ奏センコト期シテ待ツベキ耳、我取締所亦其感ヲ一ニシ旧臘以来役員ヲ派出シ各農区ニ就キ実況ヲ視察シ、……規約ヲ励行セント欲スルニ早ク既ニ経費ノ不足ヲ生スルノ感アリ、加之ニ農作試験及集談会等最繁劇ニシテ最重要ナル一大事業ヲ以テシ益其職責ヲ重カラシメント欲ス、然ルニ之レガ機関ヲ運転スル原料タル経費ハ（仮令幾分農作試験補助費アルモ）、偏ニ其組合予算ヲ増加シ会議ノ議決ヲ経テ之ヲ組合員ヨリ徴収セシムルノ一途ニ之レ需メントス

すなわち、吉富は知事に対し、日清戦後の経済事業として米穀検査が注目されているが、改良組合は試験田を経営して農事改良をすすめ、また農談会・講話なども実施しているとし、その運営に要する経費は予算を増額し組合費か

ら支弁すると述べている。ただしこの要請は、すでにみたように、組合員の負担増を危惧し、代わって県勧業政策の一端を担う改良組合に対し補助額の大幅な増額を求めるものであった。

次に、改良組合が経営する試験田の事業について、厚狭西改良組合試験田による一八九六年度の事業報告[43]によって検討しよう。この報告書は、①「苗代記事」、②「本田記事」（a稲作種類試験、b肥料試験、c株数本数試験、d撰種試験）、③「試験ニ於ケル螟虫発生ノ状況」、の各試験結果により構成されている。

まず、①苗代記事は「撰種」、「浸種」、「整地及施肥」、「播種」、「下種後ノ手入」、「播種後生育ノ景況」、および「蛆蛾誘殺及ヒ卵塊摘除」の七項からなる。続く②本田記事には、まず、a「稲作種類試験」として「本田ノ整地及ヒ移植」、「施肥量設計用量」、「苗ノ株数本数」、「除草（一番〜五番）」などの事項が並び、七品種を比較して収量・品質の優劣を検討している。続くb「肥料試験」は五種の肥料を比較したもので、大豆粕・焼酎粕・油粕・鰊粕・干鰯の順に収量が多くなるとし、また大豆粕価格が焼酎粕・鰊粕より「尚ホ割合廉価」にあるため、その施用が「得策」であるとする。c「株数本数試験」は挿秧の株間距離、苗の本数と収穫量との関係を調査したもので、当年（一八九六年）の雨天がちの気候には株数本数が多い方が「適当」であるという。d「撰種試験」は「唐箕撰種」と「塩水撰種」の二方法を比較したもので、「唐箕撰ノ方収量多シ」という結果が出ているが、その差は僅少であるとする。③の「害虫」は、七種の品種および五種の肥料ごとに害虫の被害量を調べたものであるが、その結果についての評価はない。

このように、①〜③の試験結果は苗代栽培、撰種・施肥・品種などの優劣比較、害虫発生と被害の状況をまとめたものである。ただし、調査事項の多くは「後年ノ結果ヲ重ネテ確定スル処アルベシ」と付記されており、まだ不十分なものとみなされている。その報告内容や形式は、一般に農事試験場が実施する試験成績の報告書と同様であり、試験結果と農法改良の具体的方法を指摘するものであった。すなわち、試験田の業務は、まず、県農事試験場の下部機関として、郡や農区のレベルで、実地に試験研究を行うことであった。

この報告書のなかで注目すべき部分は、「本田記事」のうち「稲作種類試験」の「目的」の部分であり、試験対象を七品種（栄吾・白玉・小倉坊主・三国・今長者・雄町・白藤）に限定した理由を、

当試験田ニ行ヒタル目的ハ、主ニ輸出ニ適スル良種ヲ撰定スルニアルヲ以テ、従来防長米トシテ声価アル都・白玉ノ如キモノト相並ビ得べキ大粒種ニ就キ比較スルニ至リテ、左ノ七種ニ付試験セリ(44)

と述べているところである。輸出に適した品種として試験対象となったこの七種は、いずれも海外輸出向けの大粒種であった。すでにみたように、一八九三～九六年の移出検査量に占める海外輸出量の割合は六～七割に達していた（表3－3）。各改良組合は、大粒種の改良とその普及を目的として、海外需要の動向をさぐりながら、有力品種の改良・普及を各改良組合の試験田において研究していたのである。このように試験田は、県農事試験場の下部機関として実地の試験研究を行うとともに、防長米改良組合（のちに同業組合）の事業に即した試験研究も実施していたことが確認できる。

技術員の配置と技術普及

試験田には技術員が配置された。開設当初の一八九六年には一三の改良組合に試験田技手がおかれている(45)。九八年に同業組合支部が選んだ一五名についてみると、県立農学校、同簡易農学校の卒業者が多い（表3－7）。簡易農学校は九五年の県令「簡易農学校規則」によるもので、改良組合との関係が深かった。取締所は改良組合や支部に入学生徒の推薦を依頼し学資の一部を補助したのである(46)。

例えば、大津東改良組合は一八九七年度から、試験田担当者として簡易農学校の卒業者一名を採用したが、それは「組合費用ヲ補充シテ……入学セシメタル」生徒であった〈大津東96〉。また、阿武北改良組合も九五年度から「隔年ニ一名宛」、組合から生徒を簡易農学校へ「推薦入学」させる計画をたてたが、九六年度からは毎年一名に増やし、「常

表3－7　1898年に着任した試験田技手の略歴

	支部	略　　歴
A	豊浦東	製紙・養蚕も修業、害虫駆除予防委員、小学校雇
B	熊毛北	県簡易農学校卒、熊毛郡蚕糸業組合書記、村勧業委員、防長米改良組合熊毛郡北農区試験田臨時担任者
C	吉敷南	県農学校卒、福岡・熊本・大分県下で県庁・郡役所・老農のもとで農事調査、吉敷南試験田補助員、試験田担任者
D	玖珂南	農学校卒、試験田担任者
E	玖珂南	簡易農学校卒、試験田担任者
F	阿武	県農学校卒、阿武郡西農区農事講習会、県農事試験場で実地指導、試験田担任者
G	玖珂北	県簡易農学校卒、試験田担任、品評会に褒賞多数
H	大津東	三隅村養生塾（漢学）、県簡易農学校卒、試験田担任者
I	大津西	県農学校卒、日置高等小学校雇
J	美祢西	県簡易農学校卒、試験田担任者
K	美祢東	寺で漢学を学ぶ、県簡易農学校卒、農学士池田銀次郎に英学を学ぶ、試験田担任者
L	熊毛南	漢学修養、県農学校卒、県内務部第五課傭、熊毛郡南農区防長米改良組合試験田事務担任
M	大島	県簡易農学校卒、都濃郡役所勧業課傭、自家で酪農に従事
N	豊浦西	県簡易農学校卒、豊浦郡西農区防長米改良組合試験田事務担任
O	厚狭	県簡易農学校卒、防長米改良組合厚狭郡高千帆村審査員、厚狭郡西農区防長米改良組合試験田担任者助手

出典：「組合試験田技手認可願」（[農業28－50～52、54、56～58]）。

ニ二名ノ生徒ヲ置ク事」とした。同組合は、年額一名あたり八円の学費を「補給」している〈阿武北96〉。

試験田技手はその協議会において実務の講習を受けた。一八九九年一月には、県農事試験場に試験田技手の協議会が開かれ夏作試験の設計が検討された。同会での議決事項は、①試験田成績を当業者に普及させる、②試験田の参観人を増やす、③共同苗代の設置を勧誘する、④種子選択・苗代など稲作改良事項を奨励する、⑤試験田のほか種子田を設けて「善良ノ種子」を普及させる、⑥「町村試験田」の試験設計は技手が承認した方法による、⑦技手が「町村試験田」の「技術上ニ就」いて管理する、という七項目である(47)。

さらに協議会は、この①～⑦について、それぞれ具体的な実施事項を「決議」している。すなわち、①については毎年春秋二回、定期・臨時の「巡回講話」を実施して普及を「徹底」する、②については技手が「執務時間ノ許ス限リ」参観人に対して「反覆丁寧ニ説示」し、試験田には便宜のため「標杭」を立てて事務所の位置と技手の名前を公示し、また「可成多数ノ当業者ヲ誘導参観」するよう町村長に依頼する、③については共同苗代の利益を説いて「勧誘」する、とそれぞれ定めている。また④については、次のように、生産者を集めて、町村（行政村）を単位に「実地」に改良事項を徹底し普及させるという方法を指示した。

試験田技手ハ農家ニ於ケル種子ノ撰択、苗代其他農作上改良ヲ要スル重ナルモノニ付、秧期節ニ毎町村へ出張シ組合員ヲ招集シ実地ニ就キ其方法ヲ説示スルコト

⑤については、試験田に「種子用ノ田地」も設けて採種し、それを配付することが「最必要」としている。また⑥からは、町村にも試験田がおかれることがあり、試験田技手が試験の管理を担当していたことがわかる。⑦については、協議により試験田技手が一作につき三回ずつ町村の試験田を「周回管理」するよう定めている。

このように、いずれも種子の選種、苗の栽培、田植え後の諸作業などについての具体的指示であり、町村レベルにまでおりて、生産者を集めて実地に直接指導するという方法が採用された。さらに、試験田は町村にも設置されて、県－改良組合・支部－町村という技術指導の圃場が段階的に整えられた。また試験田に採用された技手の多くは、組合の負担により簡易農学校を卒業した当該改良組合・支部の出身者たちであった。

町村の試験田は、各改良組合による改良技術普及の末端に位置していた。それぞれ具体的に事業の展開をみると、まず大島東西改良組合では一八九八年度から町村試験田の設置がすすみ、「米質」の改良に寄与することが期待された。

> 之ノ村試験田并ニ其他ノ有志者ニ精撰シタル種ヲ配附セリ、斯ク総テノ事互ニ気脈ヲ通シ相提携シテ事ヲ為サハ、米質ヲ改良シ斯業ノ発達数年ヲ出テスシテ大ニ見ルベキモノアラン〈大島東西97〉

また玖珂南改良組合は一八九六年度から同組合区域に試験田を設置し、「良果ヲ表シ米作上改善ノ実ヲ示」していた〈玖珂南96〉。さらに、「試験田ノ教諭ヲ受ケントスル有志」が多く「輩出」したため、試験田がある伊陸村に「本組合及担当者等」を招致して、「以テ意見ヲ聞キ及其方法ヲ議了」したと報告している。農事改良を目的として農談会のような集会が開かれていたのである。玖珂東改良組合も九七年に試験田を設置し、県農事試験場の指導により稲作・麦作の「試験設計」、「苗代景況」、「挿秧景況」、「開花前発育景況」、「浮塵子被害景況」、「成熟景況」、「裏作仕付景況」、「稲作試験成績」などの諸事項について知事に報告した。また県農事試験場技手や組長が視察に訪れ、農区内の「各地試作場等」を巡回している。おそらく、「各地」におかれた「試作場」とは町村の試験田であり、きめの細かい技術指導が展開したといえよう〈玖珂東97〉。

次にみる阿武北改良組合の報告も同様である。同改良組合は、県農事試験場の指揮監督のもとに試験田を経営するほか、農事試験場から講師をまねいて農事講習所を開き、講習や品評会・農談会などを実施して技術の改良・普及を試みた。また試験田の担当者は農区内を巡回して技術の普及につとめた。同郡弥富村には村レベルにおかれた試験田の存在も確認できる。こうした事業は、他府県では一般に県農会や郡農会が実施したが、山口県ではこの時期、次のように各改良組合が担当したのである。

> 明治廿九年〔一八九六〕四月ヨリ農区内弥富村ニ米作試験田ヲ設置シ、試験担当者ヲ傭入レ本県農事試験場ノ指揮監督ヲ受ケ、往キ五ヶ年間事業ヲ継続執行スルコトトナセリ、又普通農理ヲ講究センカ為メ、明治廿九年九月十三日ヨリ弐週

間ノ期間ヲ以テ農区内須佐村ニ農事講習所ヲ開設シ、本県農事試験場長ノ出張教授ヲ受ケタリ、而シテ其生徒ハ将来本農区内ニ在リテハ永ク農業ニ従事スヘキ見込アルモノ、四拾五人ヲ区内六ヶ村ヨリ撰抜入所セシメシモ、其講習ヲ終了シ証書ヲ受ケタルモノ四十人ナリ

明治廿九年十弐月十五日ヨリ三日間、区内須佐村ニ於テ組合員カ自作ニ係ル産米ノ品評会ヲ開キ、其審査員ハ各村一名宛出品者ヨリ撰挙セシメタリ、而シテ出品ヲナシタルモノ四百一名ニシテ、内比較的優等ノ者六十六人エ〔ママ〕対シ本郡長ヨリ褒賞ヲ授与セラレ、尚組合費ヲ以テ一等ヨリ三等迄賞品ヲ供与シタリ

……

其他本県農事試験場長或ハ掛員ノ出張ヲ請求シ、農区各村ニ於テ農談会ヲ開ク事五回、時機ヲ見計ヒ試験田担当者ヲシテ区内ヲ順回セシメ、試験ノ設計及農事上須要ノ談話ヲナサシメシ事弐回、……〈阿武北96〉

そのほか、佐波南改良組合は試験田設置の準備段階である一八九五年度に、参観の便宜のため試験田への「往還」を整備したと報告している〈佐波南95〉。また同組合は翌年度から、試験田のほか「農事講習会」を開催して受講者に「組合員ヲ誘導」させ「一層改良ノ実ヲ揚」げるほか、俵装の改良を「同一」にするため、「俵製図」とその解説書を各戸に配付し、個々の生産者の理解を助け技術の普及につとめた〈佐波南96〉。

このように各改良組合は、農事試験場や農会が実施する技術改良・普及の事業を代わって実施して勧業政策の一端を担い、公共的な事業に着手しはじめた。それらの事業は、改良組合が目的とする「改良米」生産の普及と審査成績の向上を促す機能を果たし、一八九八年以降は防長米同業組合に引きつがれていく〈第五章〉。

3　審査の実施

審査の主体　取締所は一八九五年二月に「防長米改良組合取締所規約」を改訂し、各改良組合に対する監視を強化した。また同年度後半に取締所は「大ニ本所ノ規模ヲ革新シ従来ノ方針ヲ更強(48)」し、各改良組合に対する指導を強化するため、同年一〇月に山口町に招集された第二回組長会において、次の二項目を「議定」した。すなわち、

①改良取締法……毎年秋期審査員集会開設ノ事、審査事業取締ノ事、搬送米見張所設置ノ事、組合員招集説術ノ事、賞罰ヲ励行スル事等

②審査法改定案……審査員撰任法、古俵再用取締法、審査細則改訂法等(49)

の二点である。審査を徹底するため組合員を「説諭」し、審査員の集会を開き、搬出米を監視する「見張所」を設置するほか、審査規則を整備することを取り決めたものである。また、各改良組合の規約によれば、審査は「委員」の監督のもとに審査員が実施した。

すなわち、まず、規約第三章「組合監督」を「組合事務監督及組合員取締」と改め、改良組合や組合員に対する「監督」・「取締」を強化している。さらに、従来の取締所規約は審査それ自体については必ずしも規定していなかったが、新たに次の四カ条を追加して審査方法を具体的に定め、その徹底を期した。

第三十三条　各組合員ハ自他農区ヲ問ハス、其産地ノ組合規約ニ違背シタル米穀ヲ売買授受スルコトヲ得ス

第三十四条　各組合員ハ其産米ノ自他農区ヲ問ハス、審査済ノ俵米ヲ猥リニ解俵シ又ハ他ノ米穀ト混交シテ再ヒ

之レヲ俵製シ売買授受スルコトヲ得ス

第三十五条　各組合員ニ於テ各農区組合ニ定ムル審査標印又ハ輸出米検査証印・同特別徽票等ノ偽印ヲ使用シ、若クハ類似模形ヲ俵面ニ押捺シタル者ハ弐円以下ノ違約金ヲ徴収ス　……

第三十六条　各組合員ニシテ自家ノ徽票ヲ定メ俵面ニ附記押捺セントスルモノハ、予メ管轄組長ヲ経テ本所ノ承認ヲ受クヘシ、……(50)

第三三条は、改良組合規約の「改良法」を遵守しない産米の取引を禁じたもので、従前どおりの規定である。第三四条は、審査ずみ米俵の解俵を禁じている。すでにみたような、審査ずみの米俵を解俵して再調整する米穀商の行為を禁止したものである。第三五条は審査ずみ標印に偽印の使用を禁止したもので罰則を定めている。第三六条は私製の標印を許可制としたものである。これらの四カ条は、違反行為が多発したため、審査を徹底するために追加されたものといえる。また、第三三条・三四条など「自他農区」を問わない禁止は、移出港の移出米問屋と取引する産地仲買らが、所属組合外の他組合区域に出張し、当該区域の組合規約に違反して取引することを想定したもので、全県を通じて各改良組合領域内の審査を徹底するため、例外なく違反行為を禁止し、同一の罰則を適用しようとしたものである。当該改良組合の領域には、違反者の所属組合にかかわらず、属地主義的に均しく罰則を適用しようとしたものである(51)。こうして、規約が徹底され、もれのない審査体制が目指されたのである。

これらの規程は、審査の徹底を通じて、産米の規格化・標準化の主導権を産地農村側が把握しようとするものであった。審査が十分機能しなかった時期には、移出港の米穀商たちが独自に解俵して再調整を施し、上・中・下の三等級を付すなどして移出検査を受検していた（第一章・第二章）。安価に購入した粗悪米を、兵庫市場などとの取引に適するよう再調整し移出検査に合格させることによって生じた利益は、移出港の米穀商が手中にしたといえる。しかし、

第三四条が審査後の解俵を禁じているように、各改良組合は自らが実施する審査を徹底して、米穀商が産地農村における調整過程に介入するのを排除するようになった。

すなわち、例えば厚狭西改良組合は、米穀商を審査員から除くよう規約改正を県庁に要請したが、その理由を次のように述べている。

規約第二十八条三項ヘ米商者ヲ除クト挿入シタルハ、審査員ニシテ米商ヲ営ムトキハ不改良米ヲ買得シ自己ニ審査ヲナス等ノ憂不少、依テ取締上ニ差支ヲ来セリ(52)

つまり、米穀商が産地農村の審査に加わると、粗悪米を買い入れようとして恣意的に審査するおそれがあったからである。安価に仕入れた粗悪米を自ら審査して合格させるという米穀商の行動をうかがわせる指摘である。したがって、厚狭西改良組合のこの要請は、改良組合が審査を主導しその徹底をはかるため、米穀商が審査員となることを禁じ、審査を形骸化するような「不改良米」の取引を排除することを目的とするものであった。しかし、県庁は「米商者ニ限リ特ニ規約ヲ以テ其資格ヲ剥奪スルハ不穏当」としてこれを認可しなかった(53)。このように、審査が本格化すると、その主導権をめぐり、米穀商の介入を阻もうとする産地農村の改良組合側と、独自に調整しようとする米穀商との対抗が生じたのである。

警察の取締り　一八九五年からは、審査を徹底するため警察の取締りが本格化することになった。防長米改良組合の第二回組長会は同年一〇月、規約励行のため知事に対し警察の「保護」を請願した(54)。請願書によれば、九三年から「規約履行」がはかられるようになったが、組合地域が「広闊」であり、組合員数も多数であったため、それは緩やかに「漸ヲ以テ」すすんだという。しかし「緩慢」にまかせては事業は進捗しないため、九五年から各組合は「連通一致」して「規約ヲ励行」し、「事業ノ成功ヲ期スル」ことを決定した。この請願は、その方法として取締所の権限拡張と監督取締りの強化、組合役員の説諭と違約処分による「矯正」をあげているが、さらに次のように、警察に「保護」を要請したことが注目される。

　此際御庁ニ於テハ一層組合事業ヲ保護被成下、今般我等協議ノ方針速ニ完成候様御幇助相願度、殊ニ各郡役所及町村駐在警察官ニ於テ可及限ノ保護ヲ請ヒ、普ク規約遵行候様組合員へ注意ヲ加ヘラレ、自然違背者アルヲ発見ノ節ハ組長又ハ委員等当局者へ報告相仰キ度希望ニ不耐候、何卒前陳ノ事情御洞察、願旨御採容被成下度、此段以連署奉願候也

つまり、警察官が組合員に「注意」し、違反者を「報告」すること、審査が実施される町村や米俵が運搬される要所において、警察官が監視し摘発することを求めたのである。

知事大浦兼武は一八九五年一一月、防長米改良組合の請願に対し、「防長米ノ品位ヲ高メ地方ノ福利ヲ増進スル上ニ於テ必要ナ事項」として組合事業の公共的な意義を認め、警部長に、「該規約違犯者注意方相当ノ手続ヲ定メ」て警察官に訓示するように命じた。[55] これを受けた警部長は同月、県下の警察署・警察分署に次ように訓示し、具体的な取締方法を指示している。

　防長米改良組合規約違犯者注意方之儀ニ付、……該組合規約励行ノ実ヲ挙ケントスルニハ、当事者ニ於テ勧誘奨励スルハ素ヨリ其任ニ有之候、然ルニ警察官吏タルモノモ亦苟モ規約違犯者ヲ予防スルハ至当ノ事ト存候、就テハ右組合規約ニ拠リ検査ヲ経タルモノハ揮〔運〕テ其証印ヲ押捺シアル筈ニ付、署員ハ勿論駐在巡査左項ニ拠リ厳密注

意視察ヲ加ヘラルベシ

第一　各港湾及船舶定繋場津々浦々等ニ於テ、明治廿一（一八八八）年県令第七十号輸出米検査規則第四条・第五条ニ違背ノ者ナキヤ否

第二　途中ニ於テ米俵ヲ運搬スルモノアルヲ認メタルトキハ、防長米審査員ニ於テ押捺シタル審査標印ノ有無

第三　前二項ニ違背シタル米俵ヲ発見シタルトキハ速ニ所属署長ニ報告シ、其報告ヲ受ケタル署長ハ之ヲ郡市長ニ通知スベシ

第四　前項ノ場合ニ於テハ、最寄ノ輸出米検査所又ハ防長米改良組合組長等ニ対シテ便宜注告スルヲ要ス[56]

この四項目の取締方法は、移出検査および審査の徹底をはかるため、取締りの要点を指示したものである。その第一にある、輸出米検査規則第四条・第五条とは、県外移出の産米は県外産も含めて、輸出米検査を受検して標印を受けることを定めた条項である。また、第二の審査標印の有無とは、各改良組合の審査受検の有無のことである。いずれも、両検査の受検を確認し、違反を発見した場合には警察署長に報告し、署長は郡長・市長に通知し、また輸出米検査所および組長へ通告するという手続きを定めたものである。

ところで、警察官による取締りの主な対象は、産地農村において広範に実施される審査をめぐる規約違反であった。県内務部は同年一二月、次のように取締所に指示し、審査忌避を注意深く取り締まるよう再度指示している。事前に規約の文言、審査にあたる審査員の氏名などを警察署に周知し、警察官と改良組合役員が連繋して取締りの強化にあたったのである。

各地警察官又ハ郡市役所吏員巡回等ノ際、無審査米等ノ搬出ヲ認メタル場合ニ於テハ、郡市長ヲ経テ組合役員ヘ

生産量・審査量

(1,000石、%)

1900			1901			1902			1903		
生産量	審査量		生産量	審査量		生産量	審査量		生産量	審査量	
32	11	33.7	38	12	31.1	34	11	30.8	38	11	29.9
116	67	57.9	131	72	55.2	120	61	50.6	124	69	55.3
76	48	63.6	77	42	54.8	68	40	58.9	78	42	53.9
77	45	59.0	93	50	53.8	85	50	58.6	93	48	51.7
99	61	61.6	106	67	63.3	102	67	65.7	103	68	66.5
159	126	79.3	176	134	76.4	173	138	79.7	178	136	76.2
122	80	65.5	128	67	52.1	134	71	52.5	146	71	48.6
136	70	51.7	168	78	46.5	146	73	49.6	173	81	47.1
81	46	56.4	87	50	57.7	74	46	62.3	80	47	58.8
72	46	63.5	78	45	58.0	68	42	61.7	79	47	59.5
91	49	53.7	108	53	49.1	98	41	42.4	124	49	39.4
1	0	1.0	1	0	0.0	1	0	2.1	1	0	0.0
1,064	651	61.2	1,190	671	56.4	1,102	638	57.9	1,216	669	55.0

(各年度、表4-12参照)。

通告スヘキ筈ニ有之、又警官ヨリハ便宜組合役員ニ直接通報スルコトモ可有之候、就テハ取締所規約及ヒ各組合規約書ヲ各地警察署及分署ヘ凡ソ町村数ニ応シ差出、又審査員氏名等モ届出置候様各組合ヘ御伝示相成度、此段申進候也[57]

また警察官は、審査にあたる審査員とは別に、独自の判断にもとづいて取り締まる場合もあった。赤間関警察署管内の豊浦郡において一八九五年一一月、未審査の米七俵を赤間関市に運搬するのを発見した警察官は、その処分を審査員に促したが、審査員は処分を「嫌厭」したため自ら取締所へ通知している[58]。

このように一八九〇年代半ばから、規約励行に警察官が動員されることになった。県庁は行政と警察の二面から、産地農村の末端にいたるまで規約を強力に励行する監視・取締りの体制を作り上げたのである。

4　審査の徹底

一八九〇年代半ばに再編された産地農村の審査体制によっ

表3-8　各郡の米穀

年度／郡市	1895			1898			1899		
	生産量	審査量		生産量	審査量		生産量	審査量	
大島	30	9	30.3	44	12	27.5	32	11	33.3
玖珂	118	41	35.0	154	80	51.9	129	76	59.0
熊毛	83	28	34.2	100	52	52.0	85	60	70.0
都濃	89	40	44.2	112	57	50.7	96	51	53.1
佐波	92	53	58.1	115	62	53.8	104	66	63.4
吉敷	164	116	71.0	198	154	77.6	186	148	79.5
厚狭	129	77	60.2	152	76	49.8	142	80	56.2
豊浦	137	61	44.9	177	81	45.7	161	94	58.4
美祢	81	26	32.5	90	50	55.6	92	58	63.5
大津	70	30	42.2	81	62	77.2	81	63	77.6
阿武	103	31	30.3	136	41	29.8	132	80	60.9
下関	1	0	6.0	1	0	0.0	1	0	17.2
合計	1,097	514	46.9	1,361	727	53.4	1,242	787	63.4

出典：『明治二十八年度分　防長米改良組合取締所報告』32～33頁、防長米同業組合の報告書

て審査受検数量は増加し、生産量に対する審査量の割合（審査率）を引き上げていった。審査率を概観すると、地域差はあるが九五年度には山口県全体でほぼ五割に達しており、九八年以降の数値によれば、その後も緩やかに上昇していった（表3-8）。特に、審査率が高いのは吉敷郡・佐波郡・大津郡など高反収グループや美祢郡などであった。八八年の組合発足以来不振であった審査は、九〇年代半ば以降どのように展開したのであろうか。各改良組合の報告書[59]をもとに、郡ごとにみていこう。

大島郡

大島郡は周防大島と周辺の島嶼からなり、水田面積は狭隘で、反収は高いが総生産量は少なかった。「本組合ハ原ト米穀ノ輸出甚タ僅少ニシテ、毎年数万ノ俵ヲ輸入スルモノ有」〈大島東西97〉るといわれたように、自給的な生産を主とし、郡域となる大島東西改良組合の区域外へ移出する量は僅少であった。このため、「俵製等ノ改良困難」、「他組合ノ如ク進歩発達ノ度遅緩」などと報告されたように〈大島東西97〉、審査はほとんど進捗しなかった。一八九〇年代後半の審査率は三割前後を低迷しており、県内では最も低位にあった（表3-8）。

しかし一八九六年度から審査の徹底がはかられ、「事業ハ大ナル改革」をとげた。特に「審査員ノ審査ニ重キヲ置キ、

表3－9　各防長米改良組合の違約金処分者数

組合＼年度	1893	1894	1895	1896	1897
大島東西				3 (3)	
玖珂北				1 (1)	
玖珂南			18 (18)	19 (19)	
玖珂東			3 (2)	12	6
熊毛北		7 (7)	6 (6)	14 (14)	8 (8)
熊毛南				15 (15)	
都濃南北			3 (3)	5 (5)	1 (1)
佐波南			5 ?	2 (2)	
佐波東			2 (2)		
佐波西				4 (4)	
吉敷北	1	1 (1)	5 (5)	5 (5)	5
吉敷南		6 (6)		10 (10)	2 (2)
厚狭東		2 (2)	14 (14)	15 (15)	
厚狭西		2 (2)	9 (9)		
豊浦東			1 (1)	32 (32)	
豊浦西			1 (1)	6 (6)	
美祢東西	1 (1)	6 (6)	17 (17)	49 (49)	15 (15)
大津東			8 (8)	3 (3)	
大津西			6	21	
阿武北			12 (12)	3 (3)	
阿武東		8 (7)	3 (3)	8 (7)	
阿武西				20 (20)	23 (23)

出典：各防長米改良組合の事業報告書（表3－12を参照）。
注：空欄は不明。（　）内は、うち審査に関係した違約処分。空欄は数値ゼロ。

其方法ニ於テ前年度ヨリ大ニ改良ヲ加へ、随テ米質俵製精撰シタリ」と報告されたように、審査が重視されるようになり、「米質俵製」の「精撰」がすすんだのである〈大島東西96〉。

また、違約処分が断行・強化され審査の徹底がすすんだ。一八九五年度まで違約者の処分はなかったが、九六年度には三名の処分者をだした（表3－9）。これは、米穀商が生産者二名から未審査米を購入し、それを玖珂郡大畑村の米穀商に転売したことによる。改良組合役員が大畑村に出張して取り調べ、三名に「違反始末書」を提出させ、米穀商から五〇銭、耕作者から各三〇銭の違約金を徴収した。未審査米取引に規約が励行され、罰則により処分が行われたのである。

玖珂郡

ここでは、山間に位置し産米量の僅かな玖珂北改良組合を除き、東部・南部の米作地帯に設置された玖珂東改良組合・同南改良組合の事業について検討する。玖珂郡の米生産量は多いが、反収は低反収グループに属する。一八九五年の審査率は三割台であったが、九八年には大幅に上昇して五割を超え、その後も微増の傾向にあった（表3－8）。

一八九三年度には「違約者未ダナシ」〈玖珂東93〉と報告されたが、翌九四年度からは規約が励行されるようになった。特に玖珂南改良組合の集散地高森村では、八八年の改良組合設立から九〇年代はじめにかけて、審査が弛緩して未審査米の取引が活発化した（第二章第三節1）。このため、一八九〇年代半ばになると玖珂南改良組合は、隣接する熊毛北改良組合とともに、未審査米取引への対策を講じるようになった。両組合が「気脈ヲ通シ」て連携し、搬出米が集まる「出米場」数カ所に「観察人」を配置して見張り、取締りを強化しようとしたのである。すなわち、玖珂南改良組合は九四年度に、次のように報告している。

> 追々新穀ノ売買運送等ノ取締リ手続ニ至リ、他組合トノ関係ヲ来タシ、本郡東北組合・熊毛郡南北組合長ト数度ノ交渉会ヲ開設シ、既ニ本組合高森村ノ如キハ熊毛郡北組合ト関接シ、其取締ノ厳否ハ直ニ重大ノ影響ヲ及ボシ種々ノ云々ヲ生ズルニ依リ、組長交渉会へ両郡書記ノ立会ヲ需メ、其際双方臨時書記ヲ該地方ニ会同セシメテ互ニ気脈ヲ通シ、尚柳井津町・古開作村字樋之上・神代村字神上・祖生村ヨリ東農区、即チ由宇村界ノ出米場ノ数ヶ所ニ観察人ヲ置キ、其現況ヲ事務所ニ通報セシメ、且ツ事務所ヨリハ時々役員ヲ派遣シテ厳重ニ検査セシメシニ依リ、為ニ廿七年度〔一八九四〕中規約励行ニ係ル充分ノ好果ヲ得、随テ組合事業モ稍々発達スルニ至レリ〈玖珂南94〉

ただし、一八九四年一〇月に熊毛郡長が県内務部長に報告したように、新規約の励行は現実にはむずかしかった[60]。九四年度の違約処分件数がまだ少ないのは（表3－9）、違約行為が少なかったからではなく、なお処分に踏み切れなかったからであろう。同郡長は規約励行の必要性を次のように訴えて、県庁に支援を求めたのである。

> 防長米改良組合規約実行上ノ件ニ付テハ追々御照会ノ趣モ有之、殊ニ今年ニ於テ実施ヲ厳ナラシメザルニ於テハ、到底該組合ニ望ミナキノ悲境ニ陥ルノ感アリテ、実ニ再ビ得難キノ秋ナルニ依リ、規約励行ヲ期シ各村トモ其手

当ニ致居候

熊毛北改良組合の産米は玖珂郡高森村および都濃郡下松方面に出荷されたが、熊毛郡長は高森村における取引の「悪弊」について、次のように述べている。

本郡北農区ハ玖珂・都濃ノ両郡ニ接近シ、従来同農区ノ多クハ玖珂郡高森地方及ヒ都濃郡下松地方へ出米致来リ、目下已ニ新米ヲ出スノ時期ニ当リ、玖珂郡高森地方ハ升量・俵製トモ旧時ト異ナラザルノミナラズ、改良製ノモノハ取引ヲ忌避シ、強テ取引ヲ申込トキハ四升ノ端米ハ叺拵ニ入レ之レヲ添付シ、甚シキハ価格ヲ引落ス等ノ悪弊アリテ、本郡如何ニ規約ニ依リ之レガ取締ヲナサントスルモ、買方ニ於テ斯クノ弊アルガ故、実際ニ於テ行ハレ難キ事情アリ、其影響ハ各村ニ及ビ種々ノ悪弊ヲ生セントス、元来本組合ノ実況タルヤ勧奨誘導上ヨリ漸クニシテ成立シタル組合ナルヲ以テ、一朝破壊ノ端ヲ発キタルトキハ、如何ナル方法ヲ用フルモ収拾スベカラザルハ従来ノ経験ニ徴シテ明ナリ

すなわち、高森村では、「旧時ト異ナラ」ず「改良米」の取引が「忌避」されていた。「改良米」の生産・取引は、生産者・地主、および米穀商の双方に必ずしも利益をもたらさなかったのである。米穀商に対して、「改良米」を「強テ取引ヲ申込」むには一俵あたり四升を付加するか、価格を下げなければならなかったという。この高森村では、「改良米」の価格は「引落」されむしろ比較的安価となっていた。これは、すでにみたように、産地農村において「改良米」生産が不徹底であり、審査も不備であったため、「改良米」であっても米穀商による解俵と再調整が必要となっていたことを示すものであろう。(61)

このような規約違反の状態を打開する方法は限られていた。規約違反の取引を排除する現実的方法として浮上したのが、監督・取締や処罰による審査の強制という手段であった。改良組合の「瓦解」に直面した熊毛郡長も次のように訴え、県庁に「弊害」の「矯正」を要請している。

此際充分ノ手段ヲ尽シ以テ同地方ノ弊害ヲ矯正スルハ最モ緊急必要ノコトト存候、何ントナレバ為メニ本郡（熊毛郡）ノ組合モ併セテ瓦解ニ帰セシムルノ憾ナキ能ハズ、本件ニ付テハ玖珂郡長ヘモ照会シ、尚ホ組長ヨリモ彼ノ郡ノ組長ヘ直接協議ヲ尽シ種々手配ハ致居候儀ニ候ヘ共、何分現況ニ徴スルニ其効ナク困難ノ場合ニ有之候間、特ニ同地方ヘ対シ急速何分ノ御考慮相煩ハシ度、……

一八九五年度から現実に採用された方法は、規約違反に対する監視・取締りの強化と徹底であった。また新穀が出回る九四年一〇月末からは、取締所も監視を強め、県庁内務部第三課において玖珂・熊毛両郡役所とともに「取締方法」を協定して取締りに「直チニ着手」した(62)。その方法とは、米俵運搬を取り締まるため、臨時派出所を設置して違反行為を見張ることであった。その地点は玖珂郡高森村（設置主体は玖珂南改良組合）、熊毛郡三丘村・高水村（熊毛北改良組合）、熊毛郡田布施村（熊毛南改良組合および同北改良組合）、玖珂郡古開作村字樋ノ上（玖珂南改良組合）の四カ所であった。いずれも、移出港の柳井や下松に通じる要所である。

一八九四〜九五年から全県下において、未審査米を監視する見張所の設置がすすみ、九五年度には三一カ所におよんだ（表3−10）。それらは、いずれも移出港の周辺や郡境などに、改良組合が単独で、または複数の組合が連携して設置したものである。郡域が広い玖珂郡には見張所数が多く、いずれも九五年四月と一〇月に設置されている。同年に監視体制が強化されたのである。

表3-10　見張所一覧

郡	設置位置	設置主体（組合）	設置年月
玖珂	由宇村重信	玖珂南	1895. 4
	鳴門村	玖珂南	1895. 4
	高森村高森	玖珂南・熊毛北	1895. 4
	麻里布村室ノ木	玖珂東	1895.10
	麻里布村今津	玖珂東	1895.10
	藤河村西氏	玖珂東	1895.10
	中河内村中ノ垰	玖珂東・玖珂南	1895.10
	横山村川西	玖珂東	1895.10
	横山村平田	玖珂東	1895.10
	通津村通津	玖珂東	1895.10
	通津村長野	玖珂東	1895.10
	由宇村由宇	玖珂東	1895.10
熊毛	平生村磯崎	熊毛南	1895.11
	田布施村波野市	熊毛南・熊毛北	1895.11
都濃	徳山村栄谷	都濃南北	1895.11
佐波	小野村奈美	佐波南・佐波西	1894.11
吉敷	小鯖村佐波山	吉敷北	1894. 4
	小郡村福田口	吉敷南・吉敷北・厚狭東・美祢東西	1895.10
	嘉川村今坂	吉敷南・厚狭東	1895.10
	嘉川村出合	厚狭東	1895.10
厚狭	万倉村宗方	厚狭東・美祢東西	1895.11
	厚西村厚狭	厚狭西・美祢東西	1895.11
	吉田村吉田	厚狭西・美祢東西・豊浦東	1895.11
美祢	於福村宗済	美祢東西・大津東	1895.11
	於福村田代	美祢東西	1895.11
	赤郷村雲雀峠	美祢東西・厚狭西・阿武西	1895.11
大津	深川村湊	大津東・大津西	1895.10
	三隅村宗頭	大津東・美祢東西	1895.11
阿武	篠生村篠目	阿武東	1895.11
	地福村追分	阿武東	1895.11
	福川村黒川	阿武東・阿武西・阿武北	1895.11

出典：『明治二十八年度分　防長米改良組合取締所報告』36～37頁。
注：設置主体が複数の組合におよぶものは連合見張所。大島郡・豊浦郡には置かれていない。吉敷郡嘉川村出合は、厚狭郡東部産米が吉敷郡へ流出するのを見張るものと思われる。

こうして、一八九四年度には玖珂東・同南両組合ともに違約処分者はなかったが、翌九五年度になると計二一名、九六年度には三二名と急増した〈表3－9〉。まず、高森村を含む玖珂南改良組合では、未審査米売買による違約処分が一八名に激増している〈玖珂南95〉。同組合では九六年度にも、「無審査米売買及授受シタル」違約処分が一九名にのぼった〈玖珂南96〉。一方で、玖珂東改良組合では、俵装不備の産米を取引・運搬したことなどによる三名の処分にとどまり、なお「組合員ハ概シテ規約ヲ遵守」したと報告されているが〈玖珂東95〉、九六年度には一二名に増加している〈玖珂東96〉。

ところで一八九五年末、高森警察分署長は県の警部長に対し、取締りの結果、違反者が減少したことを次のように報告している。

自然警察ニ於テ注意視察ヲナスコトヲ知リタル為メカ、当今ハ更ニ右等ノ如キ違犯者アルヲ見当ラス、為メニ組合規約モ普及シ防長米ノ品位ヲ高メ地方ノ福利ヲ増進スルニ至ルヘク、各組合員及村長等モ大ニ警察官ノ保護ヲ希望シ居レリ(63)

さらにこの分署長は、「或者」が語ったこととして、高森村周辺の審査の実情について次のように報告している。

審査方ニ付或者カ語ルヲ聞ク、現今ノ審査ハ俵製ノ善悪ヲ重ニ検査スル如キ傾向アリテ、主要タル米質ノ審査ハ二段トナリ居レリ、此ノ如キ形式上ノ審査ハ到底地方ノ福利ヲ増進スル抔トハ言フベカラサルナリ、故ニ右等ノ如キ形式上ニ流ル、審査ハ改良セサルヘカラスト云フモノアリ、又地方ノミニテ売買譲与スルモノハ別段審査ヲナスノ必要ナシ、何ントナレハ防長米ノ品位ヲ高ムル点ニ起因スルモノナレハ他府県へ輸出スルモノ、即チ精米会社或ハ仲買人等ニ付テ充分ナル審査ヲナセハ足レリ、之レヲ一村内ニ於テ運搬スルモノ規約通リ励行スルハ酷ニ失シ、却テ其目的ニ反シタルモノニハアラサルカト語ルモノモ有之候、又夕中ニハ警察等カ注意視察ヲナスニ付テハ却テ弊害ヲ生スルニ至ルヤモ難計ト杞憂スルモノモアリ、夫レ等カ語ル所ヲ聞クニ、自然審査委員等カ警察ニ依頼スル様ナリテ、充分ナル審査ヲナスニ至ラサル如キ場合ニ立チ至ルベクト申スモノモ有之候、右概略為

参考及報告候也(64)

すなわち、審査に対する監視・取締りについて、①「俵製ノ善悪」のみが対象となり「米質」の検査は軽視されている、②組合区域内で「売買譲与」するものは審査の必要はなく、県外移出米につき「精米会社」や「仲買人」が取引するものだけ審査すべきであり、一村内を運搬するにも審査が必要なのは「酷ニ失」し本来の目的に反する、③審査員が警察官に「依頼スル様」になり「充分」な審査をしなくなる、などの批評があるという報告である。これに対し、警部長は「右ハ果シテ事実ナルヤ否断定難致」としながらも、「注意ヲ要スベキ義」と判断して、取締所長に対し審査員に「十分戒諭ヲ加ヘ置」くよう指示した(65)。

これらの批評のうち、①は米穀商によるものと考えられる。「米質」、つまり内容物の斉一性などについては、審査がなお不十分で解俵が必要であり、俵装の堅固さのみを追求する審査は米穀商には不都合であった。また、②は米穀商と生産者・地主側の双方に関わっている。米穀商が産地農村において集荷する際に審査できれば取引活動の妨げにはならなかったが、審査が厳格化すると彼らの集荷活動を制約するようになった(66)。また生産者や地主も、組合区域内や村内にとどまる移動にまで審査が徹底していくのは負担となったのである。

ところで、一八九五年度からは賞与の制度がはじまった。これは、各改良組合の組合員のなかから「功労者」を表彰するもので、玖珂南改良組合では九五年度に三三名、九六年度に四〇名、玖珂東改良組合では「事業上ニ尽力セシ者」を九六年度に八九名（稲刈鎌授与）、九七年度には一等賞一〇名（稲刈鎌授与）、二等賞一三名（褒状授与）を選んだ。この制度も審査の徹底を目的としたものといえる。

監視・取締りの強化により、玖珂郡内では審査が徐々にすすんでいった。玖珂東改良組合は監視体制と審査成績について、一八九五年度に次のように報告している。

審査之成績ニ至リテハ改良事業ニ著シキ好果ヲ得タリ、昨年ノ実行ニ倣ヒ隣農区ト協議シ農区境ノ各要所ニ事務員ヲ派遣シ、運搬者若ハ販売者等ニ向テ直接之ヲ諭示シ、益改良事業ノ進歩ヲ説キ漸次ニ好果ヲ得、実ニ廿八年（一八九五）度中事業上ニ尽力シ賞与ヲ受ケシモノ七拾名アリ〈玖珂東95〉

このようにして、一八九五年から九八年にかけて玖珂郡の審査率は顕著に上昇した（表3－8）。この傾向は玖珂郡だけでなく、次にみるように、同郡以西の熊毛郡・都濃郡においてもほぼ同様に確認できる。玖珂郡に確認したような監視体制の強化と違約処分の徹底により、県内に審査が進捗していったのである。

熊毛郡

熊毛郡は郡域が狭く生産量は少ないが、反収は中間的な位置にあった。審査率は一八九五年から九八年にかけて三割台から五割台へ、さらに九九年には七割へと急速に上昇し、その後は五割台に落ちついており、玖珂郡とほぼ同様の傾向にあった（表3－8）。九四年度には玖珂郡とともに見張所を設置して取締りを強化し、熊毛北改良組合では七名の違約処分者をだした。熊毛北改良組合の処分者は翌九五年度に六名、九六年度に一五名、九七年に八名となり、熊毛南改良組合でも九六年に一五名にのぼっている（表3－9）。このように、違約処分は九六年度に著増したが、そのほとんどは未審査米の取引によるものであった。

また、米穀商に対する取締りも強化された。熊毛北改良組合は、改良組合と取締所の規約を「正実ニ履行」させるため組合員を郡内数カ所に集めて「申合規約」を結ばせ、①「改良米」以外は取引しないこと、②取引後に異種を混交しないこと、③組合事業の「発達進歩」を害する行為は規約に規程がなくても禁止すること、④組合未加入の米穀商との取引を「拒絶」すること、⑤違約者から違約金を徴し処分を組長に「嘱託」すること、などを定めた規約を取り決めた〈熊毛北96〉。

また、熊毛北改良組合も違約処分に強硬な姿勢を貫き、不服者に対しては訴訟により徹底をはかった。すなわち一八九五年九月、原告熊毛北改良組合組長は違約処分に服さない塩田村の組合員に対し、柳井津区裁判所に支払請求の訴訟を提起した。口頭弁論をへて一〇月、五〇銭の違約金の支払いを命じる判決が言い渡され原告の勝訴となった。(67) 被告は、未審査米一〇俵を米穀商に売り渡そうと村外に搬出したところを摘発されている。被告は村外で審査を受けたと主張したが、判決は審査票印を受けていない米の売買授受を禁じる規約第二四条に違反するという原告の主張を認め、違約金の支払いを命じたのである。(68)

違約処分をともなう取締りの強化により、一八九五年度から九八年度にかけて審査は顕著に進捗した。玖珂郡高森村に設置された玖珂南改良組合との連合見張所のほか、熊毛郡内にも平生村・田布施村の二カ所に同組合単独の見張所が設けられた(表3－10)。また九六年度には、実際に上・中・下の三等級を付して審査していたことが確認できる。熊毛北改良組合の報告によれば、同年度の検査結果は上米一万七三〇九石、中米四一一〇石、下米三六六石であった。このように、審査合格米の過半は「上米」の評価であり、全県の審査成績も六割以上を「上米」が占めることになった。(69)

熊毛北改良組合の報告によれば、一八九五年度にはなお成績不振で「誠ニ遺憾」としたが、九六年度後半から九七年度にかけて審査は大幅に進捗した。九七年度には、深刻な虫害にもかかわらず前進している。違約処分をともなう監視や取締り、組合員への徹底した説明・指導などの「励行」により違約者が激減したのである。このような事業の進捗は、各年度ごとに次のように報告されている。

米撰俵製ノ上ニ付テハ、前年度ニ比シ改良進歩ノ点稍見ルヘキモノ有リト雖モ、未タ顕著ナル成績ヲ見ル不能ハ（ママ）ス誠ニ遺憾トスル所ナリ、然レトモ粗製濫造其極ニ達シタルモノヲシテ之レヲ挽回シ、遂年改良進歩ハ好況ヲ呈スルニ至リタルハ、組合事業ノ隆盛ニ傾向シタルモノト言ハサルヲ不得、又事業ノ斯ク隆盛ニ傾向シタルハ種々

ノ原因アルヘシト雖トモ、其重ナル原因ハ組合ノ規約ヲ励行シタルノ結果ナルベシ〈熊毛北95〉

本年度ニ於ケル組合事業近年稀ナル盛況ヲ呈シタリ、弐拾八年〔一八九五〕・弐拾九年産額ハ大差ナキモ、弐拾九年十月ヨリ三十年四月迄審査員審査シタル俵米ハ実ニ五万四千四百六拾壱俵［ノ］多キニ達セリ、之ヲ前年度ニ比シ弐万五千百四拾弐俵ノ増加トナリ、之レ組合員ニ於テ本組合ノ必要ヲ思イ重大ナル事感セリ〈熊毛北96〉

組合事業前年度ニ比シ精々発達進歩ノ証徴顕著ナリ、則チ未曽有ノ虫害改良上ノ一丈打撃ヲ加ヘタルニモ不拘、各組合員出来得ル限ノ米選俵製ノ改良ヲ実行シ、違約者ノ如キ三十年〔一八九七〕産米ニ対シテハ僅カ弐名ニ不過、之レヲ要スルニ各村巡回説明ノ結果ニシテ、改良ノ趣旨各組合員ヘ徹底スルト同時ニ、改良事業ノ最大必用ヲ感シタルノ致ス所ニ外ナラサルナリ〈熊毛北97〉

都濃郡

都濃郡の審査率は、一八九五年にはすでに四割台と比較的高く、その後も五割台へ上昇して安定しており、玖珂郡や熊毛郡とほぼ同様の傾向が確認できる（表3－8）。都濃東改良組合の違約処分件数は九四年度なし、九五年度三名、九六年度五名、九七年度一名と比較的少なく（表3－9）、いずれも未審査米の取引など審査にかかわる違反であった。

改組当初の一八九三年には、「下民、規則ノ何タルヲ了知セサルモノナキニシモ非ラサルヲ以テ、十分ノ成蹟ヲ見ズ」〈都濃南北93〉と報告されているように、規約が周知徹底せず事業は不振であった。しかし、九五年度から未審査米の取引による違約者が処分されるようになると、審査員会は、審査の「漸次改良」〈都濃東96〉を試みるようになり、九六年度からは、規約のうち特に「改良法」・「審査法」・「審査細則」を「注意決行」するため、審査員による「審査員協議会」が開かれた。また、九五年には徳山村に見張所が設けられ、移出港に入る荷がチェックされた〈表3－10〉。試験田が設置された九六年度からは、事業が農事改良など生産過程にもおよぶようになり〈都濃東96〉、「虫害駆除法談話会」などが開かれた。翌九七年度には、規約の「徹底普及ヲ謀ルカ為メ」規約が印刷され、組合員へ「無洩配付」されている〈都濃東97〉。

この間の同組合の審査数量は、一八九四年度の二万五〇〇〇石〈都濃南北94〉、九五年度の四万石から九八年度の五万七〇〇〇石へ増加したが、九七年度には虫害により一万石に著減している〈都濃東97〉。審査受検量は増減幅が大きいが増加傾向にあり、比較的多くの違約処分者をだして監督が強化された九五年度に、審査量が増加していることが注目される。また、虫害ののちの回復も顕著であった。

佐波郡

高反収グループに属する佐波郡では、すでに比較的高い審査率が実現しており、一八九五年に六割弱、九八年には若干低下するが五割を超え、一九〇〇年前後からは六割台を維持している〈表3－8〉。九〇年代後半の審査の展開を具体的にみよう。

まず、佐波南改良組合は一八九四年に見張所を設け「監査人」をおいた〈佐波南94〉〈表3－10〉。同組合区域には県内有数の移出港である三田尻港があり、周辺の産地農村から多量の県外移出米が集まった。このため同改良組合は、佐波西改良組合と協議して三田尻北方の小野村に見張所を設け、吉敷北改良組合・佐波西改良組合、および阿武郡方面から「輻輳」する県外移出米を「審査ノ標印有無ヲ糺」して監視し、未審査米を摘発した。また米穀商にも「反則違約ノ米俵」を取引しないよう促している。

本年度事務ノ概況ヲ掲クレハ、規約ニ於テ要件数条ヲ加ヘ又ハ修正スル等改良上ノ要点ヲ示シ、右ニ就テ功ヲ奏シタルハ監査人ヲ置キタル見張所ヲ設ケタルニアリ、監査人ノ職務ヲ云ヘハ戸毎ニ就キ改良審査ノ重要ヲ説キ、外ニ在テハ反則違約ヲ取締、見張所ヲ設ケタルハ、本組合ノ地勢タル吉敷郡北農区・佐波郡西農区・阿武郡等ヨリ搬出米当地ニ輻輳スルヲ以テ、本郡西農区ト協議ノ上、小野村ヘ見張所ヲ設ケ審査ノ標印有無ヲ糺サシムルニアリ、……米商者ニ就キテハ反則違約ノ米俵ヲ買取ラサル事ヲ約サシメタル等、及フ限リ注意ヲ加ヘタルヲ以テ改良ノ目的ヲ得タリ〈佐波南94〉

このように、佐波郡内の各改良組合は一八九四～九六年に監督を強化し、違約処分をともなう取締りを実施するようになった。佐波西改良組合も特に米穀商に対し、「無審査米ヲ売買授受セザル事」を指示し、違約者には「制裁ノ免レサル事」を告げ注意を促している〈佐波西96〉。このため、郡内には九四年度まで違約処分者がなかったが、九五年度には七名、九六年度には六名が処分された。そのほとんどは未審査米の取引によるものである〈表3－9〉。

一八九六年度には監督・取締りがさらに強化された。佐波東改良組合は同年に組合地区を一三区に分け、組合員をそれぞれ「最寄ノ場所ニ召集」して規約を「懇篤説示」したところ、審査量が前年度の「殆ト倍数ノ増加」を実現したという。同組合の領域は行政村三カ村であるから、一三の分区は自然村落のレベルにまでおりた地区設定といえる。組合員に対する綿密な指導・監督により、同組合の審査は九六年度に大幅に進捗したのである〈佐波東96〉。

徹底した組合員の指導は佐波西改良組合においても同様であった。同改良組合は「旧弊ノ久シキ忽然之レヲ矯正スルハ其難事ナリ」と、事業を直ちに進捗させることは困難と判断し、組合役員を「督励」して年度内に「数回」、「屢組内ヲ巡回」し「改良上殊ニ注意ヲ加ヘ」たところ、前年度より「多数ノ審査ヲ遂ゲタ」と報告している〈佐波西95〉。また佐波南改良組合も、一八九六年度に試験田を設置して農事講習会・品評会・共進会を開いたところ、諸事業が進捗し「頑固ノ弊ヲ一先シ稍盛大ニ赴」〈佐波南96〉いたという。農事改良など生産過程への事業の拡大が「改良米」生産を促し、審査の進捗に寄与したのである。

こうして、監督・取締りの強化と組合事業の多様化が、審査の進展を促すことになった。すなわち一八九六年度には、「昨年ノ如キハ審査ヲ免レントスルモノアリシモ、本年度ニアツテハ自ラ進ンテ米撰俵製ヲナシ審査ヲ受クル等、稍其途ニ至レリ」と佐波西改良組合が報告したように、審査量の増加が実現したのである。また同年度の佐波東改良組合も、「事業益々盛況ニ趣ケリ、其原因ハ組合員ノ情況ヲ鑑察シ、年々歳々取締上ニ於テ益厳重ヲナセシニ起因スルモノナラン、今後改良ノ目的ヲ達スルハ疑ヒナシ」と報告し、事業が進捗した要因として、組合員の「情況」を観察し取締りを「厳重」にしたことをあげている〈佐波東96〉。

吉敷郡

吉敷郡は県内有数の米穀生産地帯であり、生産量は県内最大で高反収グループに属している。一八九五年にはすでに審査率が七割を超え、その後も七割台から八割近くを維持しており、これは県内で最も高い水準にあった〈表3－8〉。

しかし同郡内においては、すでにみたように、改良組合発足当時の一八八〇年代末から九〇年代はじめにかけて審査が徹底せず、米穀商は隣接農区にも出向いて未審査米をさかんに取引していた。九一年の吉敷北改良組合は、「改良方法実施著キ町村」の調査依頼に際し、「著キト認ムル村ナシ」〈吉敷北91〉と回答して事業の不振を報告している。したがって、新規約による組合再編後の九〇年代半ばを画期に審査が進捗したものと考えられる。

常設の見張所は吉敷郡内にも四カ所設置された〈表3－10〉。その第一は、佐波郡の三田尻に通じる街道に位置する小鯖村に設けられた。一八九四年に隧道が開通してこの道路が国道となり、同村が吉敷郡と三田尻を結ぶ要衝となったため、同年に「常設見張人」を設置して違約者を取り締まることになったのである。取締りの結果、同年度には「事務所ニ招喚シ」、また町村委員長に「嘱托シテ説諭戒飭ヲ加ヘ」た者は一八名におよんだ。このほか、未審査米を他組合地区へ搬出し取引して違約金を徴収された者が一名〈吉敷北94〉、「説諭戒飭」が一八名あった。さらに翌九五年度になると搬出米の監視が一層強化され、警察官による「取締上補助」が加わったことが注目される。「未遂犯者」

への「説諭誡飭」も三四回におよんだ。同年度の違約処分者は五名あり、すべて未審査米の取引によるものであった〈吉敷北95〉。また、九六年度にも小鯖村に「常設見張人」がおかれ、警察官による取締りも同様であったが、その効果は次のように報告されている。

昨年度ニ引続キ小鯖村常設見張人ヲ置キ、以テ運搬米ノ取締ヲナセリ、其他警察官ノ取締モアリテ其結果規約ノ実行滑カニ、違犯者ヲ生スル事僅少ナリシ〈吉敷北96〉

また第二の常設見張所は、吉敷南・同北・厚狭東・美祢東西の四改良組合共同により吉敷郡小郡村に設置された。この見張所は、移出港小郡への搬入を監視するもので〈吉敷北95〉、次年度以降も設置された〈吉敷北96〉。小郡には移出米問屋のほか、彼らと取引する産地仲買などの米穀商が存在したが、吉敷南改良組合の報告によれば、それらの米穀商が規約に違反して処分されている。そのほか同郡南部の嘉川村にも、厚狭東改良組合との連合による見張所が二カ所設置された（表3－10）。

このように、「常設見張人」の監視は一定の効果を現して一八九七年にも継続した。その理由は、『猶ホ未審査米ノ売買授受、其他局部ノ不改良物等之アラン哉ヲ疑念シ」たと報告されたように、未審査米の運搬などの違約行為が、直ちにはなくならなかったからである〈吉敷北97〉。吉敷郡内の違約処分者は、九四年度に七名、九五年度に五名（吉敷北改良組合のみ、吉敷南は不明）、九六年度に一五名、九七年度に七名を数えている（表3－9）。そのほとんどは未審査米の取引や運搬によるものであった。未審査米の取引は、摘発され処分された事件のほかにも未遂事件が多数報告されており、郡内各地に広がっていたものと思われる。

一方で一八九五年度からは、「功労者」に対する表彰が実施された。同年度の吉敷北改良組合の報告は次のように、

「功労者」に対する「表頌」が事業遂行のため重要であると述べている。

規約違犯者ヲ処分スルト同時ニ功労者ヲ表頌スルハ、組合事業ノ進行上必須ノ手段ナルヲ認メ、年度末ニ於テ同年度中ニノ優等功労者ヲ調査シ賞品賞状ヲ受与シ、将来益々斯業ニ勉励セシ事ヲ訓告セリ〈吉敷北95〉

表彰は次年度以降にも実施され、九六年度には一等五名、二等二二名、三等五五名と受賞者は大幅に増加していく〈吉敷北96〉。九七年度も同様であるが一等五名、二等一六名、三等三〇名と若干減少している。ただし、「前年度実行ノ功益亦多キヲ認」めたように〈吉敷北97〉、表彰の効果は明瞭に認識されていたといえる。また吉敷南改良組合でも、九四年度から「功労者」に賞状が授与された。同年度には五七件、九六年度には一〇五件、九七年度には一〇三件に交付され〈吉敷南94、同96～97〉、対象者は吉敷北より広げられている。なお、九七年度からは一〇〇名に付き二名の割合で「功労者」が選抜されるようになった。「優劣」を競わせて受賞者を公平に決める方法であり、効率的な授賞をねらったものといえよう。

本年度ニ於テハ組合功労者撰抜ノ方法ヲ改メ、委員ヨリ村内優等者ヲ組合員百人ニ付キ弐名ノ割合ヲ以テ報告ナサシメ、所員ハ各戸ニ就キ其俵数ヲ点検シ適宜少許ノ米ヲ抜取リ、而シテ後之ヲ集メ優劣ヲ審査シ以テ優等者ニ対シ授賞セリ、其人員ハ百参名ナリシ〈吉敷南97〉

さらに一八九六年度からは、改良組合の事業が生産過程にもおよぶようになった。吉敷南改良組合は同年九月、石灰肥料の「濫用」を防ぐため「石灰肥料ノ征伐」と題し、石灰の弊害とその代案について次のように説明したビラを七六〇〇枚印刷し、組合員に配付している。

石灰ノ濫用ハ貴重ナル田園ヲ害シ漸次荒廃ニ帰セシムルモノナルヲ以テ、之レニ換フルニ麦秋大豆ヲ植附ケ繁植ノ儘是ヲ田面ニ鍬込ミ肥料ト成スノ頗ル利益アル事〈吉敷南96〉。

こうして一八九七年度には、「米撰俵製共ニ前年ニ比シ著ルシク進歩セリ」〈吉敷南97〉と報告されたように、審査が浸透して審査率が上昇するようになり、「改良米」の生産と取引が普及していったのである〈表3－8〉。

また、吉敷南改良組合の違約件数は、一八九七年度には一件にとどまった〈吉敷南97〉。九六年度には「当組合ノ事業ハ順ニ従ヒ序ヲ追フテ益々進運ニ向ヒ、俵製米撰ト共ニ前年度ニ比シ大ニ改善ノ実ヲ挙ケタリ」〈吉敷南96〉、また九七年度には、「本年度ノ審査俵数ハ……米撰俵製共ニ前年ニ比シ著ルシク進歩セリ」と報告されたように、審査は顕著に進捗した。監視と取締りを強化した結果、違約処分件数はむしろ減少していったのである〈吉敷南97〉。

ただし吉敷北改良組合が一八九四～九五年度に報告したように、規約の徹底にはなお課題があり、さらに数年の時日を要することになった。

我組合ノ前途追年隆盛ニ向ヒ、奏功ヲ見ル事ノ上ニ於テ多望スル事敢テ疑ナシト雖、多数ノ組合員中洩ナク一モ間然スルトコロナキ迄ニ規約ノ完行ヲ見ルハ、蓋シ漸ヲ以テセサル可カラス、之ヲ以テ我組合ニ於テハ徐ロニ規定ヲ励行スルト同時ニ、一般ノ誘導奨励ヲ怠ラサルヘク、此方針ヲ以テ漸次事業ノ成効ヲ収メン事ヲ期ス〈吉敷北94〉

已ニ上項ニ記述セルガ如キ現況ナルヲ以テ、我組合事業ハ昨廿七年〔一八九四〕度来日ニ日ニ漸ク隆盛ニ向ヒ功ヲ奏セシコト尠カラズ、然レトモ組合員一般完全ノ域ニ達スルハ、蓋シ爾後数年ヲ期セザル可ラサランカ故ヲ以テ、我組合ニ於テハ本年度尚益々規約ヲ励行シ怠ラザル可ク、此方針ヲ以テ速ニ事業ノ成功ヲ修メンコトヲ期ス〈吉敷北95〉

さらに、九六年度にも同様に報告されている。監視や取締りの強化はさらに継続しており、次のように、九八年に実現する同業組合への改組を契機として、事業の一層の徹底がはかられたのである。

我組合事業ハ明治廿六年〔一八九三〕度来、年ニ月ニ漸ク隆盛ニ向ヒ奏功少カラス、然レトモ組合内一般完全ノ域ニ達セン事ハ尚ホ爾後数年ヲ期セサルヲ得サラン、蓋シ這回防長米改良組合ヲ解散シ防長米同業組合ノ組織成リシハ、真ニ臨機ニ適中シタルモノト考察セサルヲ得ス〈吉敷北97〉

厚狭郡

一八九五年の厚狭郡の米生産量は吉敷郡・豊浦郡に次いで多量であったが反収は低く、低反収三郡ほどではないが一・七石台と停滞的であった（表序－5）。審査率は九五年にすでに六割に達していたが、九八年には五割前後に低下し（表3－8）、その後は五割台から六割前後を推移している。九〇年代半ばの厚狭郡内における審査の展開を検討する。

まず、組合費滞納についてみると、厚狭郡内の東西二つの組合は一八九六年から違約者を厳格に処分するようになった。厚狭西改良組合組長高木源蔵は、滞納者を処分するため船木区裁判所に訴訟を提起している。改良組合組長は同年四月、この訴訟が厚西村の米穀商に違約金五円、同村の組合員一一名にそれぞれ違約金三円を課すことで和解し、また同村の組合員二名はそれぞれ違約金各三円を支払って「所分済」となったことを県知事に報告している[70]。組合費の滞納をめぐる裁判は、被告の違約金支払いで和解となった。改良組合は訴訟の手段により、組合費の徴収を徹底するようになったのである。

また両改良組合は、審査の徹底をはかることになった。すでに一八九三年には、次のように、違反者に対する監視・取締りを強化している。

最初各村毎ニ防長米ノ改良必要ヲ説示シ規約加入ヲ勧誘シ、尚各村委員ヲシテ時々其村内ノ違犯者ニ注意セシメ、或ハ規約違背者ヲ責メ厳重ニ其取締ヲ為シ、未タ完全無欠全般ニ普及セスト雖モ稍改良ノ実ヲ奏スルニ至リ、従ツテ益旧弊ヲ洗滌ス〈厚狭東93〉

厚狭郡の審査率は、一八九五年には六割を超え県内の比較的上位にあった。同年度の違約処分者は二名で、審査忌避によるものである。また、九四年度に厚狭東改良組合は、違約処分と功労者への賞状授与をすでに実施している〈厚狭東94〉。「組合員中成績抜群」の者二二名には賞状が授与された。しかし、こうした賞罰以上に効果があったのは、米価の上昇であった。すなわち、同年の報告は続けて、

事業ハ昨年ニ比シ盛運ニ向ヒタルハ今更多弁ヲ要セズ、其原因トスルハ実ニ米価ノ高価ナルニヨリ、他ノ業務ニ従フヨリ益々農務ニ特ニ一大勉強ヲ加へ、以テ之レカ販路ノ適当ニ改良スル所以ナリ〈厚狭東94〉

と述べている。同年の事業の進捗が、何よりも米価の上昇によるものであったという報告は注目される。米価水準の好調は、生産過程において改良方法の実行を促し、販路の「改良」にも寄与するところが大きかったのである。

ただし厚狭郡内においても、一八九五年度には見張所が設置され、監視・取締りが強化された。厚狭東改良組合は、単独もしくは美祢東西改良組合との連合で、吉敷郡内も含めて四カ所の見張所を設置して「取締」を実施し〈厚狭東95〉（表3－10）、また厚狭西改良組合も同年度、組合員の「搬出米取締」のため美祢東西改良組合との連合で厚西村に、また美祢東西改良組合・豊浦東改良組合との連合で吉田村に、さらに美祢郡内にも美祢東西組合・阿武西改良組合と連合して見張所を設けた（表3－10）。見張所の設置場所は、いずれも内陸から移出港への通過地点であり、輸送の要所で未審査米取引・運搬などの規約違反を取り締まったのである〈厚狭西95〉。

また同時に、違約者の処分もはじまった。厚狭西改良組合では、一八九四年度に未審査米を区域外に搬出した二名から違約金が徴収され、また九五年には違約者の処分が九名に増加した（表3－9）。多くは、規約違反を知りながら役員に告知しなかったもので、共犯者と見なされ処分された。処分の範囲は違反当事者に限られず広げられたのである。さらに厚狭東改良組合も同様に九四年度二名、九五年度一四名、九六年度一五名と多くの処分者をだした。九六年度には「殊更ニ規約ノ励行ヲナシ」〈厚狭東96〉たと報告している。九五～九六年度にもなお、徹底した監督・取締りと処分が行われたのである。また、「他組合員ノ模範」となる「功労者」への表彰も同時に実施された〈厚狭東95、厚狭西95など〉。

こうして一八九〇年代半ばになると、厳格な取締りにより審査が進捗し、その結果として一定の米価の上昇を確認するような報告が現れるようになった。すなわち、監督・取締りにより審査が徹底して規格化・標準化が進捗したため価格が上昇したという九五・九六年度の報告である。

本組合〈厚狭東改良組合〉事業ノ益々発達セシハ、規約ヲ励行シ賞罰ヲ明ニセシ結果トシテ、愈改良米ノ価格ヲ高メ、従テ販路ノ多望ヨリ自然改良ノ怱ニスベカラサルヲ感シタル所以ナリ〈厚狭東95〉

本組合〔同前〕ノ事業ハ、規約励行ノ為メ米価ノ騰進ヲ来タシ、益改良ノ実益アルヲ感覚セシメタリ〈厚狭東96〉

さらに、九六年度に厚狭東改良組合は、村ごとの審査結果を次のように報告しており、産地農村において上・中・下の三等級を付した審査が実際に行われるようになったことが確認できる。

〔単位：俵〕

村名	合計	下米	中米	上米
宇部村	一五、三九一		四、四八八	一〇、九〇三
二俣瀬村	八、七三三		一、六七八	七、〇五五
……				
〔合計〕	一〇一、三三九	一	一七、三四弐	八三、九九六

このように、産地農村において審査が実質的に進捗するとともに、審査の質も高まっていった。審査の徹底により、審査に合格した「改良米」の規格が保証されるようになると、産地農村側は米穀商による解俵を阻止するようになった。厚狭西改良組合は一八九五年度に、次のように、俵口の「巻付」と「封印」により審査ずみを表示していたが、これは「組合員ニ於テ審査済ノ俵ヲ猥リニ解俵ナサシメサル為メ、俵口へ巻付ヲナシ置カシム」、また「審査員ハ巻付へ此ノ封印ヲナシ審査ヲ終了ス」〈厚狭西95〉と報告されたように、審査後の解俵を防ぐことを目的としていたのである。

豊浦郡

豊浦郡の一八九五年の米生産量は吉敷郡に次ぐが、反収は低く低反収グループに属している。審査率は四割台から五割前後で停滞傾向にあった（表3－8）。同郡では九五年度まで違約処分件数はきわめて少なく、東西両改良組合ともに九三～九四年度は処分がなく、九五年度には東組合・西組合でそれぞれ一件、中札の再利用および未審査米の運搬があるに過ぎなかった（表3－9）。

しかし一九九五年度には、厚狭郡吉田村に厚狭西改良組合・美祢東西改良組合との連合による見張所が設置された（表3－10）。翌九六年度になると処分件数が激増し、豊浦東改良組合では三二名の処分者をだした。いずれも未審査米の取引にかかわるものであり、そのほかにも、豊浦西改良組合から運搬してきた「非改良米」を差し押さえ同東組合事務所に報知したものが三件、委員の規約違反に対して「過怠金」を徴収したものが一件あった〈豊浦東96〉。豊浦西改良組合でも同年度には六名の違約者を処分したが、いずれも未審査米の売買によるものである。また、他組合地区で発見されたり、警察官による摘発もあった〈豊浦西96〉。

両組合の違約処分が一八九六年度に急増したのは、同年度に監視を強化したからであり、違約行為はそれ以前から多発していたものと考えられる。つまり、豊浦東改良組合の報告によれば、九六年度の急増の原因は「規約励行」であり〈豊浦東96〉、また豊浦西改良組合においても、

> 明治廿九年（一八九六）度組合事務ノ方針及設計ハ、前年度ト異ナル事ナク、無審査米搬出ヲ防止セシ為メ組合規約取締法ヲ励行シ、且ツ屢々各村委員及審査員ヲシテ其受持区内ヲ巡視セシメ、以テ遺漏ナキヲ期セリ〈豊浦西96〉

と報告されているように、同年度から未審査米を取り締まるため規約を「励行」し審査を徹底したからであった。また他組合と同様に、「優等ナル組合員」に対しては「賞与」の交付をはじめている〈豊浦西95など〉。

さらに、一八九三年度に豊浦西改良組合は、試験田の設置に先立ち品評会などの農事改良事業を開始した。すなわち、同郡小串村は「是迄改良法至テ冷淡」であったが、同村委員の「発起」により、村内の寺院で「米種稲株品評会」を開催したところ、近隣の村々からも「参観人」が集まり、村内の組合員だけでなく「近村迄モ差響キ米撰俵製著キ名誉ヲ得タ」と報告されている〈豊浦西93〉。品評会開催の効果は近隣にまで波及し、「改良米」生産の進捗に寄与したのである。

このように、豊浦郡においても監視・取締りの強化は一定の効果を発揮したといえる。罰則をともなう規約の強制的な励行は、未審査米の取引を後退させた。さらに、審査の徹底は「改良米」取引の有利性を産地農村に実現していった。豊浦西改良組合は、違約処分が強化された一八九六年度の報告書のなかで、同時に事業の「有利ナル」ことが組合員に定着したと、次のように述べている。

組合取締規則御発布以来、組合事業年ヲ追フテ盛況ヲ呈シ、今ヤ組合員ニシテ事業ノ如何ニ有利ナルカヲ疑フモノナキノ場合ニ至リ、今後益々組合ノ鞏固ノ望ニアリ〈豊浦西96〉

美祢郡

美祢郡の反収は比較的高位にあり、佐波郡や大津郡を上回っていた（表序－5）。審査率をみると、一八九五年の時点では三割ほどと低かったが、九八年には大幅に上昇して五割を超えた（表3－8）。その後は停滞的であるが五割から六割を維持している。内陸に位置する美祢郡では、この時期まだ移出検査は実施されていなかったが、郡内では審査が急速に普及したことがうかがえる。

はじめ同郡では審査が停滞していたため、一八九三年の改組以前から監視・取締りがきびしくなっていた。つまり九一年度にはすでに、次の報告のように、内陸の同郡から瀬戸内海沿岸の移出港に通じる道路に「検査員」をおいて違約者を取り締まっていた。

〔美祢郡〕真長田村字金ヶ淵へ十弐月十五日ヨリ廿五年〔一八九二〕弐月十四日迄弐ヶ月間、検査員ヲ出張セシメ、西厚保村ヨリ厚狭郡吉田村へ通スル路線、同郡生田村へ通スル路線、東厚保村ヨリ同郡西厚村へ通スル路線へ一名ノ巡視検査員ヲ置キ、廿四年十弐月十五日ヨリ廿五年弐月十四日迄弐ヶ月間巡検セシム

検査員ニ於テ違約者ヲ発見シタルトキハ、其運搬人及荷主ノ住所氏名ヲ聞糾シ、証憑トナルへキ書類ヲ取付ケ意見ヲ付シ組長へ送付シ、右検査員ノ報告ニヨリ組長ニ於テハ、規約第四十条ニ該当スヘキモノト見認メタルトキハ処分書ヲ製シ引受ノ地方委員へ送リ、地方委員ハ前条ノ処分書ヲ受ケタルトキハ当人ニ就キ事実取糺シ、果シテ相違ナキモノハ其承諾書ヲ徴シ処分書ヲ交付シ、違約金ハ地方委員ニ於テ徴収シ組長へ送納ス〈美祢東西91〉

なお、内陸の美祢東西改良組合が関与する見張所は吉敷・厚狭・美祢・大津の四郡にわたり八カ所を数え、これは玖珂東改良組合の九カ所に次いで多かった（表3-10）。

報告にある「規約第四十条」とは、違約処分の方法を定めた規程である。事実聴取と承諾書の作製、処分書の交付、違約金の徴収、という手続きを定めたものであり、実際に処分が行われていたことを示すものといえる。すでにみたように美祢郡では、一郡を領域として一八八六年に発足した米撰俵製改良組合（山口県美祢郡米改良組）も審査規程を備えた規約を有し、違反者に対する罰則も設けられていた（第一章第二節2）。その規程にしたがって、すでに九〇年前後から、「巡視」と違約処分が実際に行われていたのである。

一八九一年度の報告には、処分された違約者の名前は公表されていないが、九三年度には未審査米を取引した大嶺村の組合員の氏名が公表されており、九三年度には一名であったが翌九四年度には六名に増加している〈美祢93、同94〉。

なお、九〇年代初頭の他の改良組合においては、違約処分をともなう取締りは確認できない（表3－9）。さらに九〇年代半ばになると、美祢郡内の違約処分者は、一八九五年度一七名、九六年度四九名、九七年度一五名と急増していった〈美祢東西95～97〉。そのほとんどは、未審査米の取引によるものである。

内陸に位置する同郡の移出米は、すべて沿岸の他農区へ搬出されたため、美祢東西改良組合は主要道路に見張所を設けて未審査米の搬出を取り締まった。一八九〇年代半ばには取締りがさらに厳重になるが、九六年度の見張所による監視・取締りについて、同改良組合は次のように報告している。

本組合ハ前年ノ如ク隣農区搬出スル要路へ、其農区組合ト連合又ハ独立ノ見張所ヲ設置シ、見張員ヲシテ審査ノ有無及ヒ適否ヲ検査セシメ、組長ハ各村ヲ巡回シ毎村最寄ノ場処へ組合員ヲ集合ナサシメ、改良ノ方法及ヒ規約ヲ遵守セサル可カラサル旨趣ヲ懇篤示諭シ、且組長・書記交々各村へ在勤スル審査員及各所ノ見張員ノ勤勉幷審査ノ実行ヲ巡回督励シ、而シテ組内審査員ヲ一ヶ所ニ集メ審査上一定ノ方法心得等ヲ協議ナサシメ、又小郡・馬関・吉田・下津・埴生等ノ要地へ書記ヲ出張セシメ、搬出米ノ実況ヲ査察ナサシメ、尚規約更正案等ノ為メ隣農区ト一定ノ方法ヲ取ランガ為メ組長会ヲ厚狭郡舟〔船〕木町ニ開会シ、東農区へハ稲作試験田ヲ設ケ稲作上ノ改良進歩ヲ計画スル等ナリ〈美祢東西96〉

すなわち、見張所では「見張員」が審査受検の確認にあたった。組長は村々を巡回して規約の徹底を訴え、書記とともに審査員や「見張員」を「督励」し、審査員を集めて審査の方法や「心得」を協議させた。また、書記を美祢郡産米の移出地である小郡・馬関ほかの「要地」に派出して、搬出米の「実況」を調査・報告させている。一方で同改良組合は、「優等功労者」として一八九四年度一〇二名、九五年度一三一名、九七年度一八二名に「賞与」を授与し、功労者の顕彰もはじめた〈美祢東西94〜97〉。

小郡の移出米問屋と取引する産地仲買などの米穀商たちは、取引のため美祢郡に来訪したが、彼らは解俵に不便な「改良米」を忌避する傾向があった。美祢郡長は一八九五年一月、こうした「奸商」の取締りを県内務部長に次のように要請している。

本郡産米ノ多分ハ四隣諸郡仲買商人ノ手ヲ経テ海港ニ輸出スル義ナルニ、間々「奸商」アリ買入之上解俵シ精粗ヲ混交シテ更ニ俵製ヲ改良米仕立ニ為シ輸出スルモノ有之趣、尚吉敷郡小郡地方ノ仲買者ニ於テハ、解俵ニ便ナラサル為メカ改良仕立ノ俵製ヲ厭忌スルノ傾有之、当業者カ購買者ノ所好ニ投スルハ免カレ難キ類ニシテ、如何ニ郡内ニ於テ組合規約ヲ励行セント尽力スルモ到底其目的ヲ達ス可ラサル段、各村長ヨリ申出候、……郡内ノ取締ハ可成厳重ニ致スヘク候得共、他郡ニ於ケル仲買者ノ取締方ハ御庁ニ於テ可然御取計相成候様致度、此段及照会候也(71)

また美祢東西改良組合は同年、事業が「兎角不振」であるため、「手段ヲ尽」くして規約を「励行」するよう協議を重ねた。その結果、改良組合はまず第一に、同郡伊佐村において審査員による「審査委員会」を開き、「審査員申合決議書」(72)を定めて次の諸事項を取り決め、審査の徹底を期すことになった。すなわち、①組合規約や審査規約を本年から「一層励行」する、②審査は村ごとに実施し、六〇日間を「定期」として「定期外ノ審査」は村委員の「指揮」を受ける、③審査細則にしたがい「上中下ノ三ニ区分」する、④等級により標印を俵尻に押捺し中札を標印の近くに挿入する、⑤審査員の「代人」は審査できないこととする、⑥審査員自身の産米は「最寄審査員」が検査する、⑦米穀商が審査を求めるときは産米の産地を調査し、受検者の地域と異なるものは「拒絶」する、⑧他町村組合員の審査請求は「拒絶」する、⑨標印を貸与した者、右の⑥〜⑧に違反した者、不合格米に標印を付した者には「過怠金」五〇銭を課す、という九項目である。

次いで第二に、美祢郡長は郡内三カ所に米穀商を集め、別途「規約」を定めた。その規約とは、①取締所規約・組合規約を「一層厳重」に遵守する、②同業者間の「種々ノ弊害ヲ矯正」し「正直ヲ旨」として取引にあたる、③買入後の「混合」を禁止する、④未審査米の取引を禁止する、⑤右の①・③・④の違反には二〇銭〜五円の違約金を課す、⑥徴収した違約金は米穀商の協議により「分割」し、また「貯蓄」できる、⑦違反者の処分と規約の「実施監督」は組長に「嘱託」し、違反者を組長に報告して処分を請求する、⑧将来米穀商を営む者にもこの規約を適用する、という八項目の「盟約」である。[73] いずれも審査を徹底するため、審査員には規約通り公正・厳正に審査にあたるよう指示し、米穀商には異種の混合や未審査米の取引をきびしく禁じたものであった。その効果について、部長は「幾分」か「従来ノ面目ヲ改メ」たと県内務部長に報告している。[74]

美祢東西改良組合は、こうした監視と取締りの強化が一定の効果をもたらしたと報告している。また、一八九七年度の報告には、上・中・下の三等級による審査結果が村ごとに記され、規約通りの審査が実際に行われたことが確認できる〈美祢東西97〉。こうして、九〇年代後半に審査率は大幅に上昇して五〇％を超えるようになった。例えば九六・九七年度の報告には、

本事業ハ年々進歩シ其退歩ノ景況ヲ見ス、其原因タルヤ組合員其者ニシテ改良ノ忽諸ニ付スヘカラサルヲ感シ、且審査員其人ヲ得タルト、輸出米審査ノ充分ナル等ニヨルモノノ如シ〈美祢東西96〉

本事業ハ年ヲ追ヒ進歩スルノ状況ニシテ、其原因タルヤ組合員其者ニシテ改良ノ忽ニスヘカラサルヲ感シタルト、

審査員ノ配置・人撰其当ヲ得タルト、搬出米検査ヲ厳重ニナサシメタルニヨル〈美祢東西97〉

と述べられ、審査などの事業が「進歩」した要因として、①県外移出する産米の審査が「充分」であったこと、および、②審査にあたる審査員に「人ヲ得」たこと、③審査員の配置や人選が適切であったこと、などが記されている。取締りの強化と審査員の能力の向上によって、審査が一定の進捗をみたのである。[75]

このようにして実現した多様な監視は、審査員による綿密な実践を前提とするものであった。すなわち次のように、審査員は村々を巡回して審査にあたり、その場で各農家に規約を説明して規約を理解させ、また、審査期間後にも要望に応じて産米の検査を実施したのである。

本組合各村審査期ヲ早キハ十月一日ヨリ、遅キハ十一月十日ヨリ、孰レモ満三ヶ月ヲ以テ審査期間ト定メ、各村ヘ審査員ヲ派出セシメ、其受持ヲ日曜ヲ除クノ外日々巡回、各戸ニ就キ審査セシメ、若シ規約ヲ知得セサルモノアレハ之レニ示諭シ審査ヲ結了ス、而シテ三ヶ月審査期后更ニ審査員中ヲ選択シ拾弐名ヲ各村ヘ配置シ、五日毎ニ村委員ヲ訪ヒ、受審者ヨリ届出タルモノノ自宅ヘ就カシメ審査ナサシメタリ〈美祢東西97〉

大津郡　大津郡の米穀生産量は大島郡に次いで少ないが、反収は高く高反収グループに属している。一八九五年の審査率は四割台と低かったが、審査は九〇年代半ばに進捗した。このため審査率は、九八年には大幅に上昇して七割を超え、その後も六割前後を維持した（表3－8）。

同郡における一八九〇年頃の違約処分は、「唯製造人ヘ示辞告諭ニ止マ」る程度で緩慢であったが〈大津東90〉、九〇年代半ばからは多くの処分者をだすようになった。つまり、東西両改良組合ともに、九三～九四年度には違約処分者はなかったが、九五年度には計一四名、九六年度には二四名を数えている。特に大津西改良組合では、九六年度に二一名の処分者を出した（表3－9）。大量の違約者を出した要因について、同組合は次のように説明している。

同年度ニ於テ規約励行ノ為違約者頻々ニシテ処分スヘキモノ多々ナルヲ以テ、組内各村ニ出張シ毎村二、三ヶ所宛便宜組合員ヲ召集シテ、組合取締規則及規約改良ノ必要ナル理由等ヲ説示シ、尚審査員ハ特ニ召集状ヲ発シ出席為サシメ、組合員ノ面前ニ於テ審査細則励行スベキ様注意ス〈大津西96〉

つまり、一八九六年から罰則を適用する方針に転換し、従来寛大に処理した違約行為を規約「励行」により厳格に取り締まって処分を科したのである〈大津西96〉。また、九五年度には見張所を、移出港深川村の入口と阿武郡境の三隅村の二カ所に設置した（表3－10）。

一八九六年からは、上・中・下三等級の審査を実施するようになった。大津東改良組合の同年度の報告には、

審査細則ニ由リ米撰俵製ノ改良法、審査奨励等事務ノ取扱ヲ一定シ、而シテ本年度ノ審査ハ白玉・都・高津等ノ大粒米ヲ上等、八輪・千代等ノ如キ中粒米ヲ中等トシ、神力・平九郎等ノ如キ小粒米ヲ下等トスル方針ヲ以テ審査シ、米種ノ改良ヲ促スノ便トナセリ〈大津東96〉

と、上・中・下三等級の基準についての記述がはじめて現れた。同年から三等級を付した審査が実施され、その基準が大粒・中粒・小粒という粒形にあったことが判明する。すでにみたように、粒形をそろえ斉一にすることは精米の歩留まりをよくするうえで重要であった（第一章第一節2、第二章第三節3）。また大粒種は輸出に適しており、「上等」

と評価されたのである。

ところで、このような規約の「励行」は、結果として、価格の一定の上昇を実現することになった。大津郡の東西両組合の報告には、一八九三年度から次のような記述が確認できる。

事業ハ年増隆盛ナリ、其原因タルヤ改良米ノ現ニ売買上真価ヲ得、利益ヲ有スルニ由ル〈大津西93〉

改良米ノ声価モ漸次高評ヲ得ルニ従ヒ、其利益ノ差異及収穫増殖ト此ノ二途ノ関係ニ起因シ、事業ハ年々盛ナル傾向ナリ〈大津東94〉

事業ハ年増隆盛ナリ、其原因ハ米質及精撰全良ナルモノハ売買上ニ至リ、価格高位ニアリ現ニ利潤ヲ得ルニ拠ル〈大津西95〉

事業ハ年増隆盛ナリ、其原因ハ規約励行ト、米質米撰ノ善良ナルモノハ売買上ニ付買人ノ多キ、随テ価格ノ差異甚シク、現ニ其利潤ノ目前ニアルニ依ル〈大津西96〉

すなわち、審査による規格化・標準化の進捗が価格の向上をもたらし「利潤」を実現したという記述である。これは、「改良米」の生産・調整と取引の有利性が明確となり、それが事業の進捗を促していることを端的に指摘したものであろう。こうして、取締りと罰則による審査の徹底は、価格の相対的上昇という誘因を組合員にもたらし、さらに審査の進捗を促していったのである。

阿武郡

阿武郡は日本海側に位置し、郡域が広かったため米穀生産量は比較的多いが、反収は低位であり低反収グループに属している。郡内で産出された米は、多く域内で消費されており、郡外・県外への移出量は少なかった。このため審査率も三割台と低位にとどまり、九九年には六割となったが、その後漸減して五割前後から四割前後で停滞している（表3－8）。また改良組合の事業も低調であり、「改良」は「冷視」されたといわれる。

阿武郡西農区防長米改良組合創業以来徐々〔二〕改良進歩ヲ計リ、稍々盛運ノ緒ニ就クト雖モ未タ十分隆盛ノ地位ニ達セズ、畢竟当農区ハ県下南郡ノ地方トハ大ニ其地情ヲ異ニシ産出米ノ多分ハ各村ニ於テ消費シ、余分僅カニ萩地ニ向テ搬出・売買ニ供スルノミニシテ、県外輸出米ノ如キハ殆ント皆無ノ状ヲ呈ス、従テ改良法ヨリ得ル直接ノ利益ヲ現目セザルヨリ、折節井底ノ鄙見ヲ以テ口実トシ改良ヲ冷視スルヨリ起因スルモノニシテ、自今漸々進ンテ根本的改良ヲ施スニモ至ラバ愈々隆盛ヲ見ルベシ〈阿武西93〉

同郡においては、一八九〇年代はじめには違反者の処分はなかったが、九〇年代半ばになると監視が強化されるようになった。すなわち、東・西・北の三農区に設置された三改良組合が、「三農区協議会」を開いて改良、および審査方法や取締りについて「協定一定」するほか、萩と内陸を結ぶ道路の分岐点においては、搬出米の「要路」となる西農区の福川村黒川の追分に「連合見張所」を設置し、「常ニ所員ヲ置」いて搬出米の取締りを実施した〈阿武東96〉（表3－10）。そのほか、阿武東改良組合は単独で二カ所の見張所を設けている。

一八九〇年代半ば以降、取締りが強化されると、違約処分は九四年度に八名、九五年度に一五名、九六年度に三一名、九七年度に二三名と急増した（表3－9）。そのほとんどは未審査米の取引・搬出によるものである。また一方で、「賞与」も交付されているが対象者は少なかった。

阿武北改良組合では、試験田に配置された技手が一八九六年から組合内を巡回し、試験設計や農事改良について組合員と「談話」するようになった。また「農事講習所」を開設して県農事試験場長らが「出張教授」にあたり、組合区域六カ村から選抜された四五名が入所して講習を受けた。さらに、品評会も開催され、四〇一名が出品して三〇名が入賞している。そのほか各村では「農談会」も開かれるようになった〈阿武北96〉。

こうした監視や取締りの強化と、審査受検を促す諸事業の展開は、次に報告されたように、改良の必要性を一定程度浸透させたといえる。

大ニ規約ノ励行ヲ努メ、役員ヲシテ屢々区内ヲ巡回セシメ、且ツ客年被虫害ノ際ニハ特ニ試験田担当者ヲ各村ニ派遣シ、……却テ大ニ作人ノ心目ヲ警醒シ、改良組合ノ必要ニシテ、従而改良作法ノ軽視スヘカラサル事ヲ深ク感セシメタルハ斯業発達上不幸中ノ幸ト謂フベシ〈阿武西97〉

しかし一八九七年度に、「大ニ規約ノ励行ヲ努メタ」ものの、なお「容易ニ旧来ノ陋習ヲ悉ク脱却スル事能ハス」と報告されたように〈阿武西97〉、審査率の向上には直結しなかった。もともと、阿武郡産米の商品化には限界があり、県外移出米が少なかったため、審査の進捗にも限界があったのである。

以上、一八九〇年代前半から同年代末にかけて、各防長米改良組合による審査事業の展開を郡ごとに検討した。その結果をまとめれば次のようになろう。

まず第一に、一八九〇年代半ばを画期として、産地における審査の忌避や未審査米の取引などの規約違反に対する取締りが強化された。役員は組合区域の村々を巡回して組合員に説諭し、また要所に見張所を設置し、警察官も動員して監視を強めた。違約金が実際に課されるなど、規約違反はきびしく取り締まられるようになった。このため、九〇年代半ばから違約処分件数が急増することになる。これは、発足当初の改良組合が処分の断行を躊躇していたのとは対照的であり、規約励行のため罰則をともなう強硬な措置が発動されるようになったのである。また、他方で、「功労者」や「優良組合員」には褒状や賞与が授与され、その対象者は増加していった。「改良米」の生産・調整とその取引が、必ずしも経済的に有利とはいえない条件のもとでは、規約励行の実現には、このような行政・警察による取締りと違約処分の断行という手段が有効であったといえる。

その結果として、第二に、それぞれの改良組合においては、現実に審査が進捗するようになった。具体的な審査方法について制度が定められ、審査員の任務や任免方法が整備され、また審査能力の向上も試みられた。一八九〇年代はじめから後半にかけて審査は組合員に普及しはじめ、審査数量は地域差を含みながらも着実に増加し、審査率も上昇していったのである。また、大粒・小粒の粒形に応じた斉一性を前提にして、兵庫市場の取引に対応した上・中・下三等級の評価も実現可能となった。こうして、産地農村において、移出地における移出検査を円滑にすすめる前提条件が形成されていったのである。

またさらに、一八九六年の試験田設置を契機に、組合に配置された試験田技手たちが、農区や町村のレベルで品評会や農談会を主催して施肥方法を指示するなど、きめの細かい農事改良がはじまった。技手の配置はきわめて少なくその業務にも大きな限界があったが（第五章）、彼らが組合事業を生産過程にまである程度浸透させたことは、審査を普及させる前提となった。こうして、産地農村側が審査を主導して、米穀商はそこから排除されるようになり、検査後の解俵は次第に阻まれるようになった。

第三に、一八九〇年代半ばから大幅に進捗するようになった審査は、「改良米」価格の相対的な上昇をもたらし、また「改良米」価格の上昇は審査の進捗を促すことになった。監視・取締りという強制力を契機とするものであった

図3－1　反収・審査率の推移（1895→1900年）

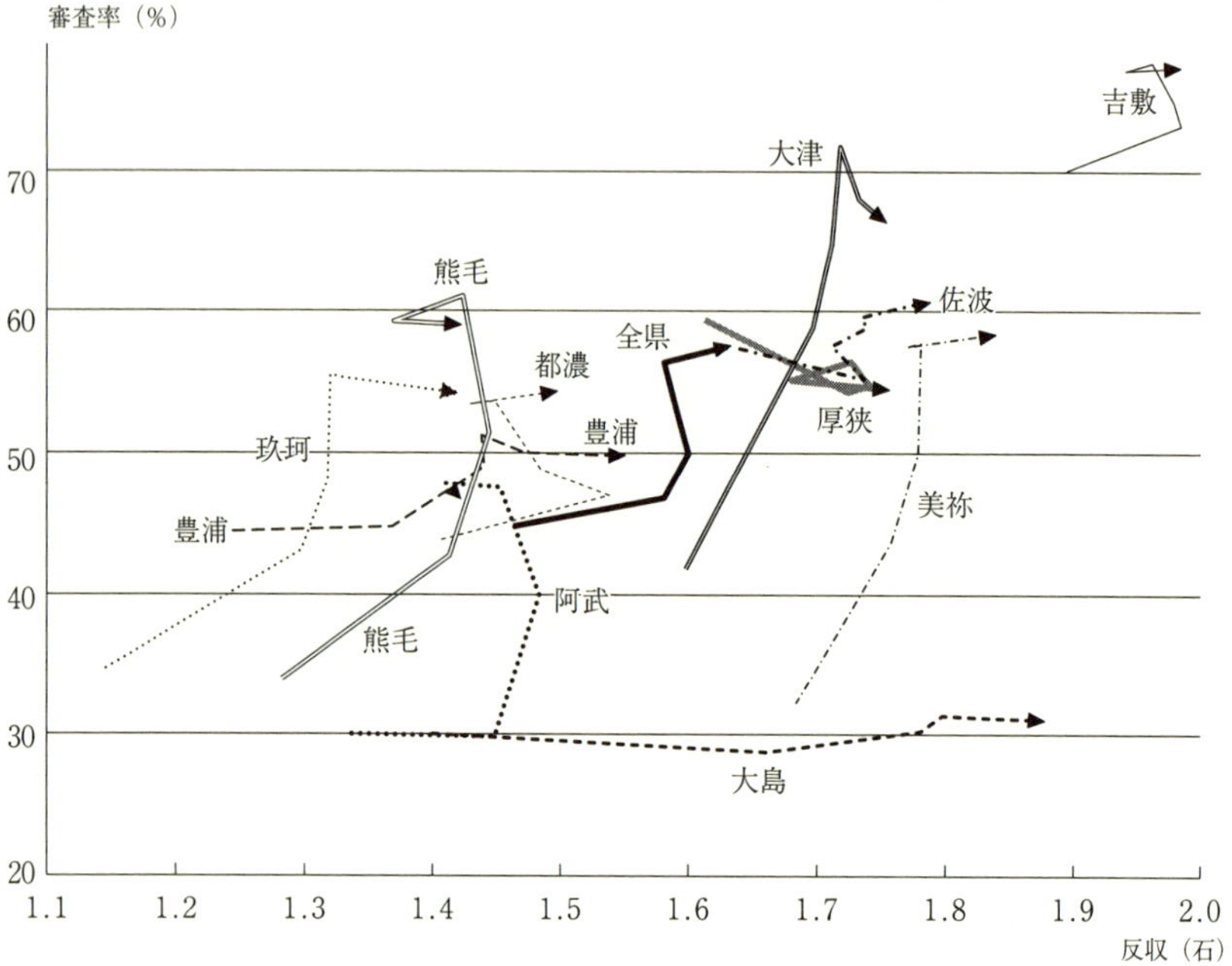

出典：反収は『山口県勧業年報』・『山口県統計書』（各年次）、審査率は同前および防長米改良組合・防長米同業組合による「取締所報告」・「業務成績」・「業務報告書」などの年次報告書（各年次）。
注：反収・審査率ともに、豊凶などによる変動を除去するため５ヵ年移動平均値を用いた。

が、審査の進捗・普及により「改良米」の生産・取引の有利性が明確になり、それは各改良組合に浸透していったのである。

おわりに

1　米穀検査の展開

防長米改良組合が一八九三年に規約をあらため、九〇年代半ばから違約処分を徹底して審査を進捗させていく過程を、各改良組合の事業に即して検討した。そこでまず、米穀検査の進捗を概観するため、序章で確認した三つのグループごとに、九〇年代後半の産地農村に展開した改良組合・同業組合の審査、および移出地における検査の展開を数量的に検討しよう。すなわち序章にみたような、各郡における米作の展開の特徴をふまえた、この時期の反収の変化と米穀検査の進捗の関係である。まず反収の動向と審査率の進捗について、次いで審査率および検査率の変化について検討する。なお、「審査率」とは、粳米生産量に対する審査受検量の割合、「検査率」とは同じく粳米生産量に対する検査受検量の割合である。

反収・審査率　一八九〇年代後半の時期について、各郡ごとに反収の伸びと審査率の相関とその推移についてみると（図3-1）、まず、高反収グループの三郡（吉敷・佐波・大津）では、吉敷郡が反収が一・九～二・〇石と県内で最も高い水準にあり、審査率も県内最高の七～八割に達していたが、反収・審査率ともになお上昇する傾向にあった。佐波郡でも、吉敷郡にはおよばないが反収・審査率ともに高く、反収は一・六石台から一・七石台へ、審査率は五割台から六割強へ増加を続けている。また、大津郡では佐波郡と同程度に漸増し、一・六石前後から一・七石前後となった。審査率は四割台から七割台へ大幅に上昇し、一八九五年前後には県平均を下回っていたが、一九〇〇年前後には大きく上回り、吉敷郡に次ぐ県内第二位の位置を占めるようになった。またこの時期には、厚狭郡は佐波郡と、美祢郡は大津郡とほぼ同様の水準・傾向にあり高反収三郡に準じる位置にあったといえる。

このように、高反収三郡、および厚狭郡・美祢郡では、すでに比較的高い反収がさらに増加し、また審査率も上昇した。特に大津郡や美祢郡では、はじめ審査率が低かったが、反収の増加とともに大幅に上昇して県平均を上回る水準に達した。一八九〇年代後半には、審査が強制的手段により徹底されたが、高反収の地域では、大津郡のように審査率が低位にあっても、短期間のうちに上昇して高い水準となったのである。

次に低反収グループの三郡（玖珂・豊浦・阿武）についてみると、まず玖珂郡の反収は県内最低で審査率も低かったが双方とも急速に上昇している。一九〇〇年には、反収は県平均を若干下回る程度にまで上昇し、審査率も県平均以上になった。豊浦郡でも同様の傾向があり、低かった反収は一・二石台から一・五石台へ大幅に伸び、また審査率は県平均程度で伸びには限界があったが、五割程度に達した。また、阿武郡では反収は一・四石前後で停滞したが、審査率は三割から五割弱へ顕著に上昇した。

図3-2　審査率・検査率の推移（1893→1900年）

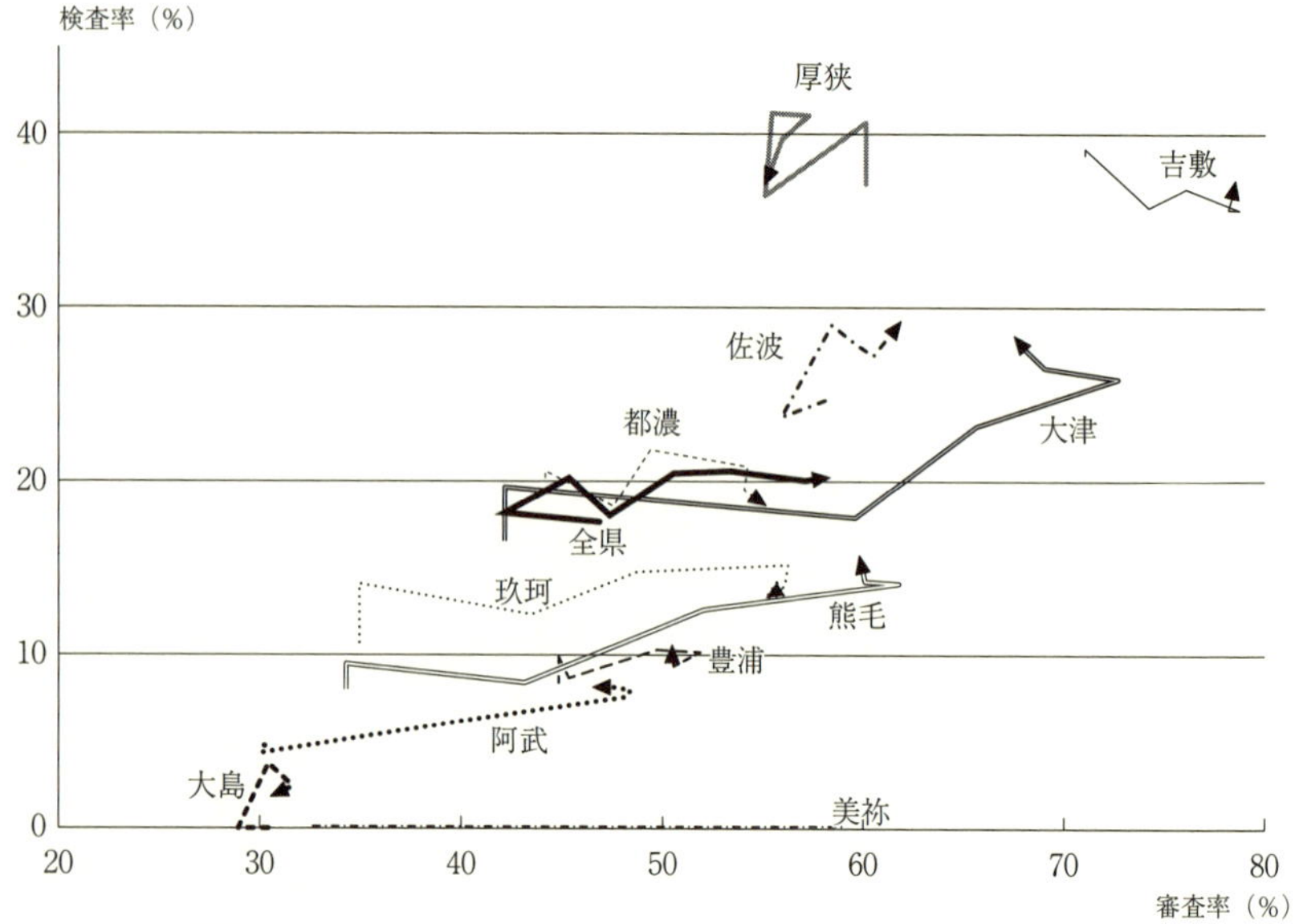

出典：『山口県勧業年報』・『山口県統計書』（各年次）、および防長米改良組合・防長米同業組合による「取締所報告」「業務成績」「業務報告書」などの年次報告書（各年次）。
注：審査率・検査率ともに、豊凶などによる変動を除去するため5ヵ年移動平均値を用いた。

そのほか、都濃・熊毛二郡の反収は県平均を下回っていたが、審査率は都濃郡では小幅に、熊毛郡では大幅に進捗した。熊毛郡の動きは玖珂郡に近いといえる。大島郡では、もともと米商品化が限られ、反収の伸びは著しかったが審査率は三割程度にとどまり停滞的であった。

このように、高反収・低反収グループともに反収の増加が明瞭であり、大島郡を除いて、反収増とともに審査率の上昇も確認できる。県平均値も同様の動きを示しているが、これは各郡で確認したこの時期の審査の徹底によるものといえる。強制をともなう審査の徹底は、生産力の高低を問わず全県的に実行され、その効果を発揮したのであった。

審査率・検査率　次に、同時期の審査率と検査率の動向を検討すると（図3－2）。まず、高反収グループの三郡では、吉敷郡はすでにみたように審査率は七割台、検査率は四割弱に達しており変化は少なかった。

佐波郡も吉敷郡に次ぎ審査率は六割前後、検査率は三割台でやはり変化は小さい。なお厚狭郡も、この時期には審査率は六割前後、検査率は四割前後と高位にあった(76)。大津郡では、すでにみたように審査率が大幅に上昇する一方で、一割台と低位にあった検査率も急上昇して三割に近づき、両数値ともにこのグループの水準に達した。

次に低反収グループの三郡においても、すでにみたように玖珂郡・豊浦郡・阿武郡ともに審査率の大幅な上昇があったが、検査率の上昇は小幅にとどまった。全県的に審査の実施が強力に促されたが、県外移出量が少ない地域では、検査率の上昇には限界があったといえよう。

なおこの時期、都濃郡の審査率・検査率は県平均に近かったが、前者は上昇したものの後者は停滞しており、低反収グループと同様の傾向にあったといえる。熊毛郡も低反収三郡と同傾向にあり、審査率は大幅に上昇したが検査率は微増にとどまっている。また、移出港がない美祢郡では一九〇〇年代まで検査が実施されず、大島郡ではすでにみたように、審査率は検査率と同様にきわめて低かった。

このように、多くの郡において、一八九〇年代後半に審査率は顕著に進捗したが、検査率の伸びは、大幅に上昇した大津郡のほかはゆるやかであった。県全体をみても審査率は四割強から六割前後へ増加したが、検査率は二割前後で増加は緩慢であった。高反収グループにおいては、すでに一定の検査率を実現していたが、低反収グループでは、反収は増加し審査率も上昇したが、この時期にはなお県外移出に限界があり検査率の伸びは比較的小幅にとどまったのである。

2　小括

一八八八年に発足した防長米改良組合は、九〇年代はじめまで、規約に定めたような審査を産地農村に実施することはむずかしく、また兵庫市場との取引に適した上・中・下などのランクを付することも困難であった。中央市場の要請には、移出港の米穀商による再調整が対応していたのである。すでに第一章・第二章にみたように、生産者・地主には「改良米」の生産と審査を促し、米穀商には「改良米」以外の取引を禁じた組合規約は双方ともに徹底せず、未審査米がさかんに取引される状態にあった。

このような局面を打開したのが、県庁の主導による監視・取締りの強化という非経済的な手段であった。一八九〇年代半ばを画期に全県各郡において、行政と警察による指導と取締りにより規約は強制的に遵守させられ、九〇年代後半になると審査は産地農村に徹底していくようになった。九三年の規約改正を機に県庁は組合の公共的機能をさらに強め、補助金を増額する一方で監督を強化した。新規約は違約に対する罰則を強化し、改良組合は九〇年代半ばから、従前とは対照的に違約処分を積極化した。また県庁は警察を動員して取締りを強化し違約処分が断行されるようになった。道路の要衝に設置された見張所は未審査米の運搬を監視し、訴訟による組合費や罰金の徴収がはじまった。奨励米・奨励金など地主から小作人への補償はなお限られ審査を促す機能には限界があったから、このような強制的な措置は、審査を徹底する限られた方法の一つであった。

審査体制の整備もはじまった。各改良組合は審査結果を三等級に区分する細則を定め、審査員を養成してその実現をはかったが、それは米穀商が審査員から排除され、産地農村側が主導する形ですすめられた。また移出検査の整備もすすみ、検査所が増設されて検査量が拡大し、検査員の専門性も重視されるようになった。さらにこの時期、各改良組合は試験田を設置し、「改良米」生産を実践して組合員に公開するなど、生産面にも事業を広げていった。こうして九〇年代後半からは審査の普及と質的向上がすすみ、審査合格米が移出港に集散して検査成績を向上させるようになった。また、県外移出が増加して検査量が拡大すると、それが産地農村の審査を促すようになり、審査・検査の有機的な関連が形成されていった。

審査の徹底は「改良米」価格の相対的上昇という結果を産地農村にもたらし、「改良米」生産と審査受検の有利性が組合員に自覚されるようになった。すなわち、警察をも動員した県庁の強硬な施策が、産地農村における審査受検の経済的メリットを実現しはじめたのである。また、日清戦後の好況に作柄の不振なども加わり、九八年はじめまで米価の好調がほぼ持続したことも審査の普及を促す要因となった[77]。

それでは、兵庫市場における防長米の位置はどのように変化したのであろうか。兵庫市場における防長米価格と、同地の標準米である摂津米、および競争相手である肥後米との価格差を示したのが表3－11である。まず摂津上米と比較すると、防長米は一八九〇年頃まで常にそのやや下位にあったが、九〇年代後半にはほぼ同水準になったことが確認できる。また防長米を摂津中米と比較すると、変動はあるが、九〇年代半ばにはやや上回るようになった。すなわち、審査が進捗する九〇年代半ば以降、防長米は摂津米価格に接近し、さらに優位に立ちはじめたのである。次に肥後米と比較すれば、防長米の優位は明瞭である。上米・中米ともに九〇年頃まで価格は接近していたが、九〇年代後半になると防長米が安定して上位を保つようになり、同年代末にはその差を開いていった。またその結果は、産地農村における審査の浸透をさらに促すことになったのである。

一八九〇年代半ばからの審査率の上昇は、このような過程により実現した。しかし審査成績の向上が、直ちに移出検査率の上昇をもたらさなかったことも確認したとおりである。この時期の県庁や改良組合は、審査の進捗に事業の力点をおいており、県外移出になお限界がある地域に対しても一律に審査の徹底をはかっていた。検査体制の再編にはなお限界があったのである。審査率上昇の影響が検査率におよぶのは、やや遅れることになった。

ところで、審査の徹底がすすむ一八九〇年代後半には、県内にようやく鉄道が到達することになる。山陽鉄道は広島以西の工事が大幅に遅れたが、九七年に徳山まで開通したのち、延伸して一九〇一年には下関までが全通した。鉄道は県南部の米作地帯や集散地を接続して兵庫市場・大阪市場や沿線主要都市と直結し、県内の移出検査にも影響を与えることになる。停車場には輸出米検査所が設置され、移出検査は急速に線的・面的に広がるようになった。

・肥後米との価格差

（単位：円／石）

年月	防長上米		防長中米	
	摂津上	肥後上	摂津中	肥後中
1896. 1	△0.10	0.10	0.00	0.10
2	△0.10	0.10	0.10	0.15
3	0.00	0.20	0.10	0.20
4	0.00	0.10	0.15	0.20
5	0.00	0.10	0.05	0.00
6	0.00	0.25	0.15	0.15
7	0.00	△0.20	△0.05	0.00
8	0.00	0.20	0.05	0.15
9			0.20	0.20
10			0.15	0.10
11	△0.05	0.25	0.00	0.10
12	0.00	0.35		
1897. 1	△0.10	0.10	0.35	0.10
2	0.00	0.25	0.55	0.30
3	△0.05	0.25	0.50	0.25
4	△0.05	0.15	0.50	0.30
5	△0.05	△0.05	0.20	0.05
6	0.00	0.10	0.00	0.00
7	0.00	0.15	0.15	0.20
8	0.00	0.20	0.20	0.30
9	0.00	0.50	0.55	0.55
……	……	……	……	……
11	0.00	0.30	0.50	0.20
12	0.00	0.40		0.30
1898. 1	△0.10	0.10		0.15
2	0.05	0.30	△0.20	0.15
3	△0.05	0.05	△0.15	0.15
4	△0.05	0.15	0.00	0.00
5	0.00	0.50	△0.10	△0.10
6	0.00	0.45		0.40
……	……	……	……	……
……	……	……	……	……
9	0.00	0.40	0.00	0.30
10	0.00	0.75	△0.10	0.70
11	0.00		0.20	
12	0.00	0.20	0.10	0.10
1899. 1	0.00	0.45	0.10	0.40
2	0.00	0.35	0.10	0.20
3	0.00	0.60	0.20	0.40
4	0.00	0.65	0.35	0.50
5	0.00	0.65	0.40	0.60
6	0.00	0.70	0.25	0.65
7	0.00	0.40	0.30	0.40
8	0.00	0.40	0.10	0.15
9	0.00	0.60	0.00	0.20
10	0.00	0.60	0.25	0.45
11	0.00	0.40	0.15	0.25
12	0.05	1.05	0.40	1.15
1900. 1	0.00	0.45	0.20	0.30
2	0.00	0.60	0.25	0.30
……	……	……	……	……
……	……	……	……	……
5	0.00	0.65	0.23	0.20
6	0.10	0.80	0.45	0.60
……	……	……	……	……
8	0.10	0.40	0.10	0.50
9	0.10	0.50	0.30	0.60
10	0.15	0.90	0.40	0.75
11	0.10	1.00	0.20	0.60
12	△0.15	0.40	0.10	0.00

値が正の場合、防長米価格が上位にあることを示す。

表3-11　防長米と摂津米

年月	防長上米		年月	防長上米		防長中米	
	摂津上	肥後上		摂津上	肥後上	摂津中	肥後中
1886. 1	△0.05	0.05	1893	……	……	……	……
2	△0.10	0.05	……	……	……	……	……
3	0.00	0.00	3	0.00	0.05		
4	△0.03	0.02	4	0.00	0.00	0.10	
5	△0.10	0.00	5	0.00	0.00	0.15	△0.03
6	△0.10	△0.05	6	0.00	0.10	0.30	
7	△0.10	0.00	……	……	……	……	……
8	△0.07	0.00	8	0.10	0.05	0.10	
9	△0.13	0.00	9		0.10		
10	△0.10	0.00	10	△0.02	0.15	0.83	
11	△0.10	0.05	……	……	……	……	……
12	△0.05	0.05	12	△0.95			
1887. 1	0.00	0.05	1895. 1	△0.05	0.15	0.00	0.00
2	△0.05	0.10	2	△0.05	0.10	0.05	0.20
……	……	……	3	△0.20	0.00	△0.10	△0.10
4	△0.05	0.10	4	△0.10	0.10	0.05	0.00
……	……	……	5	△0.10	0.15	0.20	0.20
1889. 4	0.03	0.08	6			0.15	0.10
5	△0.05	0.05	7	0.00	0.15	0.15	0.15
6	△0.10	0.05	8	△0.05	0.10	0.30	0.05
7	△0.05	0.05	9	△0.15	0.15	0.15	0.25
8	0.05	0.15	10	△0.05	0.20	0.25	0.40
9	△0.10	0.00	11	0.00	0.20	0.10	△0.05
10	△0.05	0.10	12	△0.05	0.05		
11	△0.05	0.05					
12	△0.10	0.15					
1890. 1	△0.10	0.00					

出典：『神戸又新日報』各号の兵庫正米相場欄による。毎月10日前後の相場を比較した。
注：防長上米・中米と、摂津上米・中米、肥後上米・中米との価格差を表示した。数

注

（1）農業発達史調査会編『日本農業発達史　第三巻』（中央公論社、一九五四年）三三〇、三四〇頁、『同　第四巻』（一九五四年）六二頁、『同　第五巻』（一九五五年）五八～五九頁、山口県文書館編『山口県政史　上』（山口県、一九七一年）三五七～三五八頁。

（2）防長米同業組合『防長米同業組合三十年史』（一九一九年）五〇頁。

（3）「防長米改良組合経費予算認可願ノ件」（「経費予算認可願」［農業19－72］）一八九四年一一月。

表3-12　各防長米改良組合事業報告書の所収簿冊一覧

組合＼年度	1890	1891	1892	1893	1894	1895	1896	1897
大島東西		農業15-7	農業16-10	農業19-7	農業20-83	農業23-50	農業25-78	農業27-64
玖珂北				農業19-6	農業20-84		農業25-77	
玖珂南					農業20-17	農業23-70	農業25-98	
玖珂東				農業18-73	農業20-88	農業23-16	農業25-104、農業26-43	農業27-64
熊毛北					農業20-82	農業23-63	農業25-71	農業27-33
熊毛南						農業23-62	農業25-81	
都濃南北				農業18-87	農業20-89	農業23-67		
都濃東							農業25-83	農業27-49
佐波南				農業19-25	農業20-14	農業23-57	農業25-97	
佐波東					農業21-7		農業25-80	
佐波西						農業23-68	農業25-69	
吉敷北		農業15-19		農業19-42	農業20-92	農業23-75	農業25-82	農業27-64
吉敷南				農業18-81	農業20-77		農業26-23	農業27-41
厚狭東				農業19-11	農業21-6	農業23-66	農業25-79	
厚狭西					農業21-4	農業23-64		
豊浦東				農業19-22	農業20-73	農業23-17	農業25-76	
豊浦西				農業18-80	農業20-79	農業23-138	農業25-68	
美祢東西		農業15-5		農業18-76	農業20-8	農業23-42	農業25-72	農業27-54
大津東	農業15-9			農業19-15	農業20-92	農業23-73	農業25-96	
大津西				農業19-15	農業21-26	農業23-81	農業25-95	
阿武北				農業19-35	農業20-13	農業23-54	農業25-101	
阿武東				農業19-40	農業20-18	農業23-49	農業25-85	
阿武西				農業19-37	農業21-37		農業25-99	農業27-34
見島						農業23-76	農業25-84	

注：所収簿冊と件名番号の表記は、序章第2節2、表序-2による。

（4）〔佐波郡長より内務部長あて回報〕（同前）一八九四年一二月。

（5）「経費予算認可願ノ件」（同前）一八九四年一二月。

（6）以下、凡例に示したように、〈 〉内は各改良組合が山口県庁に提出した毎年度の事業報告書を示す。例えば、佐波東改良組合の一八九四年度の報告書をこのように略記する。それぞれの事業報告書の出所は、上の表3-12にまとめて表示した。

（7）「防長米改良組合地方税補助費増加ノ件ニ付開申」（「地方税補助増加ノ件開申」〔農業24-23〕）一八九六年七月。

（8）「防長米改良組合事蹟」（「同業組合設置ノ義ニ付上申」〔農業28-1〕）。

（9）「受第二四三九号（農商務省農務局長藤田四郎から山口県知事原保太郎あて）」（「取締規則案」〔農業16-14〕）一八九三年六月。

（10）「防長米改良組合取締規則ニ関スル件」（同前）一八九三年五月。

（11）前掲「受第二四三九号」。

（12）「二農区聯合組合設立認可願」（「農区合併組合組織ノ件」〔農業16-22～25〕）一八九三年八月。

(13) 以下、「組長会協議決了書」(「組長会決議書」〔農業16－18〕) 一八九三年八月、による。
(14) 「組合長及組合議員任期ニ関スル件」(「組長及議員任期ノ件各郡市長へ照会」〔農業20－18〕) 一八九五年一月。
(15) 「防長米改良組合加入延期請願」(「組合加入延期請願」〔農業17－11〕) 一八九三年九月。
(16) 「防長米改良組合加入延期請願書へ添申」(同前) 一八九三年九月。
(17) 前掲「防長米改良組合加入延期請願」。
(18) 「防長米改良組合加入猶予願」(「組合加入猶予願」〔農業16－21〕) 一八九三年九月。
(19) 「防長米改良組合ニ関シ請願」(「組合ニ関シ請願書却下」〔農業21－19〕) 一八九五年七月。
(20) さきにみた、農商務省の照会⑥がこれにあたる。
(21) 「選任状」は郡名・組合名・年月日・氏名を空欄にして、上質の用紙に文言が印刷されている(「農業18－2」)。
(22) 「請書」(「組合及輸出米検査ニ関スル件」〔農業18－2〕)。
(23) 『一八九四年一月制定　輸出米検査処務規程』(同前)。
(24) 『明治二十八年度分　防長米改良組合取締所報告』三～四頁。
(25) 『防長米同業組合　業務成績　第二』一〇～一一頁。なお川西検査所は、一九〇〇年には同郡の岩国検査所に併合された(『明治三十三年分　防長米同業組合第三回業務報告』一一頁。後掲、表4－12を参照。
(26) 前掲『防長米同業組合三十年史』一五五頁。
(27) 前掲「組長会協議決了書」。
(28) 「審査細則更正ノ件決議書」(「廿五年度経費予算規約更正」〔農業18－54〕)。
(29) 前掲『防長米同業組合三十年史』一五七頁。
(30) 同前。
(31) 「発第二九一号(熊毛郡長より内務部長あて御答)」(「廿七年度予算認可願」〔農業19－2〕) 一八九四年五月。
(32) 「組合経費予算認可願」(同前) 一八九四年五月。
(33) 前掲『防長米同業組合三十年史』一六九頁。
(34) 一部の組合では、すでにそのようになっていた(第二章第二節2)。
(35) 〔委員会協議案〕(「委員会届」〔農業26－47〕) の「第四」。

(36) 同前、「第三」。
(37) 「明治三十年度審査員会決議」(「審査員決議届」〔農業26－60〕)。
(38) 前掲『防長米同業組合三十年史』二三一頁。
(39) 例えば、神奈川県橘樹郡地方における農会や農事試験場の設立とその事業の展開については、大豆生田稔「農業技術の普及と農会組織の形成――明治中後期の橘樹郡」(横浜近代史研究会・横浜開港資料館編『横浜近郊の近代史――橘樹郡にみる都市化・工業化』日本経済評論社、二〇〇二年)。
(40) 前掲『山口県政史 上』三六〇〜三六一頁。
(41) 「担任者指名」(「産米高及試験田担任者指名問合」〔農業23－33〕)。
(42) 前掲「防長米改良組合地方税補助費増加之件ニ付開申」。
(43) 以下、厚狭西農区防長米改良組合試験田「明治廿九年度稲作試験成績報告」(「廿九年度事蹟」〔農業26－8〕)による。
(44) 同前、七頁。
(45) 前掲『明治二十八年度分 防長米改良組合取締所報告』三四〜三五頁。
(46) 『明治廿七年度取締所事務功程』五頁。
(47) 以下、「議決決定書」(「組合試験田技手協議事項報告」〔農業29－21〕)一八九九年四月、による。
(48) 前掲『明治二十八年度分 防長米改良組合取締所報告』二頁。
(49) 同前、三頁。
(50) 「許可願」(「規約更正及予算認可願」〔農業20－8〕)一八九五年二月。
(51) この点については、すでにみたように、農商務省がこのような事実の有無を照会していた(本章第一節1)。
(52) 「理由書」(「規約更正認可願」〔農業21－70〕)。
(53) 「部長御通知案」(同前)一八九五年一一月。
(54) 「防長米改良組合事業保護ノ件ニ付請願」(「防長米改良事業補助ニ関スル諸願」〔農業21－92〕)一八九五年一〇月。
(55) 「防長米改良組合事業保護ノ件」(「防長米改良事業補助ノ件」〔農業21－91〕)一八九五年一一月。
(56) 「示警甲第三八号」(「防長米改良事業補助ノ件」〔農業21－90〕)一八九五年一一月。
(57) 「防長米改良事業保護ノ件」(「防長米改良事業補助ノ件」〔農業21－89〕)一八九五年一二月。

(58)「防長米改良組合規約違犯者之件」(「規約違犯者ノ件」[農業21－88]) 一八九五年一二月。
(59) 本項で主に使用する報告書については、本章・注(6)を参照。
(60) 以下、(熊毛郡長阪本協から山口県内務部長あて報告)(「玖珂熊毛両郡組合事務協議ノ件」[農業19－69]) 一八九四年一〇月、による。
(61)「旧時」とは米撰俵製改良組合、および防長米改良組合設立当初の時期を指す。
(62)(取締所から県内務部第三課へ報告)(「玖珂熊毛両郡組合事務協議ノ件」[農業19－69]) 一八九四年一〇月、別紙とも。
(63)「高第一七〇号」(高森警察分署長より警部長あて報告)(「規約違反者ノ件」[農業21－99]) 一八九五年一二月。
(64) 同前。
(65)(内務部長より取締所長あて照会)(同前) 一八九五年一二月。
(66) 前項にみたように、産地農村における審査の主導権は、その進捗・徹底にしたがって各改良組合が手中にしていったといえよう。
(67)「訴訟終結ニ付届」(「訴訟終結届」[農業21－77]) 一八九五年一一月。
(68)「判決正本」(同前) 一八九五年一〇月。
(69)「下米」が少ないのは、「可成之レヲ精製シテ中米タラシメ審査スル者トスル組合アルモ妨ナシ」という規約の規程により処理されたからであろう(前掲「組長会協議決了書」付属の規約雛形による)。「上米」の割合は、前掲『防長米同業組合三十年史』一七四頁。
(70)「上申」(「違約処分ノ件上申」[農業16－9]) 一八九三年四月。
(71)「二丁第二八号」(美祢郡長より県内務部長へ照会)(「米撰俵製ノ件」[農業20－1]) 一八九五年一月。
(72)「審査員申合決議書」(「米商人規約要旨」[農業21－67])。
(73)「美祢郡米商人規約要旨」(同前) 一八九五年一〇月。
(74)「二丁第八三三号」(美祢郡長より県内務部長へ通報)(同前) 一八八五年一一月。
(75) ここに記されている「輸出米審査」(一八九六年度)とは、取締所が移出港で実施する「輸出米検査」ではなく、県外移出用の米に対して改良組合が実施する「審査」のことと考えられる。「搬出米検査」(一八九七年度)も同様である。
(76) 厚狭郡の検査率が高いのは、内陸の美祢郡産米が同郡で検査されていたからである。
(77) 宮本又郎ほか『日本市場史――米・商品・証券の歩み』(山種グループ記念出版会、一九八九年) 二三〇～二三三頁。

第四章　防長米同業組合の設立――一九〇〇年代

はじめに

一八八八年に発足した防長米改良組合は、九八年に重要輸出品同業組合法により同業組合に改組し、防長米同業組合と改称した。各農区を領域とする改良組合は解散して全県を一区域とする同業組合が発足するが、各郡には支部がおかれることになった。

山口県においては、移出米の「検査」が主要移出港を拠点としてはじまり、次いで「審査」が産地農村に浸透していったが、審査の徹底はすみやかには実現しなかった。改良組合は一八九三年から、防長米の規格化を目的に、産地農村における審査、移出港などでの検査を県庁や警察の支援を前提に徹底していった。とりわけ、監視や違約処分による審査の徹底を契機に九〇年代半ば頃からは、審査の経済的な効果が産地農村にも漸次波及しはじめた（第三章）。

本章の課題は、一八九八年の同業組合への改組、九〇年代後半の山陽鉄道開通による米穀取引の変化、米穀検査体制の再編など、同業組合改組後に展開する米穀検査事業を検討することにある。審査・検査を実施する体制は、一八九〇年代後半から一九〇〇年前後にかけて、需要地である兵庫市場や大阪市場に対応して整備されはじめた。またこの時期には、海外輸出の後退により、防長米の販路は阪神市場など国内市場に向けられるようになった。このため産地農村においても、国内市場に適合した産米の生産・調整がより一層重要になった。

この時期の同業組合組織による米穀検査の研究については、県行政との親密な関係の指摘や[1]、同業組合の事業の概観はあるが[2]、組合組織の機能・性格や、米穀検査の展開に即したものは少ない。したがって、防長米改良組合が同業組合に改組して間もない時期の、同業組合組織の性格と県行政との関係、審査員・検査員の採用・養成・監視、米穀検査体制の整備、審査・検査の進捗とその限界、および組合の事業を支えた歳入と歳出の動向など、同業組合の事業展開に即して検討するのが本章の課題である。

第一節　同業組合への改組

1　県庁の指導

指導の強化　同業組合準則によって一八八八年に組織された防長米改良組合は、重要輸出品同業組合法による同業組合に改組するため九八年二月に創立総会を開いた。山口県庁は、九〇年代半ばの改組により大幅に進捗した改良組合の事業を、「幾多同業組合中希ニ見ル所ノ好績ニシテ今ヤ県民皆其必要ヲ認ム」と積極的に評価したが[3]、それをそのまま「放任」すれば、事業は後退し「存立ノ見込無之」状況に陥るとも判断していた。九三年以降、組合に対する県庁の指導は強化されていたが、同業組合への改組は、地域内の同業者に加盟を義務づけることにより、一層の強制力を実現することになった。

この改組は、農商務省の「同業組合設置ノ訓令」（一八九七年一二月）によるものであった[4]。改組には同業者の五分の四以上の同意を必要としたが、改良組合の組合員は、県下の地主・生産者および米穀商約一三万人にのぼり、個々の組合員から同意をとる手続の実行は現実には不可能であった。県庁はそれに代わる方法として、同法の規定（第一四条）により、農商務大臣の命令による改組を要請した。[5]同年一〇月に県庁は、同条による改組を農商務大臣に上申して設立命令を求め、農商務大臣はこれにしたがい、県内の「生産者」・「販売者」に同業組合を設置するよう県庁に命じた。同業組合への改組は、このように県庁の強い主導のもとに実現した。県庁は、組合の「放任」は事業を「瓦解」させ、県内の「物産」を「悲境」に陥れるとし、組合の指導をさらに強化して、県庁・郡役所の行政機構を通じて同業組合本部と各郡支部を管轄しようとした。県庁は同業組合に県行政の一端を担わせ、その業務を県行政の一環とみなして公的な機能を果たさせたのである。

組合ノ目的ニ於テ其効果顕著ナルニ、今一タヒ之ヲ同業者ノ意ニ任センカ、若シクハ勉テ勧誘ノ道ヲ尽スモ拾数万人ノ多衆其意向ヲ収集スル最モ至難ノ業トス、若シ不幸ニシテ忽チ土崩瓦解シ多年之計画一朝水泡ニ属シ、県下最重要ノ物産ヲシテ復昔日ノ悲境ニ陥ラシムルコト実ニ計ルヘカラス、是以此際設立ノ命令ヲ仰ギ、法ノ庇護ニ依テ一層確実ナル団体ヲ結バシメンコト切望ニ堪ヘズ、而シテ現在ノ組織ハ……先各農区ヲシテ独立ノ組合ヲ結バシメ後之レガ事業ヲ斉一ナラシメンガ為メ、庁下ニ取締所ヲ設置セシムレトモ尚統一ヲ欠クノ憾ナキニアラザレバ、更ニ県下ヲ一組合トシ本部ヲ庁下ニ支部ヲ各郡市ニ設置シ、諸般ノ事斉整一途ニ出デシメンコトヲ要ス[6]

一八八八年に改組された防長米改良組合は、一郡を二〜三に分割した農区を領域としていた。しかし、九三年の改組を起点にして、米穀検査体制は各改良組合間の差異をなくし統合する方向にあった。その実現のため県庁は、さらに、全県を領域とする同業組合の結成をすすめ、組合事業を県庁・郡役所の指導のもとにおこうとしたのである。

ところで、審査・検査など同業組合の実務については、各郡におかれた組合の支部がそれを管轄し、必要な書類などを作成することになった。支部組織については次項に検討するが、各支部が作成した諸書類は組合本部を経由して県庁に送付された。しかし県庁は一九〇三年八月、同業組合本部に対し、「爾今ハ法令規則ノ命スル書類ハ勿論、其他ノ場合ニ於テモ、可成事務所在地ノ郡役処経由御進達相成度」と通達し、支部からの書類は管轄の郡役所を経由するよう指示した。(7) すなわち、各支部が事業遂行に必要な書類を提出する場合、支部所在地の郡役所を経由して県庁へ送達するという地方行政のラインにしたがうよう指示したのである。書類が同業組合本部を経由するかどうか、つまり、①同業組合支部→同業組合本部→支部所在地郡役所→県庁、もしくは②同業組合支部→支部所在地郡役所→県庁、どちらかは判然としないが、必ず郡役所を経由するようなルートである。

このことは、まず第一に、同業組合の事業の多くは、なお、実際には本部ではなく支部が担当していたことを示している。審査や試験田などの実務は支部が担当していたのである。また第二に、組合事業が公共的な性格を強くして県庁－郡役所という地方行政組織が実務を主導するようになり、郡役所が関係諸書類を処理するようになったことを示している。全県におよぶ米穀検査という事業の性格から、県庁は地方行政のなかに、同業組合運営の事務を取り込んだのである。

さらに、合併後まもない行政村の町村長や助役などの公職者が、同業組合組織の末端にあたる町村の「委員」となり、同業組合の運営に関与するようになった。すなわち、委員は町村内の組合員を「誘導シ改良進歩ヲナサシメ」(8)るため、組合員名簿の作成、組合経費の徴収、審査員の監督、調査報告の作成などを任務としており（同業組合定款、以下「定款」、第七七条）、町村段階における組合運営の実質的な指導者となった。また、同業組合の発足にあたり選出された「町村委員」は、「当選委員ハ概ネ現任各町村長若クハ助役ニシテ、他ヨリ出タルモノハ僅カニ十四、五名ニ過キサル様被相認候」(9)と報告されている。町村における同業組合の指導層は、町村長・助役など町村行政の担当者とほぼ一致していたのでる。

組合費の徴収事務は、すでに町村役場に移管され（第二章第三節2）、町村長や助役が同業組合の委員となることにより、同業組合の公的性格は、実際に審査などが実施される町村の段階にも浸透していったのである。こうして、同業組合本部のもとに郡域と一致する支部の組織が形成されたが、組合事業と地方行政の一体化はさらにすすんだといえる。

2　支部の独立性

本部の事業

防長米同業組合の創立総会には、同業者約一三万人の代表一三六名が集まった。各郡には支部が設置されることになったが、定款には「郡市ノ状況ニヨリ二支部以上ヲ置クコトヲ得」（第六条）とあり、実際には大島・玖珂南・玖珂北・熊毛南・熊毛北・都濃・佐波・吉敷南・吉敷北・美祢・厚狭・豊浦東・豊浦西・大津・阿武・赤間関の一六支部が発足した。玖珂郡・熊毛郡・吉敷郡・豊浦郡には二支部が、ほか七郡と赤間関には単一の支部がおかれた。

防長米改良組合は、農区を基本区域とする各改良組合の連合体であり、組合ごとに独立して別個の規約が存在した。一八九三年からはその統一がすすんだが、なお組合ごとに別個の規約が存在しており、審査方法には組合間に一定の不統一部分を残していた（第三章第二節1）。しかし、同業組合への改組により、各支部を管下に収めた全県レベルの同業組合が、単一の規約により組織を運営することになった。

そこで、まず、本部の事業を歳入出決算により検討する（表4－1）。主な歳入は県の補助金と検査手数料である。県の補助は当初毎年三〇〇〇円、一九〇一年からは四〇〇〇円に増額されるが、〇三年からは減少した。また、検査手数料は事業の拡大により増加し、〇二年からは県の補助額を上回り、〇六～〇七年には最大の歳入費目となった。

表4－1　防長米同業組合本部の歳入・歳出決算

（単位：円）

	年　度	1898	1899	1900	1901	1902	1903	1904	1905	1906	1907
歳入	県費補助金	3,000	3,000	3,000	4,000	4,000	3,000	2,000	1,800	1,800	1,800
	手数料										
	検査手数料	2,465	5,579	2,838	3,153	4,186	3,117	4,268	4,094	5,818	4,807
	携帯証票手数料	81	23	8	10	6	7	7	7	6	5
	雑収入・寄付金	218	336	192	251	337	225	262	212	297	292
	繰越金			337	335	98	629	159	267	7	7
	借入金					600	150				
	合　計	5,764	8,938	6,375	7,748	9,227	7,121	6,695	6,380	7,928	6,910
歳出	事務所費	2,350	3,507	3,767	3,469	4,084	3,056	2,600	2,417	3,133	3,323
	馬関出張所費	81	296	244	253	285	254	239	242	257	250
	検査所費	1,167	2,900	1,508	1,754	2,270	1,662	2,304	2,333	2,370	2,127
	会議費	743	591	715	637	707	812	699	685	807	549
	賞与費	17	23	14	20	19	30	29	30	40	5
	奨励費		36		914	1,009			4	66	90
	中国区実業大会費・視察費	50	50								
	選抜会費					599	345				
	視察費補助										270
	予備費			30							
	準備積立金編入				72	95	96	88	93	133	176
	借入金償却・利子	1,020					600	150			
	次年度へ繰越	337	1,535	98	629	159	267	587	577	1,122	120
	合　計	5,764	8,938	6,375	7,748	9,227	7,121	6,695	6,380	7,928	6,910

出典：「防長米同業組合歳入歳出決算報告書」（各年度、［農業29-49］、［農業30-49］、［農業31-21］、［農業32-22］、［農業33-16］、［農業34-19］、［農業35-40］、［農業54-12］、［農業54-30］、［農業56-7］）。

一方、歳出は事務所費・馬関出張所費・検査所費・会議費、およびその他の支出からなる。組織運営のための事務所費は最大の費目であり、人件費が大半を占めた。馬関出張所費は一八九九年に設置された同出張所の諸経費、また会議費は、組合会議・支部長会・評議員会など、本部主催の諸会議の経費である。

事業関係では、移出検査関係の経費である検査所費の比重が大きい。これは、防長米改良組合時代に取締所が管轄した輸出米検査所の経費を引きついだものであり、大半は検査員の人件費であった。その他の事業をみると、一九〇一～〇二年度に多額の奨励費が計上され、その財源として〇二年に六〇〇円の借入金が計上されているが、これは内国勧業博覧会などの出品経費であった《一九〇二、16》。奨励費は種籾などの購入費であり、[10] また〇二年度には出品物を運ぶ選抜会の経費も計上されている。賞与費は功労者に下付された賞与金である。[11] そのほか、一八九八年度には同業組合への改組に要する諸経費が支出された。

このように、歳入・歳出からみた本部の事業は、県の補助金と検査手数料を財源として組織の運営にあたり、また移出検査部門を直営し、そのほかの臨時の諸事業を実施することであった。

支部財政　支部は本部の下部組織であったが、一九〇七年度までは財政面で一定の独立性を有しており、審査と試験田の業務を独自に営んでいた。支部財政は、次のようにそれぞれ「区々」であり独立して運営されたのである。

各支部ハ、歳入歳出共ニ其内容ヲ異ニシ、一概スヘカラス、蓋シ是等ノ支部ハ定款ノ規定スルトコロニ従ヒ、各自単独ノ経済ヲ維持スルヲ以テ、……《一九〇〇、19》

各支部ニハ、定款規定ノ範囲内ニ於テ、各自適応ノ歳入方法ヲ択バシメタリ《一九〇四、23》

各支部の歳入は、補助金・賦課金・手数料・借入金・寄付金・雑収入などであったが、最も大きな比重を占めたのが賦課金であった。賦課金は地価・地租・反別などに応じて生産者や地主に、また米穀商に対して賦課されたが、地価や地租などにかかる賦課金の賦課率は各支部の「予算ニ依ル」ものとされ、支部ごとに異なっていた。[12] 例えば、一九〇〇年度および〇四年度における各支部の賦課金の種類と賦課率をみると、それぞれ独自に設定されている（表4－2）。つまり、地価割・反別割・米商割を基本としたが、この間に賦課方法を変更する支部があり、また賦課率

表4-2　防長米同業組合支部の賦課金の賦課方法・賦課率

（単位：銭）

支部	方法	1900年度	1904年度
大島	地価割	15.75	16.00
	米商割	10.00	20.00
玖珂南	地価割	9.20	9.00
	米商割	15.00	10.00
玖珂北	地価割	3.00	2.20
熊毛南	地価割	12.20	10.00
	反別割	3.70	3.70
	米商割	22.00	20.00
熊毛北	地価割	6.09	8.00
	米商割	20.00	20.00
	俵別割	1.00	—
都濃	地価割	6.60	5.90
	反別割	66.00	0.60
	米商割	14.00	(1)
佐波	地価割	10.00	8.00
	反別割	10.00	0.80
	米商割		74.25
吉敷南	地租割	2.20	2.50
	反別割	1.10	1.60
	米商割	53.93	53.15
吉敷北	地価割	7.50	7.30
	米商割		14.54
厚狭	地租割	1.61	1.35
	反別割	1.22	1.20
	米商割		
豊浦東	地価割	4.40	3.20
	反別割	1.00	0.80
	米商割	10.00	25.00
豊浦西	地価割	6.98	3.48
	反別割	0.70	0.40
	米商割	10.00	10.00
美祢	地価割	4.60	
	反別割	1.20	
	米商割		
大津	地価割	6.39	5.68
	反別割	1.54	1.35
	米商割		(2)
阿武	地価割	7.00	7.00
	反別割	1.40	1.50
	米商割		(3)
赤間関	組合員割	28.00	
	地価割		11.81
	反別割		23.06
	米商割		31.37

出典：「防長米同業組合歳入歳出決算報告書」（各年次）、表4-1を参照。

注：地価割は100円あたり，地租割は1円あたり、反別割は1反あたり、米商割は1人あたり。(1) 仲買25.00、小売10.00、(2) 仲買30.00，小売15.00、(3) 仲買34.00、小売18.00。

も変動して支部間に大きな格差が生じていた。このように賦課金は、各支部の財政や事業に応じて賦課されていたのである(13)。

次に、歳入出決算によって支部の事業を検討する（表4-3）。同業組合のもとにおかれた一六支部の歳入・歳出の総計は二万数千円であった。本部の財政規模は一万円弱であるから、一支部あたりの規模は小さいが、同業組合の事業の多くは支部に委ねられていたといえる。歳入には、まず、県や郡からの補助があった。県の補助は一九〇〇年度に、郡の補助は〇三年度に打ち切られたが、これは、一八九六年度にはじまり九八年度に同業組合に引きつがれた試験田が一九〇〇年度に郡農事試験場となり、経営主体が同業組合ではなくなったからである（第五章）。また郡から補助を受けているのは、熊毛北・熊毛南・大津・阿武の各支部であ

表4－3　防長米同業組合支部の歳入・歳出決算（全支部の合計値）

（単位：円）

	年度		1898	1899	1900	1901	1902	1903	1904	1906	1907
歳入	補助金	県費	2,255	1,911	2,100						
		郡費	179	75	1,150	350	350	350			
	賦課金	地租割	2,819	3,043	2,017	1,846	1,880	2,008	1,987	1,936	2,273
		地価割	12,513	13,836	11,580	11,059	10,757	10,774	10,549	11,106	12,446
		反別割	8,048	8,237	6,808	6,363	6,286	6,911	6,592	6,890	8,063
		俵別割	666	724	589	650	565	590			
		米商割	639	940	973	972	1,039	1,089	1,054	1,215	1,221
		組合員割	76	51	54	66	74				
	繰越金				1,942	2,364	2,279	2,804	1,475	1,404	2,078
	雑収入		1,681	1,728	1,415	387	56	167	66	117	84
	借入金					83	220		200	249	100
	寄付金		656		20						
	手数料			33	238	266	144	118	146	199	179
	合計		29,530	30,578	28,886	24,407	23,651	24,812	22,068	23,115	26,444
歳出	事務所	給与	4,752	5,980	7,260	7,492	8,043	7,889	6,720	7,549	9,750
		需用費	2,505	2,489	1,258	1,194	1,366	1,202	1,066	1,203	1,197
	試験田	事務費	2,891	3,116	2,863	25					
		試験費	3,272	3,144	2,856	28					
	審査	審査員給与	8,575	8,591	8,842	9,356	9,610	9,694	9,700	9,745	10,103
		需用費	1,024	717	700	729	704	725	615	736	864
	見張所	給与	92	150	127	100	100	107	107	28	5
		需用費	39	13	14	13	7	12	11	9	8
	集会	委員会	1,302	752	937	1,165	1,124	1,163	1,243	1,092	1,028
		審査員会	359	446	448	519	568	587	521	644	760
		種作人会				26					
	監督費		114	159	232	291	222	258	216		
	賞与費		25	25	242	241	179	288	244	316	348
	視察費・実業大会参加			56		21	66	550		42	797
	品評会費		119	32			26			243	235
	選抜会									49	10
	種子費・種作費					238	50	33	30		35
	奨励費			13	171	64	224	90	83	261	183
	補助費		183	88		18	75	140			245
	寄付									100	
	予備費		53	63	100						
	借入金消却		34		62		104	100	133	100	249
	基本金編入					27	10	10	10	11	12
	合計		25,337	25,837	26,111	21,545	22,478	22,847	20,699	22,129	25,828

出典：「防長米同業組合歳入歳出決算報告書」（各年度）。各支部のそれぞれの費目の決算額を合計した。
注：歳入合計と歳出合計が一致しないのは，次年度への繰越額が記されていないためである。

る。阿武郡で継続する補助は、試験田、およびその廃止後の種作田に対するものであろう。[14] ただし、試験田の経費は補助額を上回っており、不足を補うため支部は賦課金を徴収しなければならなかった。支部は主として、地租割・地価割の賦課金を納める地主や自作層の負担で運営されたといえよう。また米商割は、賦課金額の比重は小さかったが急増していった。

主な歳出は、事務所や会議・集会の経費、および試験田・審査などの事業費に大別される。前者は、事務所費の給与が年々急増しており、支部組織の拡充がうかがえる。また後者をみると、支部の主要な事業が審査の実施と試験田の経営であったことがわかる。一九〇〇年度に廃止された試験田は郡農事試験場に引きつがれた。審査については、支部が存続する一九〇七年度まで審査員の給与が増加傾向にあり、支部の負担による事業の進捗がうかがえる。また、審査を徹底させるため、改良組合の時期にはじまる見張所の経費が、なお一部の支部で計上されていた。未審査米の運搬や取引に対する監視は、なお継続していたのである。そのほか、功労者の表彰、品評会の開催、内国勧業博覧会出品選抜会の開催、視察や遠方の集会への参加、支部内の諸事業への補助、種子の購入、などの経費が計上されており、各支部の多様な事業の展開が確認できる。

このように同業組合の各支部は、組織としては本部の管下に組み込まれたが、実際にはなお独自性を有していた。徴収した賦課金と県・郡の補助により、産地農村において、審査の実施と試験田の経営を主要な業務としていたのである。

第二節　審査の進捗と停滞

1　審査体制

審査規則の整備

県庁は改組を契機に同業組合に対する指導・監督を強め、とりわけ審査の徹底をはかった。審査体制の確立をめざし、単一の定款や規定により統一的な審査を実現しようとしたのである。まず、同業組合の成立を機に審査方法を「審査法」として定款に明記し、「全管内を統一」しようと試みた[15]。つまり、定款の第五章は、審査は審査員が審査細則[16]にしたがって実施すると定めている。合格米に上・中・下の三等級を付す方法は、兵庫市場の取引事情をふまえたもので、改良組合時代後半の一八九三年から実施されていたが[17]、同業組合はそれを定款に明記した。改良組合の時期には各組合の規約になお異同があり、審査方法にも異なるところがあったが、同業組合発足後は、県内すべて同一の規程による審査方法が採用されることになった。審査細則第六条には、上・中・下三等級の基準が次のように示されている。

（上米）米質優等ニシテ調整最モ善良ナルモノ
（中米）調整ハ完全ナルモ米種ノ混交又ハ赤青米アルモノ
（下米）調整ハ完全ナルモ砕ケ米及ヒ米種ノ混交甚シキモノ

すなわち、乾燥・斉一性など調整の完備が、審査に合格する前提であった。ここでの「調整」とは、乾燥と異物除去のことであろう。また、「汚レ俵」・「一重俵」・「立縄ナキモノ」など俵装の不備や、また、「濡米」・「精撰不完全ノモノ」も「総テ不合格」となった。俵装や調整の完備が合格の必要条件であったが、これらはいずれも商品としての基本要件であった。また、異種や砕米などを混交せず内容が斉一であることが、規格化・標準化の基準となった。

このように、審査に関する諸規程の統一は、後年、「防長米同業組合の成立するや生産検査の方法は審査法として詳細定款中に規定せられ全管内を統一したるのみならず、業務大に振暢するに至りたり」と述べられたように[18]、審査事業進捗の前提となった。ただし、このような審査を可能にするには一定の能力や規範意識を有する審査員が必要であった。

審査員　審査細則第六条は、合否や上・中・下三等級の基準を、不良米の粒数などにより客観化した規程ではなく、評価は審査員の主観的な判断に任される部分を残していた。したがって、審査の客観性を保証するため、審査員には一定の技術的能力が求められた。定款によれば審査員は、委員の推薦をへて支部長により任命されたが、一九〇四年四月に定められた検査員・審査員任用規程には、審査員・検査員の要件として次の三項が定められている。すなわち、①「米穀ノ良否ヲ鑑別スルノ能力ヲ有シ俵装調整ニ心得アル者」、②「二十歳以上ノ者」、③「普通文字ヲ解スル者」であるが、そこには審査員の能力についての具体的な規定はない[19]。審査員の任命には、制度としてその資質が問われることはなかったのである。

しかし一方で、審査員の任用は実質的に厳格化し、審査員数は大幅に減少した（表4－4）。審査員減員の事情は、次のように報告されている。

審査員ノ任用ヲ厳ニシ（就中審査事務講習会ヲ開キ会員ヨリ選抜シタルモノアリ）大ニ審査員ノ数ヲ減ズ（前組合審査員壱千八百有余人、我組合ノ現員ハ其三分ノ一ニ過キズ）……茲ニ漸ク等別異同ノ弊ヲ矯ルヲ得タリ《一八九八、9》

審査には「等別異同ノ弊」、すなわち、支部間の審査基準の偏差により、同一等級間に「異同」が生じるという弊害があった。支部ごとに異なる審査基準はその独立性に起因するものであり、規則は画一化したものの、その運用にあたり格差・不統一が生じていたのである。このため、審査員を減員し、審査能力の高い審査員による審査の質的な向上が要請されることになった。審査員の技術向上のため講習会などが開催され、また、審査の開始前には詳細な指示がなされるようになった。例えば、一九〇四年九月に吉敷南支部が開催した「審査員会」では、乾燥の徹底、俵装法の組合規約遵守などが指示され、また次のように、審査細則にしたがって「公平」に審査し、上・中・下の三等級も「情弊」に流れず厳格に実施するよう訓示があった。

表4－4　審査員数（郡市別）

（単位：人）

郡市＼年度	1893～1897	1898	1903	1908	1913
大島	14	20	22	18	18
玖珂	167	64	59	57	56
熊毛	77	57	69	40	41
都濃	126	53	60	37	37
佐波	153	32	37	32	35
吉敷	234	75	54	47	43
厚狭	259	44	52	36	39
豊浦	397	49	51	46	47
美祢	32	23	30	23	24
大津	67	43	47	26	28
阿武	350	135	79	51	46
下関	2	1	1	1	1
合計	1,878	596	561	414	415

出典：防長米同業組合『防長米同業組合三十年史』（1919年）173頁。
注：最初の時期は「創業後半期」と記されているが、1893年の改組後の防長米改良組合の時期を指しており、1893～1897年とした。

審査細則励行の件（説明、審査は公平なるを要す、苟も愛憎私偏の行為ある可らざるは審査細則の規定する所にして、素より本支部に於て其職責は尽くさゝるものなきを信ず、然るに審査米出荷の検査に当り往々審査其当を失するものあり、故に審査の合格不合格は勿論、上中下の鑑別等荷も情弊に流れざる様、定款及審査細則を励行すべきことを要す、……）(20)。

こうして、改組直前に一八七八名いた審査員は整

表4-5　各支部の違約処分件数

（単位：件）

支部	大島	玖珂南	玖珂北	熊毛南	熊毛北	都濃	佐波	吉敷南	吉敷北	厚狭	豊浦東	豊浦西	美祢	大津	阿武	下関	合計
1899	20	21	—	16	11	39	25	19	16	40	45	12	20	22	46	1	353
1900	3	25	1	7	4	64	20	16	7	27	18	12	16	16	21	2	259
01	2	23	—	10	4	17	32	11	4	48	10	8	11	—	8	4	190
02	3	15	—	6	2	6	9	8	7	34	33	1	23	2	3	—	160
03	4	3	—	6	4	9	12	2	5	37	17	2	7	3	22	3	136
04	3	7	—	5	5	15	21	5	5	64	3	3	32	1	17	1	187
05	7	14	—	1	6	7	23	10	4	19	19	16	27	—	17	—	170
06	2	19	—	8	1	12	17	1	7	9	4	9	39	16	7	7	173
07	2	23	—	12	23	2	2	4	3	21	7	8	15	2	20	7	151
08	2	5		28		20	2	—		29	22		7	2	18	2	137

出典：防長米同業組合『防長米同業組合三十年史』（1919年）229～230頁。

理され、直後には約三分の一の五九六名に急減した。例えば、すでに一八九七年九月、都濃東改良組合の委員会は「各村ニ於ケル審査ノ事業ヲ一定ニスルヲ要スルヲ以テ、監督上可成現今ノ審査員数ヲ減少スルノ方針ヲ取リタシ」(21)と、審査員減員の方針を表明していたが、その目的は審査員の能力と規範意識を高めて「審査ノ画一ヲ謀ル」ことにあった(22)。このように、審査の厳格化には審査員の大幅減を必要としたところに、当時の審査の限界があったといえよう。この大幅減は、審査の質的向上を実現するための応急策であった。

2　審査の進捗と限界

違約処分の強化　一八九〇年代後半に、審査忌避や未審査米取引に対する違約処分が強化され審査が進捗したが（第三章第二節3・4）、強制力を法的に強化された同業組合は、この方法を踏襲して処分をさらに徹底した。同業組合改組後の一九〇〇年前後には、処分件数が急増している（表4-5）。

一八九九年度には取締りが強化され、「違約者ノ多数ナルコト今年ノ如キハ、蓋シ組合創立以来、未タ曾テ見ザルトコロナリ」と報告された。違約の多くは未審査米の運搬・売買などであった《一八九九、27～28》。一九〇一年度に一九〇名を数えた違約者のほとんどは、未審査米の売買・授受・運搬により摘発され、「仮借スルトコロナク一々之ヲ定款ニ照シテ処分」された《一九〇一、66》。同業組合への改組後、違約処分はさらに積極化したのである。一〇年度にも、違約処分の内訳はなお未審査米の取引が最大の比重を占めていた（表4－6）。

　また、賦課金の滞納も強制的に処分された。次の阿武支部の事例は、同郡吉部村の四名が処分されたもので、定款にしたがい、過怠金が付加されて徴収された。過怠金の加徴、裁判所への執行命令・差押の要請を決定したのは同業組合組長であった。

阿武郡吉部村Aは、防長米同業組合阿武郡支部経費三円三十銭九厘（〔一九〇二〕三十五年度）に対する徴収切符を受けながら期日に至るも之れを納入せざるのみならず、再三再四督促を発するもさらに納入する模様なきを以て、同業組合阿武郡支部長西村礼作氏は之れを経費滞納者として組長へ報告せし所、組長山内文次郎氏より直に定款第百二十条に照し納入金の五倍、即ち十六円五拾四銭五厘の過怠金を附加し、計金十九円八拾五銭四厘を阿武郡支部事務所へ納入すべき命令を発したるも、尚ほ之れに服せざるを以て組長の申請に依り、萩区裁判所は之れに対し執行命令を発すると共に、執達吏財産差押の為め出張したるに、はじめて覚醒し狼狽の末、訴訟費用悉皆を合算して弐拾参円参拾壱銭四厘を客臘支部事務所へ納入したりと、又仝村Bも前同様にて壱円九拾四銭六厘を滞納して拾四円拾参銭六厘を、仝村Cも弐拾壱銭を滞納して四円八拾弐銭を、仝村Dも壱円四拾五銭を滞

表4－6　1910年度の違約処分

（単位：人）

支部	未審査	空俵再用	未検査	その他
大島	2	1	—	—
玖珂	27	2	3	3
熊毛	10	—	3	—
都濃	10	2	1	2
佐波	10	3	—	3
吉敷	10	23	—	2
厚狭	23	6	2	—
豊浦	50	7	4	—
美祢	19	4	—	—
大津	29	13	5	—
阿武	26	5	1	—
下関	1	—	1	—
計	217	66	20	10

出典：防長米同業組合の事業報告書《1910、55～56》表4-12を参照。

納して拾弐円拾九銭を何れも同時に納入したりとは、米作を改良し増収を目的とする組合員の所為とも思はれず、記して同業者の反省を望む(23)

一八九〇年代半ばから強化された違約処分は、同業組合への改組後にもなお、審査を徹底させる有力な手段であった。ただし、改組後に増加した処分件数は、数年後には減少して年間一〇〇件台に落ち着くようになった（表4－5）。また同業組合は一九〇二年、審査の徹底により「往時」のような「粗製濫造」が「漸ク跡ヲ絶」ち、品質と容量の「確保」、および上・中・下の三等級による審査が兵庫市場の取引に適合して防長米が「市価ノ標準」となり、さらに市場の「信用」を博するなどの「便益」を実現していると、次のように報告している。

今ヤ則チ此審査ヲ励行セルガ故ニ、往時ノ如キ粗製濫造ハ漸ク跡ヲ絶チ、已ニ其品質ト容量ノ確保セラル、ノミナラズ、上中下ノ等差ハ略ホ市価ノ標準タリ得ルニ至リシヨリ、県外顧客ノ信用ハ固ヨリ、県下百万ノ同胞ガ日常直接間接ニ享受シツ、アル便益ハ、決シテ尠少ニアラザルベキナリ《一九〇二、44》

審査数量の推移をみると、一九〇〇年代はじめに停滞したが、〇五年頃からは増加傾向が明確になる（図4－1）。同業組合発足直後には、生産量の停滞にもよるが、一八九〇年代末の著しい進展と比較すると審査数量の伸びがやや鈍くなっている。違約処分の強化による九〇年代半ばからの事業進展は、一九〇〇年代はじめには限界に達したといえよう。

審査の経済的効果　一九〇〇年代半ばから審査数量が再び順調に増加していくのは、違約処分の励行により審査が進捗し、さらに、兵庫市場における一定の評価を実現して、経済的誘因が産地農村に波及しは

図４－１　県内の米穀生産量・審査数量・検査数量

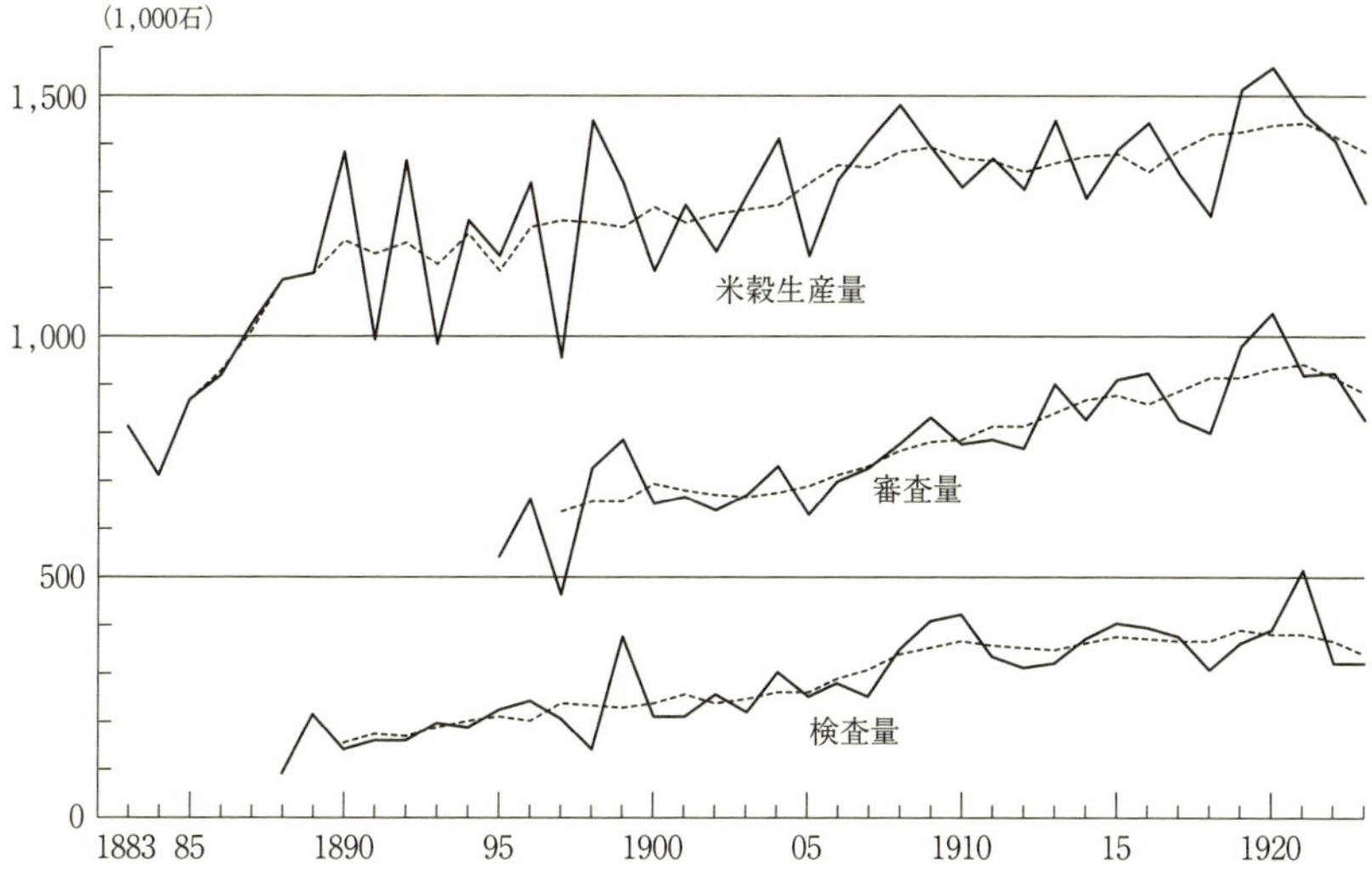

出典：米穀生産量は農林大臣官房統計課『明治十六年乃至昭和十年　道府県別米累年統計表』(1936年)、ほかは元防長米同業組合『防長米同業組合史』(1930年) による。
注：それぞれ破線で５ヵ年移動平均を図示した。

じめたことによるものであろう。違約処分による「強制的」な審査の浸透が、経済的誘因による自発的なものに漸次シフトしていく事情は、次に報告されたとおりである。「審査標印」が市場の「信用」を獲得したため、組合員はすすんで審査を受検しはじめたのである。

> 審査数ノ割合ノ年一年ニ増加シツ、アルハ最モ喜フヘキ現象ナリトス、蓋シ従来ハ組合員概シテ審査ヲ忌避スルノ弊アリ、為メニ殆ント強制的ニ之ヲ行フガ如キ傾向アリシモ、比年審査標印ガ漸ク市場ノ信用ヲ博シ来リ、売買授受ノ上ニ於テ彼我大ニ之カ必要ヲ感スルニ至リシヨリ、今ハ組合員自ラ進ンデ審査ヲ請求スルコト、ナリ、往昔ノ弊風ハ殆ント其跡ヲ絶タントスルニ至レリ《一九〇〇、27》

「審査標印」が取引価格を引き上げるという効果が確認できるが、この「標印」は審査合格を条件に付与されたから、産地農村においては、一定の規格化・標準化を達成して審査に合格すれば、価格の相対的上昇が実現するという期待が浸透することになった。審査に合格して「改良米」として売却することが、粗悪米を製して審査を受けずに産地仲買に安価に売るより有利であるという認識が広まったのである。このような、産地農村における組合員の「自覚」については、次のように報告されている。それは、小作層の場合であっても、販売部分を有する経営層においては同様の認識であったといえよう。「利益」の「自覚」が、「故意」による「違犯」を漸減させていったのである。

違約者ハ前年取締ノ厳粛ナリシト、組合員一般ニ組合制度ノ利益ヲ自覚シ来リシヨリ著シク其数ヲ減ジタリ、其本年ノ処分ニ係ルモノハ概《〔ママ〕》テ無検査ノ米穀ヲ輸送シ、或ハ未審査米ヲ売買、授受、若シクハ運搬セシ如キノ類ナレトモ、之カ違犯ノ跡、多クハ彼等ノ懈怠ヨリ生セシトコロニシテ、其故意ニ出デシモノ甚タ少カリシハ稍々喜ブベキ現象タリ《一九〇〇、50》

こうして、審査は産地農村に普及していった。すなわち一九〇三年度に、「違約者の数百三十六人、……処罰数の歳々減少するは、組合事業進歩の兆候たるを疑はざるなり」《一九〇三、44》と報告されたように、審査数量は増加したが違約処分件数は漸減していった。しかし、処分は年間一〇〇～二〇〇件で停滞しており、それ以上には減少しなかった。一九〇〇年代にはなお、審査の徹底には一定の違約処分を必要としたのである。産地農村は、経済的誘因が浸透していく過渡期にあったといえる。

地主の対応

一九〇二年に同業組合は、「審査ノ件ニ付警告」と題した「警告書」を組合員に配付し、「警醒ヲ喚起」した。審査の進捗を認めたうえで、なおそれを阻害するものとして、地主や酒造家らによる未審査米の「授受」の「弊風」を次のように指摘したのである。

此審査ヲシテ将来益々的確且ツ有効タラシムルハ実ニ我組合ノ大方針ニシテ、一層当業者ノ奮励ニ待ツモノアルニ拘ハラズ、従来地方ノ大地主若クハ酒造家ニシテ往々無審査米ヲ授受スルノ弊風アルハ、最モ怪訝ニ堪エザルトコロナリ《一九〇二、44》。

この「警告書」によれば、大地主や酒造業者が小作料として未審査米を受納したのは、次のように、小作人の負担を軽減するためであったという。

或ハ曰ク是レ幾分小作人ノ負担ヲ軽減センガ為ナリ、又曰ク相対授受ノ間更ニ審査員ヲ煩ハスヲ須ヰズト、嗟是レ実ニ皮想ノ謬見ニシテ、斯ノ如キハ折角粒々辛苦ノ効ヲシテ、能ク其終リヲ全フセザラシメ、所謂転地生々ノ真意ニ戻リ、国益ノ奈何ヲ忘却セルモノト謂ツベシ、彼等真ニ小作人ヲ愛撫スルノ衷情アリテ、試ミニ夫ノ年々蝕虫、変質若クハ脱粒ノ為ニ蒙ル損失ヲシテ、予メ之ヲ米撰俵製改良ノ資ニ給シタランニハ、不日其俵米価格ノ昇騰ハ裕ニ之ヲ償フテ余アルノミナラズ、屑米・粃米ハ以テ小作者ノ労ヲ犒フニ足リ、其ノ空俵ノ如キ、尚ホ地主ニ於テ雑穀ヲ容ル、ノ用途アル如キ、相互ノ得益思ヒ半ニ過グルモノアラン、地主タルモノ少シク這般ノ消息ヲ解セバ、刻下ノ問題タル小作人奨励ノ事亦決シテ難キニアラザルベキナリ《一九〇二、44〜45》

つまりここには、小作人の負担を「軽減」するため未審査米を「相対授受」するという「弊風」が記されている。おそらく、地主や酒造業者が、自家用飯米や原料米とする部分について、未審査米を受領していたことを指すのであろう。しかしその量が多くなれば、未審査米は販売部分にもおよぶようになり、産地仲買との取引にあてられた可能性もある。[24]小作人は地主から、小作米を審査に合格させる追加負担に対し相当の補償を期待できなかった。したがって、地主のこうした対応は、小作人への消極的な補償といえよう。このような地主の対応についてこの「警告書」は、小作人の追加負担に対する補償としては奨励米・奨励金などを交付することにより、審査の徹底を期すべきであると「警告」したのである。

同業組合はこのような「弊風」を、県全体の「公益」という観点から退けようとし、地主に対し、未審査の小作米を受納するのではなく、小作人がすすんで審査を受け合格するために、奨励米や奨励金を交付するよう要請している。しかし、その実現はなお困難であったから、定款の「精神」の徹底を唱え、「一県ノ公益」を実現するために、「臨検」や「監督」を行い「制裁」を加えると「警告」したのであった。

> 自家ノ事情例（仮）令受審ノ必要ヲ認メズトスルモ、一県ノ公益トシテ組合定款ニ規定サレタル上ハ、一己ノ区々ヲ措テ其規約ヲ遵守スベキハ組合員当然ノ責務ナルノミナラズ、社会ノ模表タルヘキ者ノ公徳ニアラスヤ、今後若シ不幸ニシテ頑迷之ヲ改メズ、為ニ一般斯業ノ発達ヲ阻碍スル如キモノアランニハ、我組合ハ断然相当ノ制裁ヲ加フルニ躊躇セザルナリ、今ヤ新穀秋収ノ期ニ際シ周ネク監査員ヲ各地方ニ派遣シ、農戸商舗ハ言ヲ竢タズ地主・酒造家ノ倉庫ニ臨検シ、審査ノ公正ヲ監督スルト共ニ売買授受ノ現況ヲ精査シ、一層業務ノ振張ヲ図ラントス
> 《一九〇二、45》

同業組合は県全体の「公益」、つまり同業組合による事業の公共的性格を強調して、「制裁」を「躊躇」せず、「臨検」などにより審査体制を強化しようとしたのである。もちろん、このような同業組合の事業方針は、県庁の指導・支援

を前提とするものであった。

こうして審査は、「防長米改良ノ消長ハ一ニ之〔審査〕カ張緩ニ係リテ存セリ」《一九〇二、27》と報告されたように、同業組合事業の「枢軸」として最も重要な業務に位置づけられた。しかし同業組合は、この「警告書」が指摘する「弊風」を克服するような、小作人の追加負担に対する地主の補償を実現することはできなかった。同書にある「小作人奨励ノ事」、つまり、地主が小作人に対し審査合格に要する調整・俵装の負担を補償する制度の制定や、その交付を促す具体的指導はなかったのである。

すなわち、岡山県は一九〇二年五月、小作米納入にあたり奨励米などを交付する契約の有無を山口県に問い合わせたが、山口県庁の照会に応じて同業組合が提出した報告書には、次の①〜④が記載されている。つまり、①規程にしたがい「米撰俵製」された小作米に、一俵あたり玄米五合、あるいは一升の「賞与」を与える地主がいる、②しかし、一村もしくは一地方の地主がこぞって「賞与」を与えるものではない、③契約は口頭のみでなされており、④こうした事情から二、三年後に交付は「中絶」することになった、という四項目である。[25]このように、すでにみたような奨励米の交付（第一章第三節2）は、小作慣行や制度として確立・定着していたわけではなく、また県庁の指導によるものでもなかったのである。

一般に、米穀検査の円滑な展開には、小作層の受検を促すため奨励米・奨励金交付など地主の負担による奨励を必要とし、これが新たな小作慣行として産地農村に定着する地域もあった。[26]しかし、一九〇〇年前後の山口県においては、地主の奨励米・奨励金は部分的・限定的であり、小作慣行として実現・定着してはいなかった。したがって、審査の徹底に公共的な性格を認める同業組合と県庁は、違約処分の断行による「強制」が唯一の有効な方法と認識し、強力なテコ入れを継続したのである。

第三節　鉄道開通と検査体制の再編

1　鉄道開通と産米輸送

山陽鉄道の延伸と下関

一九〇〇年前後に、県南部の米作地帯を東西に貫き、阪神地方に直結する山陽鉄道の建設がすすんだ。日清戦争後、広島以西の鉄道建設は大幅に遅れたが、同業組合創立直前の一八九七年九月には徳山まで開通した。翌九八年三月に三田尻、一九〇〇年一二月に厚狭に達し、〇一年五月には下関まで全通した。山陽鉄道は県南部の産地・移出港と兵庫市場・大阪市場とを結び、産米の商品化に変革をもたらした。

下関は瀬戸内海の入り口に位置する西回り航路の枢要港であり、県外の産米も集散して阪神地方との取引もさかんであった。つまり、下関に入港した米は、一部は同港から海外輸出され(27)、また「他方ニ転輸」されて阪神地方などに向かい、「他ノ県内廻漕ノモノト、自ラ情況ヲ異ニ」したのである《一八九九、40》。したがって、下関に搬送される防長米は県外移出米として取扱われ、移出検査が課されていた。しかし、同業組合発足にあたり、創立総会においてこの条項が廃止された(28)。県庁はこれを、「深謀熟議」せず「匆卒ニ削除議了」したものと農商務大臣に報告してその復活を試み、再び総会を開かずに、定款の「補正」を創立委員に「一任」して修正した。県庁の強い指導により、下関搬送の防長米に移出検査もれが生じないよう、急遽強力に処置されたのである。農商務省農務局長に対する知事の報告は次のとおりであった。

赤間関市へ輸送スルモノニ就テハ従来ノ取締手続ニ基キ、創立委員ニ於テ……特別ニ取締ノ法ヲ設ケタルニ、総会ニ於テ深謀熟議ノ暇ナク匆卒ニ削除議了シ去リシ次第ハ委細大臣へ及開申之通ニシテ、今日ニ於テハ当時削除説ヲ持シタル者亦熟考ノ末悔情セル声モ有之、全ク一場ノ理論ニ泥ミ深ク考究セサルニ坐シ候儀ト認メラレ候間、事態御諒察之上、意見採納相成候様御配意相成度、果シテ意見採納相成候節ハ、先以テ赤間関市ヘ輸送スルモノニ限リ特別取締ノ規程ヲ設クベキ旨御指示相成候ハヽ、更ニ総会ニ於テ追加議定之上御認可相成順序ト被考候処、為メニ再ビ総会ヲ開設スルコトハ事実容易ニ難行候ヘ者、今回ハ創業ニ係ルヲ以テ定款中ノ条項ニハ、或ハ其筋ヨリ指示命令セラルヽコトヲ慮リ、過ル総会ニ於テ右等補正方総テ創立委員ヘ一任シ、委員ニ於テ議定スルコトヲ得ヘキ旨決議致居候間、定款補正之義御指示相成候トモ、特ニ総会ヲ開クノ煩ナク実際差支無之候間、……(29)

しかし、山陽鉄道が開通して県南部米作地帯の産米が直接阪神地方に輸送されるようになると、下関の位置は低下していった。すなわち次のように、鉄道開通前の吉敷郡以西の産米は、主に下関の商人を経由して兵庫市場や大阪市場と取引されていたが、開通後は直接阪神地方に向かうようになったのである。その結果、下関での取引は減少していった。

従来、吉敷郡以西輸出米ノ大部ハ、先ヅ之ヲ馬関港ニ廻漕シ、該地ノ商賈ノ手ヲ経テ、更ニ阪神市場若クハ海外ニ輸出セシヲ以テ、該港ニ於ケル防長米ノ輸出入非常ニ頻繁ナリシガ、近年山陽鉄道開通ノ結果、其沿道一帯ノ市場ヨリスルモノハ、該港ヲ経由セズシテ直接之ヲ目的地ニ運送スルノ便ヲ感ズルニ至リシヨリ、本年ノ如キ馬関港ニ於ケル防長米ノ輸出入ハ、之ヲ昨年ニ比シ更ニ一段ノ減少ヲ見ルニ至レリ《一九〇一、51》

一九〇〇年代はじめから半ばにいたる県内各駅の米穀発着量をみると、小郡以西の吉敷郡内各駅（嘉川・阿知須）・厚狭郡内各駅（船木・小野田・厚狭・埴生）からも多量の発送があった（表4-7）。また移出港の小郡・三田尻には有

表4－7　山陽鉄道県内各停車場の米穀発着量

（単位：石）

	下関	幡生	一ノ宮	長府	小月	埴生	厚狭
発	8,371	3	16	67	3,950	248	6,735
着	15,453	22	2	95	357	85	392
	小野田	船木	阿知須	嘉川	小郡	大道	三田尻
発	1,536	2,130	2,511	9,501	37,766	6,401	20,279
着	138	188	417	285	5,960	550	8,932
	富海	福川	徳山	下松	島田	岩田	田布施
発	69	2,061	1,593	9,526	4,458	1,617	941
着	15	1,165	1,647	7,527	275	338	195
	柳井津	大畑	神代	由宇	藤生	岩国	合計
発	4,752	212	5	4,006	52	622	129,430
着	4,163	838	2	2,172	268	3,262	54,742

出典：通信省鉄道局『鉄道局年報』（各年度）。
注：発送は1901～07年の、到着は1902～05年の平均値。

力な移出米問屋がおり、鉄道輸送による取引に切りかえられ、小郡・三田尻両駅から大量に発送されるようになった。ただし、下関の到着量一万五四五三石にも注目すべきであろう。おそらく、小郡以西においても、各駅発送の一部は鉄道で下関へ搬出されていたと考えられる。また沿道の米穀は、下関－小月間の馬車便などでも運搬された。下関へ鉄道輸送する米穀は定款により移出検査が義務づけられたが、馬車輸送にはそれが課されていなかったため、山陽鉄道はこれを鉄道輸送「発達上」の「障礙」とみなし、馬車と「差別ヲ設ケラレ」るのは「道理上謂ハレナキ」と県庁に請願している(30)。山陽鉄道線の厚狭駅・下関駅の中ほどにある小月駅から下関への産米の輸送をめぐり、鉄道と馬車の競争が激化していたのである。また県北部、および下関周辺からは海路による下関への輸送もあった。集散地としての機能を後退させながらも、なお下関の位置は重要であった。

小郡の台頭

下関の後退とは対照的に、米穀集散地として台頭したのが小郡であった。鉄道開通により小郡は「俄然米穀聚散ノ中心」《一九〇一、58》となったのである。鉄道による米穀発着数量をみると、小郡駅は三田尻・下松・下関の各駅を大きく引き離している（表4－7）。米作地帯である吉敷郡や周辺地域の産米は陸路、もしくは周辺諸港から海路により小郡に集まり、小郡駅から阪神地方へ鉄道輸送された。少量ではあるが、一九〇四年八月の新米出荷について、次のような記事がある。

小郡駅前池田運送店にては去る二十三日防長新米の初輸送を取扱へり、本年の輸出は昨年より早きこと五日にして価格は四斗入一俵七円二十銭なり、又た其輸出俵数も昨年に比し四、五俵多かりし由にて、其の輸出先は左の如し

小郡駅米穀商梶山支店の輸出

大阪中島五丁目山尾恒太郎氏へ一俵

同安治川橋北詰荒木兵吉氏へ一俵

兵庫松屋町粟賀仁兵衛氏へ一俵

同駅米穀商池田作之助氏の輸出

三井物産合名会社神戸支店へ一俵

兵庫日本米穀株式会社へ一俵

兵庫匠町沢田亀之助氏へ一俵

下関市東南部町大広伊三郎氏へ一俵

以上七俵耕作人は吉敷郡宮野村古屋虎吉氏にて仲買人は当地の青木市太郎氏なり、尚ほ吉敷郡大歳村米仲買人藤村文蔵氏は、同郡宮野村小島平五郎氏の耕作に係る分三俵を下関市東南部町重富孫一氏へ輸出したりと(31)

これは一九〇四年八月下旬の新米出荷を報じたもので、米穀商梶山支店と米穀商池田作之助は小郡の移出米問屋である（表4－8）。産地仲買らが集荷した米を池田運送店が輸送し、移出米問屋が大阪や兵庫の問屋と取引したのである。

表4－8　県内主要集散地の有力米穀商

年度	下　関	小　郡	三田尻
1901	三井物産馬関出張店、日本米穀赤間関支店、浅野太三郎、梶永吉蔵、梶山新介、白井常三、関谷フサ、清広太郎	亀山富介	梶山豊吉
1902	日本米穀輸出株式会社下関出張店、高瀬徳蔵、枇杷茂三郎、豊田市九郎、柴田甚作、梶永吉蔵、関谷フサ	亀山富助	梶山豊吉
1903	同上	池田作之助、梶山豊吉、田中勇治郎	梶山豊吉
1904	同上	同上	梶山豊吉
1905	同上	同上	梶山升三郎
1906	日本米穀輸出株式会社下関出張店、高瀬徳蔵、枇杷茂三郎、豊田市九郎、柴田甚作、梶永吉蔵、村田音松、大広伊三郎、関谷フサ	同上	梶山升三郎
1907	日本米穀輸出株式会社下関出張店、高瀬徳蔵、枇杷茂三郎、豊田市九郎、柴田甚作、梶永吉蔵、大広伊三郎、関谷フサ	池田作之助、梶山支店、田中勇治郎、井上道蔵	梶山升三郎

出典：防長米同業組合の事業報告書《1901～1907》。

なおごく一部ではあるが、荷は下関へも向かっている。

集散地としての重要性が高まった小郡では、米穀商、とりわけ有力な移出米問屋が増加した。同業組合の報告書によれば、これまで一名であった小郡の有力商人は、一九〇三年には三名に増加し、また〇七年には四名となった（表4－8）。一方下関では、〇二年に三井物産下関出張所が米穀取引から撤退し、顔ぶれが大きく変わっている。

さらに、小郡の台頭にともない、米穀商が同業組合の移出検査を支援し、審査・検査の徹底に同調し協力するようになった。米穀商たちは相互に次のような「協約」を結んで取引の「協同革新」をすすめたのである。

三田尻ハ夙ニ米商者協約ヲ設ケテ同業者間ノ矯弊ニ着手シ、丸三（地方徴票）米ノ名声独リ阪神市場ニ嘖々タリシガ、輓近鉄道開通ノ結果、小郡市場ガ俄然米穀集散ノ中心トナリ、商買ノ数従テ加ハリ、協同革新ノ必要一層ナルヲ認メシヨリ、我組合（防長米同業組合）ハ数々其結合ヲ勧誘シ、昨年三田尻ノ例ニ倣フテ遂ニ仲買商規約ヲ締結セシメ、品質升量ノ確保、俵装縦縄ノ一定等、大ニ旧来ノ面目ヲ刷新シ、且同地輸出ノ上米ニハ三ツ引（Ⅲ）徴票ヲ附スルヲ承認シ、盛ニ販路ノ拡張ヲ図リシガ、今ヤ三田尻ト相伯仲シテ防長輸出米ノ牛耳ヲ執ニ至レリ、而シテ本年ニ至ツテハ船木・厚狭相次テ規約ヲ結ビ、隣佑互ニ警告シテ、大ニ同市場ノ信用恢復スルニ努メツ、アリ、尚再余ノ各市場ニ於テモ近来漸ク此種ノ機運ニ向ヘルモノ、如ク、我組合益々之カ慫慂ヲ怠ラズ《一九〇二、40》

すなわち、三田尻に次いで小郡においても、鉄道開通を機に同地の米穀商が規約を締結して品質・容量・俵装の改良に乗りだしたと報告されている。同組合の規約によれば[32]、まず冒頭に、同業組合の規約を遵守し「弊害を矯正し正直を旨」として販路の拡張をはかった（第一条）。以下、買い入れた米俵への混入や（第二条）、未審査米の取引を禁じ（第三・四条）、審査ずみの米俵でも「古俵濫造」、「汚俵」や「軽量の俵」などをチェックした（第五・七条）。また「不都合」な検査をする審査員・検査員は組長や支部長に報告し（第八条）、本規約に異議を唱え「加盟」しない「仲買人」などの米穀商とは「一切」取引しないこと（第一一条）、などを定めている。さらに、違約者からは違約金を徴収する規程があった（第一二条）。組合員は相互に監視して違約者を通報し（第一四条）、本規約の励行と違約者の処分を担当する「取締」が同業者から「選挙」された（第一五条）。また規約「厲行」のために、同業組合組長にも監督が「委托」されている（第一三条）。あわせて、移出米を三等に区分することや（第一〇条）、俵装に必要な縄の入手方法（第九条）など、実務的な事項も定められた。

この規約は「小郡米穀仲買人の規約」として報じられており[33]、産地農村から集荷し同地の移出米問屋と取引する米穀商二三名が組合規約に「記名調印」している。同業組合との緊密な連携のもとに、移出地小郡の米穀商が組織され、同業組合の事業と連携して審査・検査が徹底され、未審査米は取引から排除されていったのである。同業組合と同様に、違反者には違約金などの制裁が課されることになった。

表4－9　各郡市の輸出米検査所数（1893～1907年）

郡市＼年度	1893	1894	1895	1896	1897	1898	1899	1900	1901	1902	1903	1904	1905	1906	1907
大島	—	—	—	—	—	—	3	3	3	3	3	3	3	7	7
玖珂	1	1	7	7	7	7	15	12	12	12	12	12	12	12	12
熊毛	1	1	6	6	6	6	15	17	17	18	18	18	18	18	18
都濃	—	—	3	3	3	3	3	3	3	3	3	3	3	3	3
佐波	1	1	4	4	4	4	6	6	6	6	6	5	5	5	5
吉敷	1	1	10	10	10	10	11	11	15	15	15	15	15	15	15
厚狭	1	1	12	12	12	12	13	13	15	15	15	15	15	15	15
豊浦	2	2	12	12	12	12	14	15	19	19	19	19	20	21	21
美祢	—	—	1	1	1	1	1	1	1	1	1	1	1	3	4
大津	—	—	8	8	8	8	10	11	11	11	13	13	13	13	13
阿武	—	—	3	3	3	3	10	10	13	13	13	14	14	14	14
下関	1	1	1	1	1	1	1	1	1	1	1	1	1	1	1
合計	8	8	67	67	67	67	102	103	116	117	119	119	120	127	128

出典・注：表3－2に同じ。

産地農村における審査が不徹底であった時期には、産地仲買らは必ずしも審査に合格した「改良米」を求めなかったが、鉄道開通を機に、小郡ほか移出地の米穀商たちは同業組合の「勧誘」に応じ、それぞれ独自に規約を締結して「改良米」取引の徹底に同調し支援するようになったのでる。それは、小郡・三田尻に次ぐ集散地である厚狭郡の船木や厚狭などにおいても同様であった。

2　検査体制の再編

検査所の増設

山陽鉄道の停車場には、県外移出米を検査する検査所が新設された。鉄道輸送によって産地の各駅は阪神市場と直結するようになり、ほぼ沿岸部の移出港に限られていた検査所は鉄道沿線に広がった。厚狭まで開通した一九〇〇年からは、検査所の統廃合と新設が続出している（表4－9）。県東部からみると、玖珂郡では新港・河西の検査所が廃止されて岩国に合併し、郛ケ先が廃止されて藤生が設置された。吉敷郡では大道・大海・秋穂・佐山の四カ所が新設され、新開作が廃されて大里に移動し、また東津は小郡と改称した。厚狭郡では船木・厚狭の二カ所が新設された。さらに豊浦郡の宇部、阿武郡の三見・田部・惣郷が新設された。阿武郡を除く新設はすべて鉄道開通にともなうもので、新たに停車場が「米穀集散ノ要衝」《一九〇〇、11～12》となったからであった。

県内の検査所数は大幅に増加し、一八九九年度には一〇二カ所となった（表4－9）。さらに、「明治卅年代は検査所の拡充時代」[34]といわれたように、検査所は一九〇〇年代に増加していく。例外的に増加が少ない大島・都濃・美祢の各郡は、郡域が狭小であるか内陸の山間に位置しており、移出量は比較的少なかった。その他の地域では移出検査を行う地点は大幅に増加したのである。

検査体制の強化

また審査員と同様に、検査員の選抜方法が整備された。一九〇四年の検査員の任用規定は、検査員の任免は組長によると定めているが（第三条）、検査員の能力については、すでにみた審査員同様に特に定めはなかった。また、選抜方法は試験によらず、また俸給も検査数量に応じた出来高給であった。[35]したがって、専門的技術や「相当人格」が必要とされていたが、それに応じた選抜方法や技術養成、待遇改善はなお実現していなかったのである。

しかし、同業組合への改組を契機として検査は厳格化し、検査方法とその取締りについて詳細に定められることになった。同業組合定款によれば、産米を組合地区外に搬出するときは手数料を納めて検査所で検査を受け（第三〇条）、船積みもしくは汽車積みの場合は組合地区内でも検査が必要となり（第三二条）、陸路下関に輸送するものも同様であった。[36]検査の結果、定款の定める改良法によらないもの、混交米・濡米・腐敗米は移出が禁じられた（第三六条）。さらに、米穀運搬にあたり移出者は検査証明書の「付帯」が必要となった（第三八条）。

また、審査を検査の前提として位置づけ、検査所は審査ずみの米俵以外は受理しないこととし（第五〇条）、審査後の米俵の「解俵」や、取引を目的とする「他ノ米穀ノ混交」を禁じた（第五六条）。一八九〇年代半ばまで、米穀商は未審査米を解俵し再調整していたが、審査の普及・徹底にともない、産地仲買らは審査に合格した米俵を解俵せずそのまま取引するようになったと考えられる。産地農村では定款に準拠して「改良米」を生産・調整して審査を実施し、産地仲買らは審査ずみの米俵だけを取引するという、規程を遵守した取引が広がっていったのである。すでに、一八九〇年代後半に審査が進捗する過程で、米穀商による再調整は後退していったが（第三章第二節3・4）、同業組合への改組とともに審査体制・検査体制が整備され、それは一層明確になったといえよう。

さらに、同業組合創立直後の一八九八年には、検査方法と違犯取締りについて詳細に規定した輸出米検査細則が定められた[37]。それによれば、まず、検査員は本細則により検査を執行して証明書を交付し（第一条）、検査員は「公正ヲ旨」として「愛憎私偏ノ行為」が禁じられた（第三条）。検査員は請求があれば直ちに検査を実行し（第五条）、他領域から移出する米俵は受理せず（第六条）、検査ずみ米俵の輸送中に荷卸した場合は付帯証明書を確認するなど（第八条）、種々の事態に対応した検査手順が定められた。また、取締りと制裁については、検査員が「違犯ノ証跡」を確認したときには、本人・関係者から「始末書」をとって組合事務所に報告し（第一三条）、受検せずに県外移出しようとした場合はその事実が調査された（第一五条）。また、米俵は検査証明書を付帯して運搬しなければならず（定款第三八条）、「不正ノ疑」があれば、検査員は「該米穀ヲ差押へ」て検査所へ「照会」することが定められた（第一六条）。このような検査制度の整備は、検査網の広がりとともに、検査を進捗させる基礎的な条件となった。

防長米の販路と評価

一九〇〇年頃から、審査・検査の双方からなる米穀検査体制の整備がはじまり、また移出地の米穀商も結束して、審査ずみの「改良米」の取引にあたるようになった。しかし一方で、取締りはなお継続して違反者に対する制裁は「重きを加へ」、〇八年にはさらに「制裁」が「加重」されることになった[38]。この時期にはなお、違約処分が必要とされたのである。

同業組合が発足した一八九〇年代末から一九〇〇年代は、審査数量と同様に、検査数量も順調に伸びた時期であった。九〇年代後半に二〇万石前後であった検査量は、一〇年前後には大幅に増加して三五万石を超えた（図4-1）。

検査量の増加は、県外移出量が拡大したことを意味した。〇四年度には、次のように県外移出量の急増が報告されている。

本年輸出米総額実ニ七拾五万七千七百弐俵……之レ昨秋ノ稍豊作ナリシニ加ヘ、尚ホ本年秋収ノ豊穣ナリシト、近時割安ノ外国米ヲ常食トスフモノ多キヲ加ヘタルトノ為メ、自然前記ノ如キ多額ノ輸出ヲ見ルニ至レリ《一九〇四、38》

県外移出の急増により県内の防長米消費は縮小したが、このように、飯米の不足の一部は安価な外米の輸入により補われるようになった。

一八九〇年代半ばから一九〇〇年代半ばにかけて、県内外・海外への防長米の輸移出量は年間二〇〇万石前後から、二〇〇万石台後半ないし三〇〇万石近くに増加した（表4－10）。この間、一九〇〇年頃まで一〇〇万石を超えていた全国の海外輸出量は一九〇〇年代半ばに急減し

表4－10　防長米の販路

（単位：1,000石）

	大阪	兵庫	広島	島根	福岡	その他	山口県内		海外	合計
							下関	地廻		
1893									148	196
94									134	186
95									113	224
96									151	245
97										204
98										140
99	57	78	24	3	4	12	146	52		376
1900	24	31	26	5	4	3	86	33	136	212
01	18	32	40	5	8	2	64	41		209
02	35	38	48	5	15	3	74	41		258
03	28	47	46	4	8	3	50	34		220
04	20	48	126	3	18	1	50	37		310
05	13	38	85	4	11	0	61	39	5	254
06	22	63	77	6	10	1	68	31	8	280
07	19	49	70	4	8	1	67	30	5	250

出典：防長米同業組合の事業報告書《1898～1907》。1893～96年、1899～1901年の「海外」は表3－3による。

注：「海外」の欄は、1900年前後までの数値は兵庫県移出分の海外輸出も含む、1899～1901年は平均値、1905年以降は下関港からの輸出と考えられる。

た。これは全国的にみて、米穀輸出が八〇年代後半から九〇年前後をピークとして、以後急速に後退したことに対応する。このため防長米の多くは、酒造用を含む国内市場向けとして、大阪・兵庫・広島・福岡の各府県を主な販路とするようになり、また下関向けも最終的には阪神地方に再移出されるようになった[39]。このように、主たる販路は国内市場にシフトしていったが、阪神市場における防長米については、

晩近防長改良米ノ真価値カ漸ク一般ニ認識サル、ニ至リシヨリ、其価格ノ高貴ナルニ拘ハラズ、競フテ都会士人ノ嗜用スルトコロトナリ、或ハ又阪神地方ノ醸造用トシテ歓迎セラル、モノ追年其数ヲ増加セルヨリ、海外へハ反ツテ比較的低廉ナル、防長米類似ノ他県米ヲ補給スルニ至リシ傾向アルニ由レリ《一九〇一、51》

と報告されているように、旺盛な需要を維持していた。このため、阪神市場における防長米の相場はほぼ最上位を維持し、また一九〇三年度の報告書に、「比年大に醸造用として歓迎せらる、に至れり」《一九〇三、33》と述べられているように、灘酒造業の原料としても「歓迎」されるようになった。また、防長米の海外輸出は減少したが、より安価な「類似」の他県産米がそれを「補給」するようになった。

ところで、一九〇〇年代に入り新たな販路として台頭したのが広島県であった。広島向けは兵庫県・大阪府の合計値にほぼ匹敵している。山陽鉄道は阪神地方に直結したが、その手前に位置する沿線の広島が新たに防長米の有力な販路となったのである。また、下関への搬出は漸減傾向にあったが、五〜六万石を維持し有力な販路の一つであった。鉄道開通により下関の重要性は低下したが、同地を経由して阪神方面に向かうルートはなお一定の割合を占めていたのである。

図4－2　反収・審査率の推移（1900→1910年）

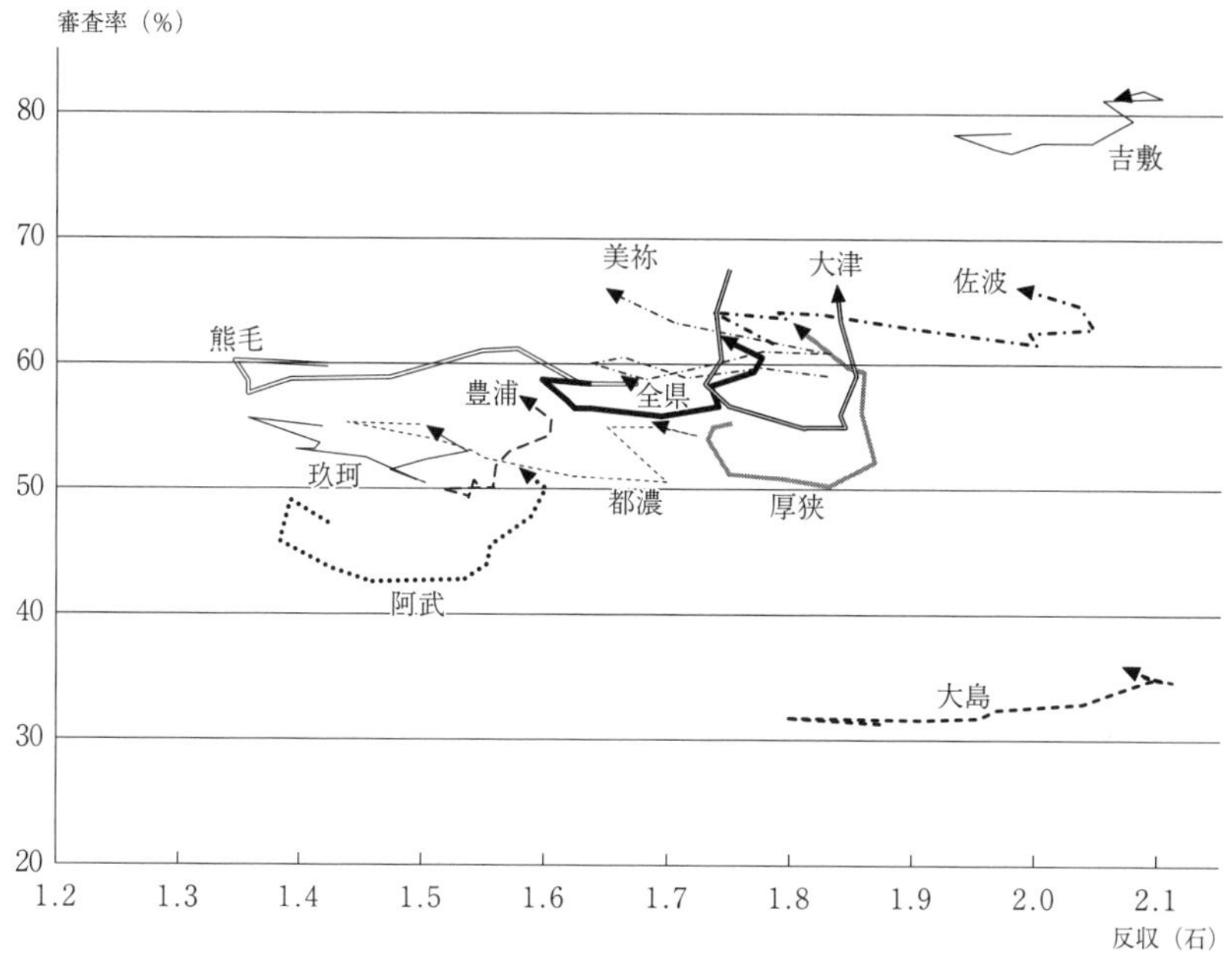

出典・注：図3－1に同じ。

おわりに

1　米穀検査の展開

反収・審査率　防長米同業組合創立後の一九〇〇年代における反収と審査率の動きを郡別にみると、まず第一に、高反収グループの三郡では吉敷郡が反収二石前後・審査率八割前後という隔絶した位置にあった（図4－2）。同郡ではなお反収の増加が続いたが、審査率は八割前後で微増にとどまっており、ほぼ上限に達したといえよう。佐波郡でも反収の増加は一・八石前後から二・〇石前後へと顕著であったが、審査率は六～七割の間で停滞した。さらに大津郡においても反収は一・八石前後で若干増加したが、七割近かった審査率が減少して六割を割ったのち上昇に転じて期初の値を回復しており、事情は不明だがこの期間を通じた伸びはなかった。高反収地域では、反収はなお上昇を続けたが審査率は停滞したのである。これは、審査率がすでに高水準に達していたこと、また県庁や警察による審査徹底策がやや緩和されたことによるものであろう。また、厚狭郡の反収はこの時期にも大津郡とほぼ同様に推移しており比較的高い水準にあった。しかし、審査率は五割から六割に漸増したが大津郡を下回って県平均程度となり、都濃郡や、玖珂・豊浦二郡と並ぶようになった。

次に低反収グループの三郡においても同様に、反収の伸びと審査率の停滞という傾向が確認できる。つまり、豊浦郡では反収は一・五石台から一・六石前後に、審査率も五割から六割近くに漸増したが、玖珂郡・阿武郡では反収が一・四石前後から一・五〜一・六石へ伸びたものの、審査率は阿武では五割弱、玖珂では五割強で停滞した。また玖珂郡・豊浦郡においては反収は漸増し、審査率も五割を超えて県平均なみの水準を実現したが、阿武郡では反収が一・四石前後から一・六石前後へ大幅に増加したものの審査率は平均を大きく下回る程度にとどまった。低反収三郡においては、反収は県平均とはなお格差があるものの一定の増加が認められたが、審査率は直ちには上昇しなかったのである。

そのほか、反収の伸びと審査率の停滞は、都濃・熊毛の二郡においても確認できる。つまり反収は、都濃では一・五石前後から一・七石前後へ、熊毛では一・四石前後から一・六石前後へ大幅に伸びたが、審査率は両郡ともに五〜六割で大きな変化はなかった。また美祢郡は、前期には高反収グループの大津郡などと同様の傾向にあったが、当期は反収一・七石前後、審査率六割前後と、ともに県平均に近い数値をたどるようになった。大島郡では前期と同様に反収の増加が継続し一・八石前後から二・一石前後へ大幅に進捗し、吉敷郡に匹敵する高反収を実現したが、審査率は前期と同様に三割台で県平均を大幅に下回り、伸びも微増にとどまった。

このように一九〇〇年代には、総じて審査率の伸びは鈍化し停滞するようになったが、反収の伸びは前期に引き続き多くの郡で確認できた。特に低反収の玖珂・阿武の二郡では、もともと低位にあった反収が前期に引き続き増加し、

図4－3　審査率・検査率の推移（1900→1910年）

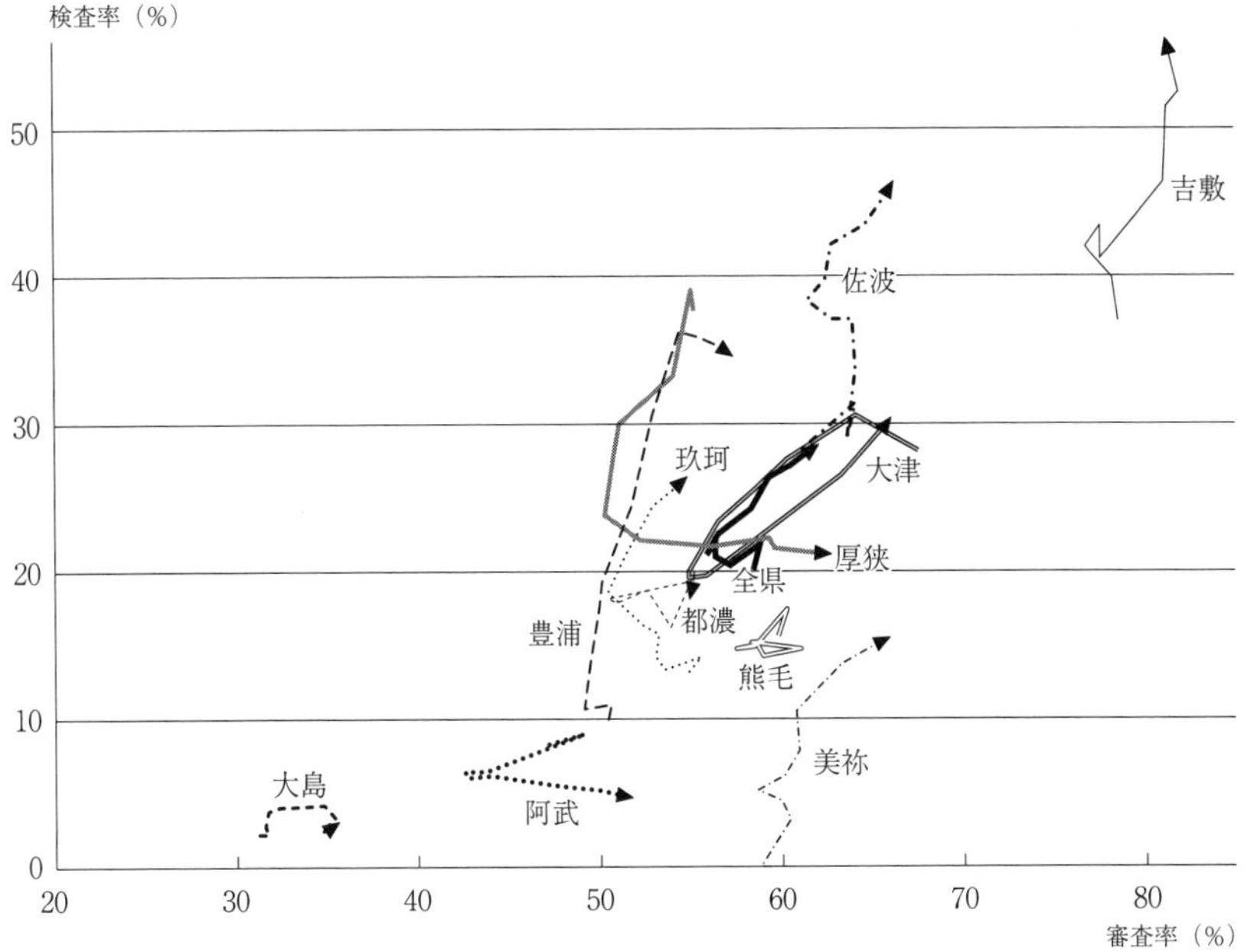

出典・注：図3－1に同じ。

また豊浦郡でも一定の増加があり、いずれも全県平均に近づいていったのである。

審査率・検査率　次いで、この時期の審査率と検査率の動きをみると（図4－3）、まず、高反収三郡のうち吉敷郡においては、すでにみたように審査率は八割前後で微増にとどまったが、検査率が三割台から五割台へ大幅に上昇した。一八九〇年代に産地農村において審査が普及したが、一九〇〇年代には移出地において検査率が上昇したのである。これは佐波郡においても、吉敷郡よりも両数値ともに若干低くなるが同様に確認でき、審査率は六割台で変化はないが、検査率は三割弱から四割台へ大幅に上昇している。ところが大津郡では、はじめ審査率六～七割、検査率三割前後の水準にあったが、期中に双方ともに低下したのち再度上昇してもとの数値を回復している。検査率も審査率と同様に、この時期を通じて停滞的といえる。一九一〇年前後までの大津郡の米収穫量は、下関市・大島郡を除けば最も少なく（表序－5）、県外移出にも一定の限界があった。反収は高かったが、検査率の上昇には一定の限界があったのであろう。

次に低反収三郡をみると、玖珂・豊浦二郡では審査率は五割前後で微増にとどまったが、検査率が大幅に上昇しており、高反収三郡と同様の変化を確認できる。特に豊浦郡においては、検査率は一割前後から四割弱へ顕著に上昇した。しかし、阿武郡の検査率は一割未満と一八九〇年代同様にきわめて低く、かつ低下傾向にあった。下関や県外への移出量の多少が検査率を左右したが、阿武郡ではその量が停滞していたことを示している。

玖珂・豊浦二郡では検査率の上昇が明瞭であり移出量は拡大していた。両郡ともに瀬戸内海に面し、山陽鉄道がこの時期のはじめに下関まで全通したが、このような条件が阿武郡との違いを生んだのであろう。またさらに、下関に近い豊浦郡の場合、隣接する郡市間でも鉄道による下関への搬出には移出検査が必要であったことも[40]、検査率が急上昇する一因となったといえる。

そのほか、都濃・熊毛二郡では、審査率五割台・検査率一割台で変化に乏しく停滞的であった。また美祢郡の検査率の急上昇は、同郡内でも検査が開始されたことによる。内陸の同郡では、一九〇五年に厚狭・大嶺間に鉄道が敷設され、西厚保村ほか二カ所で検査が実施されることになった[41]。これに対し、それまで美祢郡産米を検査してきた厚狭郡では検査率が大幅に低下することになった。美祢郡の急増、厚狭郡の急減はこうした事情による。ただし、厚狭郡の検査率の低下は、こうした事情を勘案しても大幅であり、その後の停滞は次期にも続いている。なお、大島郡ではこの時期も、審査率・検査率ともに最低水準にあった。

このように一九〇〇年代には、一八九〇年代の審査率の上昇、すなわち産地農村における規格化・標準化の進捗を前提として、移出検査もすすむようになった。県平均をみても、審査率・検査率ともに、はじめ停滞したのちに上昇をはじめている。特に吉敷・佐波の二郡では県外移出が活発化し、検査が急速に進捗したことが確認できよう。

2　小括

同業組合準則による防長米改良組合は一八九八年、重要輸出品同業組合法による同業組合に改組した。前身の防長米改良組合は九三年から体制を新たにして、県庁の指導により強力に審査を浸透させたが（第三章）、九八年に設立された同業組合はさらにそれを強化し徹底していった。同業組合への改組も、加入の義務化や規約の遵守など法的な規制力の強化をねらう県庁の主導によるものであった。同業組合の本部、および各郡の支部は県庁・郡役所が管轄することになり、審査・検査などの組合の事業は公共的性格をさらに強めた。多くの他府県においては一九〇〇年前後から府県営の米穀検査がはじまるが、同業組合を主体とする山口県の場合も実質的には県営といえよう。県内すべての生産者・地主や米穀商が、単一の規約により同業組合に組織されたが、各郡には支部がおかれ、発足から一九一〇年まではその独立性がなお強く残った。

前項にみたように、一八九〇年代後半から全県下にすすむ違約処分により審査は進捗したが、一九〇〇年頃からは審査率がやや停滞するなど、なお産地農村に審査は十分定着しなかった。したがって、同業組合発足後も引き続き、公共的課題を達成するため審査は監視や取締りにより維持されることになった。ただし、反収の増加は九〇年代より継続していたから、審査率は停滞しても審査受検数量自体は増加していった。審査率の上昇は鈍化したが、産地農村への審査の浸透は持続したのである。また審査員の任用規程が定められ、一定の能力や資格が採用条件となった。採用された審査員には同業組合内部で指導・講習が課され、技術の向上と公正さの涵養がはかられ監視も強められた。このため審査員数は大幅に減少したが、資質や規範意識は高まり、審査は厳格さや公正さが保たれるようになった。

一方で、一八九〇年代後半に停滞していた検査率は、一九〇〇年代になると上昇傾向が明らかになった。山陽鉄道の県内延伸により停車場に検査所が増設され、県外移出の拠点は移出港から停車場に移行した。主要移出港の三田尻・小郡にも停車場が設置され、とくに吉敷郡地方の有力産地をひかえた小郡は鉄道による県外移出の拠点となった。

表4-11　兵庫市場における防長米と各地産米の価格差

（単位：円／石）

年次	防長上			防長中			防長中	防長中
	摂津上	肥後上	播磨上	摂津中	肥後中	播磨中	播磨並	讃岐神力
1898	△0.01	0.29	0.35	△0.02	0.17	0.17		0.61
1899	0.00	0.57	0.26	0.22	0.45	0.29		0.46
1900	0.04	0.63	0.72	0.25	0.43		1.31	1.88
1901	0.02	0.54	0.41	0.41	0.30		0.44	0.38
1902	△0.17	0.33	0.12	0.08	0.13		0.18	0.24
1903	△0.02	0.58	0.10	0.01	0.19	0.10	0.32	0.48
1904	△0.02	0.88	0.00	0.00	0.28	0.33	0.30	0.34
1905	△0.03	0.46	0.16	0.18	0.10	0.30	0.49	0.42
1906	△0.06	0.50	0.26	0.22	0.16		0.40	0.39
1907	0.07	0.43	0.15	0.15	0.19	0.14	0.81	0.33

出典：『神戸又新日報』掲載の兵庫市場の現米相場。

注：毎月10日前後の相場を当該月の相場とし、それを１年ごとに平均した。上は上米、中は中米、並は並米。防長上米・防長中米を基準とする価格差を表示し、数値が正の場合、防長米価格が上位にあることを示す。

また、鉄道輸送が本格化すると小郡や三田尻の米穀商は、県庁や同業組合が主導する審査・検査に対応して同業者組織を形成するようになった。

こうして一九〇〇年頃から検査は厳格化し、審査との連携を深めて検査成績の向上が実現した。前期にすすんだ産地農村の審査率の向上がこの時期の検査率の上昇を促したといえよう。またこのような変化は、ほとんどすべての郡で反収の増加とともにすすみ、特に吉敷郡・佐波郡など高反収の郡において顕著であった。米穀生産の発達と審査・検査の進捗がパラレルにすすみはじめたのである。

このように防長米は、審査・検査両事業の進捗により、海外市場の縮小にもかかわらず、兵庫市場や大阪市場における優位を確保した。そこで、兵庫市場における防長米価格の位置を、肥後米、および同市場に近接した摂津米・播磨米・讃岐米と比較して検討しよう（表4-11）。同業組合に改組された一八九八年から一〇年間、防長米価格はこれらの産米より優位にあったといえる。なお一九〇二年からすべての数値が不連続に低下するが、これは同年から防長米の「上米」の上に「極上」や「特等」が設定されて「上米」の価格がやや下がっており、等級区分の基準が変更されたことによるものであった(42)。まず「上米」についてみると、防長米は摂津米にほぼ匹敵している。一九〇二年以降に相対価格を落とすのは前述の事情による。また常に播磨米の上位にあったが、価格差は次第に縮小している。肥後米や讃岐米と比較すると、防長米の優位は明らかである。次に、市場に比較的多く出回った「中米」についてみると、防長米は摂津米とほぼ同程度か、やや上位にあった。播磨中米・並米や讃岐神力と比較しても、防長米は常に上位にあった。このように兵庫市場における防長米は、ほぼこの時期を通じて、他の有力産地の産米を上回る価格を実現していた。すなわち、一九〇〇年前後から防長米の主な販路は海外市場から国内市場へ転じていったが、九〇年代半ばの改良組合時代にはじまる審査の徹底が同業組合に引きつがれ、さらに検査も進捗したため、防長米は兵庫市場において最上位の価格を確保することが可能になったのである。

しかし、日露戦中の一九〇四年末、供出した「軍需米」のなかに「意外ニモ粗悪ニ流レタルモノ」が「多ク」見つかるという事態が生じたため、県庁は「今日ノ儘ニ放任セバ之ガ声価ニ関係ヲ及ホサンモ保シ難」いとして、郡長に対し俵装・米質・容量に関する指示事項を訓令している(43)。産地農村においては、審査が弛緩しないよう常時「監督」を必要としたのである。この監督が、県庁－郡役所のラインで恒常的に強化・徹底されたところに、県行政の一端を担う防長米同業組合の性格がうかがえる。

また、県庁や同業組合は審査の一層の進捗を目的に、地主に対し、奨励米・奨励金など小作人への経済的補償を要請した。しかし、小作人の追加負担に対する地主の補償にはなお大きな限界があり、新たな小作慣行を形成するにはいたらなかった。地主の一部には、未審査米を小作米として受領するなど、消極的に小作人の負担を軽減するような対応があったが、補償の実現はなお部分的なものにとどまっていた。したがって審査の徹底には県庁や同業組合による強力な監視・取締りが継続して必要であり、引き続き違約行為が徹底して取り締まられた。同業組合改組直後の一九〇〇年前後に違約処分の強化が必要とされたように、審査の浸透にはなお限界があったのである。

ところで、一九〇〇年代から一〇年代になると、他府県においても米穀検査が県営事業として実施されるようになった。阪神市場への販路拡張をはかる各県は生産検査と移出検査を開始し(44)、産地間の競争が激化することになる。同業組合組長阿部寿一は一九〇六年六月、知事に次年度の補助を要求する書類のなかで、防長米は摂津米に匹敵する声価を獲得したが、他県が同様の事業をはじめたため「寒心」にたえないと、次のように述べている。

本組合ノ業務ハ漸次年ト与《（ママ）》ニ改マリ、兵坂市場ニ於テ常ニ他県産米ヲ凌駕シ、彼ノ摂津米ト比肩スルノ声価ヲ得、県下米作者ノ利スル所多大ナルコトニ相信シ申候ヘ共、飜テ他県ニ於ケル米穀改善ノ事業ヲ見ルニ、近時著シク勃興シ昔日ノ情態ヲ蝉脱シ日進月歩頗ル寒心ニ堪ヘサルモノ有之候、故ニ我防長米ニシテ尚進テ改善ノ施設ヲ為サザル時ハ他県産米ニ下リ、折角今日ニ得タル名声ハ水泡ニ帰スベク遺憾ノ至リニ候(45)

すでにみたように、この時期の兵庫市場において、摂津米・播磨米・讃岐米などに対する防長米の優位はゆるぎなかった。しかし間もなく、他産地においても同様の米穀検査がはじまり、さらに朝鮮米移入も急増して競争は本格化することになる。

注

（1）農業発達史調査会編『日本農業発達史　第五巻』（中央公論社、一九五五年）は、山口県の防長米同業組合の事業について、一八九八年頃から「実質的に県直営に近い組合による『威厳のある』強い検査」により「『好成績』が喧伝されていた」と、県行政との関係に注目しているが、事業の展開については概観にとどまっている（三七〇頁）。

（2）持田恵三『米穀市場の展開過程』（東京大学出版会、一九七〇年）は、米撰俵製改良組合と米商組合が県の同業組合準則により防長米改良組合として「再出発」し、このような性格は同業組合にも持ち越されたこと（一一七頁）、山口県文書館編『山口県政史　上』（山口県、一九七一年）は、全県を一組織とする同業組合の設置により「中央集権化」したこと（三五八～三六〇頁）などを指摘している。

（3）「同業組合設置ノ儀ニ付上申」（「同業組合設置ノ義ニ付上申」〔農業28－1〕）一八九七年一〇月。

（4）防長米同業組合『防長米同業組合三十年史』（一九一九年）七二頁。

（5）前掲「同業組合設置ノ儀ニ付上申」。

（6）「防長米改良組合」（「同業組合設置ノ義ニ付上申」〔農業28－1〕）、第四。

表4-12　防長米同業組合の事業報告書一覧

年度	表題	所収簿冊
1898	『防長米同業組合　第一回成績報告　明治三十一年分』	農業29
1899	『防長米同業組合　業務成績　第二』	農業30
1900	『明治三十三年分　防長米同業組合第三回業務報告』	農業31
1901	『明治三十四年分　防長米同業組合第四回業務報告』	農業32
1902	『明治三十五年分　防長米同業組合第五回業務報告』	農業33
1903	『明治三十六年分　防長米同業組合第六回業務報告』	農業35
1904	『明治三十七年分　防長米同業組合第七回業務報告』	農業35
1905	『明治三十八年分　防長米同業組合第八回業務報告』	農業54
1906	『明治三十九年分　防長米同業組合第九回業務報告』	農業54
1907	『明治四十年分　防長米同業組合第十回業務報告』	農業56
1908	『明治四十一年分　防長米同業組合第十一回業務報告』	農業56
1909	『明治四十二年分　防長米同業組合第十二回業務報告』	農業55
1910	『明治四十三年分　第十三回業務報告　防長米同業組合』	農業55
1911	『明治四十四年分　第十四回業務報告　防長米同業組合』	農業55
1912	『大正元年度　第十五回業務報告　防長米同業組合』	農業57
1913	『大正二年度　第十六回業務報告　防長米同業組合』	農業57
1914	『大正三年度　第十七回業務報告　防長米同業組合』	農業57

注：所収簿冊の表記は、序章第2節2、表序-2による。

（7）「防長米同業組合提出書類郡役処経由方通牒ノ件」（「防長米同業組合郡衙経由方ノ件」〔農業33－19〕）一九〇三年八月。

（8）前掲『防長米同業組合三十年史』七五～九四頁。

（9）「組合各町村委員之件」（「組合各町村委員之件」〔農業28－22〕）一八九八年七月。

（10）以下、凡例に示したように、《　》内は防長米同業組合の各年度の報告書と当該頁を示す。例えば、一九〇二年度の報告書、一六頁をこのように略記する。それぞれの報告書の出所は、上の表4－12にまとめて表示した。

（11）「明治三十四年度防長米同業組合歳入歳出決算細別」（「組合経費決算報告」〔農業32－22〕）。

（12）「防長米同業組合経費賦課徴収法」、『第十一回防長米同業組合会決議書』（「組合会議定事項報告」〔農業56－1〕）一頁。

（13）なお、米穀商に賦課される米商割は、全県統一された基準が「防長米同業組合経費賦課徴収法」により定められていた（『第十一回防長米同業組合会決議書』、〔農業56－1〕）。すなわち、米商割は甲（国税を納める米穀商）、乙（仲買）、丙（小売）を、それぞれ一等～三等の地区に区分して賦課した。一等は下関・小郡・防府などの集散地、二等・三等はその他の町村であるが、大半の地域は二等となっている。

(14) 阿武郡の補助は、試験田に配属された巡回教師の経費であった。
(15) 前掲『防長米同業組合三十年史』一六一頁。
(16) 同前、一五九～一六〇頁。
(17) 同前、八〇～八一頁。なお、前掲『山口県政史　上』は、同業組合への改組を機に上・中・下の三等級を付したとするが（三五八頁）、改組前からすでにはじまっていた（第三章第二節1・4）。
(18) 前掲『防長米同業組合三十年史』一六一頁。
(19) 同前、一七〇頁。ほか、「瘋癲白痴者」、禁錮刑以上に処され三年未満の者、公権剥奪・停止の者、破産者のほか、米穀商や精米業者が排除されている。
(20) 『防長新聞』一九〇四年九月一五日、二面。なお、同支部では翌年九月にも、同様に「審査員会」が開催され、支部長および審査員らにより審査細則の「励行」が打ち合わされている（『防長新聞』一九〇五年九月二八日、二面）。
(21) 〔別紙〕（農区委員会協議案）（「委員会届」〔農業26－47〕）の第四項。
(22) 吉敷郡仁保村では六名いた審査員が二名に急減したため、審査の遅延などにより商機を逸した「農家及び仲買人」が、減員にともなう「不利益」を訴えている（『防長新聞』一九〇一年一〇月九日、二面）。
(23) 『防長新聞』一九〇四年一月二二日、三面。
(24) さらに、地主が未審査の小作米を販売するときに、自ら調整・俵装し直して審査を受けるという可能性も考えられる。
(25) 「組合設立当時地主小作間契約書之件」（「同上」〔農業32－14〕）一九〇二年五月。
(26) 玉真之介『近現代日本の米穀市場と食糧政策――食糧管理制度の歴史的性格』（筑波書房、二〇一三年）第二章5、七一頁。
(27) 下関港は一八八九年に特別輸出港に指定された。
(28) 「同業組合定款ニ関スル件」（「同上」〔農業28－62〕）一八九八年四月。このほかにも県庁は、下関へ輸送する産米を「県内輸送ニ属スル」とすると「遂ニ検査ヲ経ズシテ市場ニ上ルノ恐」があるため、すでに一八八八年に県令を発して「県外輸出ノ例ヲ用」いるよう定めたこと、県内外の産米が取引される下関において県外移出する防長米を特定して検査を実施することが現実にむずかしいことを農商務大臣に報告している（「意見書」（「定款及経費認可申告ノ件」〔農業28－14〕）一八九八年四月）。なお、前掲『山口県政史　上』は、「無検査回米を有利とする米商や耕作農民と、それを統制権の後退とし、既得権の侵害とみる地主（組合役員）との間の強い意見の対立があった」（三五八頁）と、米穀商・生産者と地主の対立とみている。

(29) 前掲「同業組合定款ニ関スル件」。
(30) 「庶第三一〇八号」(「防長米組合定款送付方之件」[農業32－17]) 一九〇二年八月。
(31) 『防長新聞』一九〇四年八月二六日、二面。
(32) 『防長新聞』一九〇一年九月二八日、二面。
(33) 同前。
(34) 前掲『防長米同業組合三十年史』一九五頁。
(35) 同前、二〇三頁。
(36) 元防長米同業組合『防長米同業組合史』(一九三〇年) 三五〇～三五一頁。
(37) 前掲『防長米同業組合三十年史』一八三～一八五頁。
(38) 同前、一七九頁。
(39) 一九〇〇年頃には、防長米の「大半は兵庫に輸出」されていたのである(『防長新聞』一九〇〇年三月二七～二九日、山口県『山口県史　史料編　近代4』二〇〇三年、一七五頁)。
(40) なお、一九一〇年代には豊浦郡内に長門鉄道・長州鉄道が敷設され、山陽鉄道の停車場と内陸とを結んだ。
(41) 美祢郡においては、同年に、西厚保村ほかに検査所がはじめて設置された(前掲『防長米同業組合三十年史』二〇一頁)。
(42) 一九〇二年の時点で、防長米同業組合による検査制度の改革は認められないが、『神戸又新日報』に掲載された一九〇二年七～一二月、〇四年九月～〇六年七月の「兵庫市場現米相場表」には、「防長上」・「防長中」の上位に「防長特上」が掲載されている。なお、前掲『防長米同業組合三十年史』一八七～一九〇頁、および前掲『防長米同業組合史』三五八～三六一頁、によれば、一九一二年に輸出米検査方法が改訂され、一等米の上位に特等米が設けられた(第六章第二節3)。
(43) 「防長米同業組合監督ニ関スル訓令ノ件」(「業務監督方ノ件」[農業35－5]) 一九〇五年一月。
(44) 西田美昭「農民運動の発展と地主制」(『岩波講座・日本歴史18　近代5』一九七五年) 一四六～一四八頁、など。
(45) 「庶第二九六号」(「組合費補助指令ノ件」[農業54－26]) 一九〇六年六月。

第五章　防長米改良と試験田——一九〇〇年前後

はじめに

本章は、第三章第二節2で検討した試験田について、防長米同業組合に移管された一九〇〇年前後の時期の業務や機能を検討する。防長米改良組合は一八九三年に改組され、山口県庁の主導のもとで「審査」が徹底されるようになった。米穀検査の進捗と併行して、改良組合は九六年に試験田を設置し、事業を収穫後の「審査」・「検査」に限らず、栽培方法の試験研究とその普及にも拡大した。その事業が審査の普及に一定の機能を果たしたことについては、すでに確認したとおりである。試験田は九八年に改組した同業組合に引きつがれ、一九〇一年まで存続した。改良組合は当初、農区ごとに県下二四カ所に設立されたから、試験田も一郡に複数設置されることになった。改良組合の事業は生産過程にもおよび、改良技術の普及・指導による米穀検査成績の向上がはかられたのである。試験田は、同業組合への改組後も継続し、同業組合の各支部の管下にはいった。

ところで、この試験田が実施する試験研究は、試験田と同じ一八九六年に設立された県農事試験場の管理のもとにおかれた。したがって試験田は、郡レベルの農事試験場支場としての機能も果たすことになった。試験田は、第一に、すでにみたように、改良組合・同業組合の事業の一環として米作技術の改良・普及にあたるほか、第二に、県農事試験場の試験研究の一端を担うという、二つの業務に従事することになったのである。本来であれば、これらの業務は矛盾なく運営されるべきものであった。すなわち、農事試験場の試験研究を行い、その技術的な成果を地域の生産者に普及して「改良米」の生産を促し、審査を進捗させるというものである。それでは、試験田の業務は現実にどのように展開したのであろうか。改良組合・同業組合の試験田経営については、これまで、その存在の指摘や業務の紹介・概観にとどまっており、その具体的業務に即した研究は乏しい(1)。

ところで、県農事試験場は、しばしば技師や技手を派遣して管理下にある試験田の業務を監視したが、その報告のため知事に提出されたのが「復命書」である。本章はこれらの復命書を用いて、試験田の業務運営が内包する構造的な問題、および一九〇〇年度に郡立の農事試験場に業務が移管された経緯について検討する。また、同業組合の発足により、試験田の経営主体は各改良組合から同業組合の各支部に移った。支部は原則として、一郡を領域として審査の実施や試験田の経営にあたり、郡内に複数あった試験田を一カ所に整理していった。

同業組合への移管から一九〇〇年度の廃止まで、試験田の運営は支部の主要な業務のひとつであった。同業組合が経営し、県農事試験場が試験業務を管理した試験田の機能と、その業務の実態を検討するのが本章の課題である。

第一節　同業組合と試験田

1　試験田の業務

「改良米」製法の普及

試験田は一八九六年、防長米改良組合のもとに設置され、九八年に発足した防長米同業組合に引きつがれた。同業組合の定款第四章（改良法）(2)は、「改良米」の製法に関し、①試験田の

表5－1　試験田の業務について協議決定事項（1899年4月）

事項	決議
①　試験成績の普及	試験成績普及ノ為メ、毎年春秋二回ノ定期及臨時巡回講話ヲ為シ、当業者ニ普ク徹底セシムルコト
②　試験田参観者の増加	参観人ニ対シテハ技手ハ、執務時間ノ許ス限リ試験成績及試作物ノ景況等ニ就キ、反覆丁寧ニ説示スルコト 試験田用地ニハ参観人便宜ノ為メ標杭ヲ建設シ、事務所ノ位置及試験田技手ノ氏名ヲ公示スルコト 技手不在ノ節ハ其事故ヲ事務所へ掲示シ置クコト 可成多数ノ当業者ヲ誘導参観セシムル様町村長ニ依頼スルコト
③　共同苗代設定の勧誘	協〔共〕同苗代ノ利益ヲ説キ可成之カ勧誘ヲナスコト
④　試験田技手による稲作改良の奨励	試験田技手ハ、農家ニ於ケル種子ノ撰択、苗代其他農作上改良ヲ要スルモノニ付、該期節ニ毎町村へ出張シ組合員ヲ招集シ実地ニ就キ其方法ヲ説示スルコト
⑤　良種の普及を目的とする種子田の設置	試験田ニ種子田ノ田地ヲ設置シ、適宜ノ方法ニヨリ部内ニ配付スルノ方法ハ最必要ナリト認ム
⑥　試験田技手による町村試験田の試験設計の承認	町村試験田ノ試験設計ハ組合試験田技手ノ承認ヲ経ル様其筋へ上申スルコト
⑦　試験田技手承認後の町村試験田の管理	試験田技手ハ、町村試験田ノ技術上ニ就キ一作二回宛巡回管理スルコト

出典：「協議決定書」（「組合試験田技手協議事項報告」［農業29-21］1899年4月）。

設置、②産米の製法、③俵装の方法について定めている。②は種籾の精撰、石灰の乱用防止、虫害の予防、稲刈りと乾燥・調整の徹底、異種混交の禁止、容量四斗の徹底を、③は俵装方法、寸法などの詳細な規格を定めたものである。さらにそれらの前段となる①は、「米種ノ改善」をすすめるため試験田の設置を定めている。組合組織の基本を定める規程に、「改良米」の製法や調整方法を具体的に明文化するのは、かつての「米撰俵製」の方法と同様であった（第一章第二節1）。この規程の励行が、改良組合および同業組合の事業の一環となる試験田の第一の業務であり、その目的は審査成績の向上にあった。

　ところで一八九九年四月、試験田技手の協議会において試験田の業務が協議されたが[3]、その決定事項を表示した表5－1によれば、その要点は、①試験成績の普及の徹底、②試験田の参観者の増加、③共同苗代の普及、④選種・農法改良の奨励、⑤種子田による良種の普及、⑥町村試験田（農事試験場もしくは農会の下部機関）の試験の承認、⑦町村試験田の技術指導、という七項目であった。試験田技手たちは、稲作改良に関する諸事項を生産者に周知徹底するため、巡回して技術指導にあたり、試験田を公開し、町村段階にも設けられた町村試験田を指導することなどを決議したのである。これらの諸事項は、直接生産にあたる農家に米作の改良技術を指導するもので、同業組合による審査成績の向上を目的としていた。

また同業組合だけでなく県庁も、このような業務に注目していた。補助金交付にあたり県庁が出した「指令」のなかに、「郡市長又ハ町村長ノ依頼ニ依リテハ、試験田技手ヲシテ町村試験田ノ巡視ヲナサシムベシ」という事項がある(4)。県庁は町村レベルの農事改良をすすめるため、試験田技手による町村試験田の巡回指導を重視していたのである。

県農事試験場の管理

しかし他方で、試験田は発足当初から、「事業及設計ニ関シテハ山口県農事試験場長ノ指揮監督ヲ受クヘシ」(試験田規程(5)、第三条)と定められていた。その試験研究は、一八九六年に設立された県農事試験場の直接の管理下にあったのである。県農事試験場が定めた試験要項には、試験田は「応用的試験」を実施するが、この「応用的試験」は県農事試験場が実施する「研究的試験ノ結果ニ由リ行フ」ものであると明記されている(6)。つまり試験田は、県農事試験場の試験結果を、郡レベルで実地に応用する下部試験機関としても位置づけられていたのである。

試験田はこのように、県農事試験場の「技術上ノ監督」、「管掌」のもとにあり《一八九八、17》、県庁の勧業政策の一端を担っていた。このため、県庁から試験田技手の給与補助として年間一〇〇円、試験田一反歩あたり八円の補助をうけていた。しかも、試験田の経費については、県庁から「試験田経費ハ組合経常費ト分離シテ各支部別ニ精算シ、其収支細目ヲ年度後三十日以内ニ当庁(県庁)へ報告スベシ(7)」と指示されており、同業組合の諸経費から分離して県庁に報告しなければならなかった。このように、試験田の第二の業務は、県農事試験場の業務の一端を担うことであった。このため、試験田技手の任免、および服務規程の制定には知事の認可が必要となった(8)。

同業組合の定款によれば、試験田の「試験設計」には、同業組合の組長を経由して県農事試験場長の承認が必要であり（第四条）、場長の承認なしに試験設計の変更、予定設計外の試験を実施することが禁じられた（第五条）。また組長を経由して、試験の経過と結果を場長に報告することも定められていた。さらに試験田技手は、試験田の「諸般ノ事務」について同業組合支部長と農事試験場長の双方から「指揮監督」を受けたが（第七九条）、試験方法など技術的な業務は場長の指揮監督によった。すなわち、一般事務は農事試験場と同業組合支部の双方から、試験業務については農事試験場から指揮監督を受けることになったのである。

このように試験田には、県農事試験場のもとにおかれた郡レベルの試験機関という性格があり、一九〇一年に試験田が廃止されると、代わって郡農事試験場が設置され、「郡の経営に委」ねられることになった(9)。したがってその業務は、県農事試験場の指示にしたがい、諸技術を県下各郡で実地に試行し研究することであった。一九〇〇年度の試験田の事業について、同業組合は次のように報告している。

試験田ノ技術ニ関スル業務ノ指揮ハ、一ニ本県農事試験場ノ管掌スルトコロタリ、今其試験ノ要目ヲ挙グレバ、稲作ニ於テハ、曰種類試験、即チ品種ノ良否ヲ比較考究スルニアリ、曰株数対本数試験、即チ一歩ニ挿秧スベキ株数ト一株ニ対スル苗数ノ適度ヲ検定スルニアリ、曰肥料種類試験、即チ各種肥料ノ同価量ヲ施シテ其発育収容ノ多寡ヲ研究シ、併セテ経済上ニ於ケル効力ヲ比較検定スルニアリ、曰栽培法試験、即チ地方慣行ノ在来法ト学理応用ノ改良法トノ優劣ヲ対照スルニアリ、曰肥料種類試験、即チ肥料種類試験ニ於テ好成績アルモノヲ択ヒ、更ニ其適量ヲ攻究スルニアリ、又其裏作ニ於テハ、麦及蕓薹ノ種類、栽培ノ試験ヲ行フ、麦ニ在テハ特ニ播種量試験ヲ加フ、而シテ此等ノ成績ハ詳カニ本県農事試験場ノ編纂セル成績報告ノ巻末ニ登載セラレタルカ故ニ之ヲ省略セリ《一九〇〇、47》

ここには、農事試験場が一般に実施する稲作・麦作に関する試験研究の諸事項が列挙されており、試験田の研究成果は、県農事試験場の報告書に掲載されたのである。

また、農事試験場の業務として、「組合員ガ主要ノ生業タル米作ヲ始メ、麦・蕓薹等ノ裏作ニ関スル実地応用的試験ヲナスニアリ」《一九〇一、60》と報告されたように、米作のほか、裏作の麦作試験も重視された。試験田規程には、その業務に「稲作及裏作ノ改良ニ関スル応用試験ヲ行」うと定められており（第一条）、米作と同等に裏作の試験研究が実施されたのである。しかし裏作の試験研究は、米穀検査による産米の品質管理を目的とする同業組合の事業とは直接の関係はなかった。

2 同業組合による試験田の経営

同業組合支部の財政負担

県農事試験場の指示による試験研究の実施は、試験田を経営する支部に財政的負担をもたらした。試験田の経費は、県の補助だけではまかなえず、支部が組合員に課す賦課金から充当されたのである（第四章第一節2）。

熊毛北支部では一八九八年一〇月、試験時期を逸したとして試験田経費が賛成「拾数名」、反対一名により削減されることになったが、支部長はこれを承認せず再議にもちこみ、「僅カニ一名ノ多数」により復活させた。これに対し、削除を主張する三井村ほかの六名の委員は、本年度はすでに「其季節ヲ経過シ、為シ得ヘカラサルノ事業」であると し、「費用ヲ要スルノ理ナキコト明白」であり、かつ「同業者タル農民」は昨年の「未曽有ノ凶作」により「生計窮難」していることを理由に、「無要ノ費用賦課徴収」の「御否認」を農商務大臣に直接訴えた。[10] 翌年度にかけて、同支部の試験田に関する歳出には大きな変化はなく、[11] この削減要求は実現しなかったと思われるが、試験田の試験研究は同業組合の負担により実施されていたのである。

このように試験田は、審査や検査の成績向上を目的とする同業組合本来の業務と、農商務省や県庁による農事試験場の試験研究という二つの性格の異なる業務を、同業組合支部の事業として担当することになった。

試験田の整理　同業組合が発足すると、支部内に複数存在する試験田は一カ所に整理されていった。改良組合の時期に、試験田ははじめ県下一三カ所におかれたが、各改良組合ごとに設置されるようになり、同業組合へ改組される一八九八年には二一カ所となった。同業組合支部の区域は郡を原則としたから、当初は複数の試験田が存在する支部が多かった。しかしそれらは九九年には一六、一九〇〇年には一四に整理されていった（以下、表5－2）。試験業務を確実に実施するため規模の充実がはかられ、一支部あたり一試験田に整理されたのである。

例えば、玖珂南支部には伊陸村と由宇村の二カ所に試験田が設置されていたが、土質・水利が不完全であるとの理由で廃止され、新たに柳井村一カ所に「完全ナル試験田」が設置された[12]。柳井村の圃場面積は九八年の両試験田に一致する広さを維持している。また都濃郡においても同様に試験田が整理統合された。

一九〇〇年には、厚狭支部の船木村・厚西村の二カ所にある試験田が併合されることになった。その理由は次のように、試験場の設備を一カ所に整備することが「得策」と判断されたからである。

事業拡張上其伴フトコロノ経費遂ニ支ヘ難ク、為ニ充分ナル施設ニ着手シ能ハサルノ現状ニ付、此際寧ロ之ヲ一方ニ併セ其施設ヲシテ完備セシムルコト最モ得策ト相考候[13]

また美祢支部には従来、東・西の二農区に、つまり大田村と西厚保村の二カ所に試験田が設置されていたが、一八九九年度から西厚保村の試験田を廃止し、東試験田の規模を拡張することになった。その目的は、「確実ニ良成績ヲ

表5-2　試験田の所在地と面積

（単位：反-畝-歩）

年度／支部	1895		1898		1899		1900	
	所在	面積	所在	面積	所在	面積	所在	面積
大島			安下庄村	2.719	同左	2.719	同左	2.719
玖珂南	伊陸村	2.712	同左 由宇村	4.013	柳井村	4.013	同左	4.013
玖珂北			本郷村	2.421	同左	2.421	同左	2.421
熊毛南	平生村	4.918	同左	5.023	同左	5.023	同左	4.316
熊毛北	周防村	4.015	同左	3.000	同左	3.000	同左	3.000
都濃	富田村	2.017	同左 末武北村	2.310	徳山村	2.310	同左	2.310
佐波	華城村	3.627	同左	5.000	同左	5.000	同左	5.000
吉敷南	小郡村	2.317	同左	2.317	同左	2.317	同左	2.317
厚狭	船木村 厚西村	3.125 3.000	同左 同左	6.125	同左 同左	6.125	同左	3.125
豊浦東	豊東村	3.726	同左	3.327	同左	3.727	同左	3.727
豊浦西			川棚村	3.829	同左	3.729	同左	3.729
美祢	大田村	3.228	大田村 西厚保村	6.122	同左	3.224	同左	3.224
大津	菱海村	4.416	同左 深川村	6.407	日置村 同左	6.427	同左	3.213
阿武	高俣村 弥富村	3.813 3.420	高俣村 弥富村 椿郷東分村	5.200	福川村	5.626	同左	5.626
合計	13	44.824	21	58.303	16	55.514	14	49.300

出典：『明治二十八年度分　防長米改良組合取締所報告』34頁、同業組合の業務報告書《1898～1900》、表4-12を参照。
注：吉敷北には設置されていない。

得」るためであり[14]、試験研究を十全に実施するための合併であった。しかし、規模の拡充は圃場面積についてみれば半減しており実現していない。

一九〇〇年には、大津支部におかれた二カ所の試験田が整理された。大津郡は東・西二農区からなり、二つの改良組合がおかれていた。整理する理由は、「一支部ノ経済上ニ試験田ノ維持ハ竟ニ困難ヲ生」じるからであり、「規模ヲ拡張シ当初ノ計画ヲ完成スル能ハサルニ由リ、此際寧ロ之ヲ一所ニ併セ其完成ヲ期」すためであった[15]。一定の試験を実施するための圃場が必要となり、一カ所に整理されたのである。

さらに、阿武支部には、かつて見島・阿武東・同西・同北の四農区に改良組合がおかれ、見島を除く三農区の、それぞれ高俣村・弥富村・椿郷東分村に試験田が設置されていた。しかし、いずれも規模や施設が「不完全」であり、「到底良成蹟ヲ得ルノ見込無之」という状態にあった。したがって、各試験田を廃して「完全ナル試験田」を設置するため、福川村に県下最大規模の圃場を有する試験田を計画したのである。

このように、県農事試験場の下部機関として試験を実施し「良成蹟」をあげるには統合が必要となった[16]。試験田の統合は、いずれも規模や設備を拡張し[17]、県農事試験場の下部機関として、郡レベルでの試験研究を計画通り実施し、一定の研究成績をあげることを目的とするものであった。しかし、相次ぐ試験田の統廃合は、かつては一郡内に数カ所存在した模範農場としての圃場を減少させ、実地に即した技術指導や普及という、審査成績の向上をはかる試験田のもう一つの機能を後退させる結果をまねいたといえよう。

第二節　試験田の視察復命書

1　業務の限界

試験田の公開

それでは、試験田は県農事試験場の下部機関として、期待された試験・研究成果を実現できたのであろうか。試験田の業務は、それを管理する県農事試験場の技師や技手によって随時視察により監視された。その「復命書」は、試験田が設置された一八九六年にはじまり、廃止される一九〇一年まで存在する（表5－3）。ほぼ年に二回、農事試験場の技師・技手は数日をかけて県東部（周防）、および西部（長門）を巡回し、各試験田の業務の実態を視察した。彼らは帰任後、復命書を知事に提出してその結果を報告している。

復命書は、まず第一に、試験田が設置された一八九六年には、圃場の生育状況をみて、「近傍ノ作柄ニ比スレハ稍々劣ル所有之モ……本試験田ノ欠点ハ螟虫ノ被害多キニアリ」（一八九六年八月四日、吉敷南改良組合[18]）、もしくは「近傍ノ

試験田視察の復命書一覧

復命書作成	防長米同業組合（各支部）												
	1898年		1899年									1900年	
	8/26	?	2/24	3/31	4/26	6/10	6/10	8/8	7/19	7/19	7/24	2/20	8/25
大島				○							○	○	
玖珂南	○			○							○	○	
玖珂北	○			○							○	○	
—	○東												
熊毛南	○			○	○						○	○	
熊毛北				○					○		○	○	
都濃				○				○			○	○	
佐波				○							○	○	
吉敷南			○				○					○	
吉敷北													○
厚狭		○西	○				○					○東	○
豊浦東			○			○						○	○
豊浦西			○			○							○
美祢		○東	○東 ○西			○				○		○	○
大津		○西	○東 ○西			○東 ○西				○東 ○西		○東 ○西	○
阿武		○東	○			○		○		○		○	○
赤間関													
	(5)	(6)	(7)	(8)	(9)	(10)	(11)	(12)	(13)	(14)	(15)	(16)	(17)

［農業38-57］、(4)［農業38-72］、(5)・(6)［農業40 - 84］、(7)［農業41-17］、(8)［農業41-29］、(9)［農業41-37］、(10)・
［農業41-76］、(14)［農業42-80］、(15)［農業41-74］、(16)［農業42-81］、(17)［農業42-110］。
により一支部に統合されたのちにも、改良組合時代の組合区域（東西など）の記載がある場合は、そのまま「東」「西」
い。1898年の２回目の月日は不明。

作柄ニ比スレハ甚タ劣ルヲ認メス候得共決シテ上等ノ作柄ト云フ可カラス」（同、佐波南改良組合）などのように、近隣農家の作柄と比較して優良に生育しているかどうかに注目している。
また、経営主体が同業組合に移ってからも、「明ニ近傍農家ノモノニ比シ遙ニ見優リアルノ観致サレ候、参観人モ又尠カラズ」（一八九九年三月三一日、佐波支部）、または「近傍農家ノモノニ比シ見劣リスルノ感致サレ候、……苗代田ハ近傍農家ノモノニ比シ明ニ優点ヲ示サレ候」（同年六月一〇日、厚狭支部）などのように、やはり近隣一般農家の栽培状況との比較に留意しながら報告している。

表5－3

防長米改良組合（各改良組合）				
復命書作成	1896年			
	5/11	5/29	8/4	8/25
大　島				
玖珂南			○	
玖珂北				
玖珂東				
熊毛南	○		○	
熊毛北	○		○	
都濃西	○		○	
佐波南	○		○	
吉敷南		○	○	
吉敷北				
厚狭東				○
厚狭西				○
豊浦東				○
豊浦西				
美祢東				
美祢西				
大津東				
大津西				○
阿武北				○
阿武東				○
赤間関				
	(1)	(2)	(3)	(4)

出典：(1)［農業38-26］、(2)［農業38-32］、(3)
(11)［農業41-54］、(12)［農業41-69］、(13)
注：○印の報告書が存在する。同業組合の成立
と欄内に記した。吉敷北には設置されていな

その理由は、いうまでもなく、近隣の参観人への模範となるような「見優リアルノ観」を必要としたからである。次のように、試験田の結果が良好であれば、一般農家の改良を促す効果を生むことになった。

試験田ハ担任助手ノ注意行届キシ事トテ、各試験区共良ク試験的ニ叶ヒ、殊ニ番外ニ於ケル模範田ハ其生育色合共至テ宜シク、明ニ近傍農家ノ稲田ニ比シ一頭角ヲ顕ハシ居候、……従来農事改良ニハ至テ冷淡ニシテ万事旧慣ニノミ偏セシ処ナルガ、本年度試験田設置以来其成績良好ナルガ為、不知不知ノ間ニ参観ニ来ルモノ多クナリ、稍改良ノ方ニ耳ヲ傾クルモノ多キニ至レリトノ事ニ存候（一八九九年八月八日、阿武支部）

試験研究の監視

復命書は、第二に、試験田の試験が「設計」にしたがって実施されているか監視し報告しており、当初の計画通りに栽培されているかが詳細にチェックされた。一八九六年八月、長門地方を視察した県農事試験場技手の復命書には、

各農区試験田其区画及試験ノ方法等ニ就テハ、設計案ニ基キ（豊浦東農区試験田ヲ除ク）実施セリト雖トモ、創立

ノ際トテ諸般ノ設備、例令《(仮)》農具ノ整備、肥料ノ調整、苗代地ノ撰定等ニ稍々不便ヲ来シ、為メニ挿秧期ヲ遅クレ従テ生立等多少遅クレタル観アレトモ……（一八九六年八月二五日）

と報告されている。すなわち、長門地方の各試験田を巡回した視察結果の総論として、計画通り試験を実施しているが、諸事情により田植えが遅く生育も遅れているとの記載である。復命書の要点は、このように、試験の具体的な実施状況とそれに対する視察者の評価であった。次の一九〇〇年二月二〇日の復命書も、同業組合熊毛北支部の試験田の部分を示すが、生育状況を詳細に報告している。

麦ノ播種期ハ其設計十一月中旬ナリシモ、天気ノ都合ニヨリ同月二十二、二十三ノ両日ニ播種シ十二月六日ニ発芽セリ、斯ク播種期日ノ遅クレタルニ比シ生育ノ状況ハ稍ヤ良好ナリ、然レトモ概シテ発芽歩合宜シカラズ、殊ニ今回始メテ県試験場ヨリ取寄セシ各種類ハ、予備試験トハ雖モ不撰種ノモノヲ撰種シタルモノト認メ播種セシ結果、殆ント一粒播ノ如キ状況ヲ呈セリ、第一中耕及追肥ハ其設計十二月下旬ナリシモ降雨多ク土地乾燥セザリシカ為メ、漸ク一月十八日ニ之ヲ実行セリ、蕓薹種類試験ハ苗ノ生育不良ナリシ結果、未タ良況ヲ呈セシトハ認メ難カリシ（一九〇〇年二月二〇日、熊毛北支部）

ところで、試験田の試験研究の成否は、配属された技手の資質に左右された。また、試験研究の実施には、臨機応変の判断や行動も必要であった。試験田はしばしば螟虫など害虫の被害を受けた。例えば一八九九年七月二四日の復命書によれば、佐波・都濃・熊毛北・同南・玖珂南・同北・大島の順に各支部試験田を視察した県農事試験場技手は、各所で螟虫の被害を確認している。都濃については次のように、被害の実情と担当技手の対応について報告されている。

株数試験ニハ稍々螟虫ノ蝕害多ク他ノ試験ニハ点々枯茎ヲ認ムルニ過キス、発育ノ景況ハ一般ニ佳良ナリトス、当試験田近傍ハ十数年来螟虫ノ蝕害多ク秋季枯穂ノ惨状ハ当業者一般ノ認ム処ナルニ係ハラズ、其駆除法ハ極メテ姑息的ニ流レ其実効ヲ挙クルニ至ラズ、当担任技手ハ駆除ノ効績ヲ当業者一般ニ知了セシメンガ為メ、苗代期中（第一回発生期中）鋭意之レガ駆除ヲ勉メ、次テ第二回及第三回ノ発生期駆防ノ準備中ナリ、然レトモ近傍ノ当業者ニシテ手ヲ空フセンカ恐クハ其実効ヲ奏シ難カラン、故ニ担任技手ハ共同駆除実施協議中ナリ（七月五日調）

（一八九九年七月二四日、都濃支部）

害虫駆除の実効をあげるためには試験田技手の適切な対応を必要とした。この技手は、「近傍」の農家に害虫駆除の効果を知悉させるため「鋭意」駆除に取り組んだが、こうした機敏な措置が試験田技手に求められたのである。さらに今後の発生に備えて、担当技手が「近傍ノ当業者」を動員して、「共同駆除」を実施するよう協議中であると報告されている。

技手の配置

このように、試験田の業務成績は担当技手の資質によるところが大きかった。しかし、試験田に配属される技手は一名のみの場合が多く、多様な業務への対応には限界があった。同業組合の発足後間もない一八九九年、次に報じられたように、同業組合阿武支部は別に支部経費を支出して、広島県福山農会の巡回教師であった技術者に試験田の監督を委嘱している。

防長米同業組合阿武郡支部には該巡回教師に試験田の監督を依托し、其の報酬として同支部より一ヶ月十円宛を支給し、且つ各村に設置せる試験田を巡視せしめ、支部試験田と連絡を通ぜしめ、大に斯業の振興を謀らんと計画し、而して其の技師として傭聘するは、本県美祢郡の出身にて先年帝国農科大学を卒業し、現今は備後国福山農会の巡回教師に従事し居れる津村哲四郎と云へる実地に経験ある熟練家にして……[19]

美祢郡出身のこの農事巡回教師は、帝国大学農科大学を卒業した技術者であり、阿武郡内各村に設置された試験田を巡視した。採用の理由は、試験田担当の技手一名では業務が十分遂行できず「不行届ノ廉」があるからであった[20]。

支部に設置された試験田のほか、町村のレベルにも、地域の農家の模範圃場として試験田が設置されることがあった。しかし、このように郡内に設けられた町村試験田の指導は、一名の技手だけではむずかしかった。復命書には、技手が支部内の巡回などにより不在であることがしばしば記されている[21]。例えば、一九〇〇年二月二〇日の復命書には、次のような報告がある。

担任技手及助手共不在ナリシヲ以テ支部長ノ案内ニテ試験田ヲ視察シタルニ……（豊浦西支部）

本試験田視察ノ当日（二月一日）担任技手不在ナリシヲ以テ充分ノ調査ヲナシ能ハザリシ（玖珂北支部）

試験田本来の機能を果たすためには、技術者の適切な配置が条件となるが、その経費は各支部の負担に任されていた。すなわち、「毎試験田必ズ一名ノ技手、若クハ更ニ一名ノ助手ヲ置キテ其事ヲ担任セシメ」たと《一九〇一、60》、同業組合の業務報告は記しているが、各支部に実際に配置されたのはほとんどが技手一名であった。しかも彼らは、県農事試験場の指示による試験の設計や実施にも従事していたから、同業組合本来の業務である「改良米」生産・調

整技術の普及や、郡内の巡回などは、大きな制約を受けていたのである。(22)

2　一九〇〇年二月の復命書

業務の不振　試験田が直面する問題を端的に指摘しているのが、一九〇〇年二月二〇日付の、県農事試験場技師山中民治による「復命書」である。(23)この復命書は、まず、県下に一六ある試験田を「概シテ好評ヲ得ルモノ尠ナシ」ときびしく総括したうえで、「欠点トスル処」について「充分」その原因を調査しなければならないとする。山中が指摘する難点とは、①支部事務所・試験田・試験田事務所の位置がそれぞれ離れている、②担当技手の任免が頻繁である、③経費が十分でない、④試験成績の普及方法が不備で一般農民の関心が薄い、という四点であった。(24)

すなわち、この復命書は、審査結果の向上をもたらすような改良技術の普及を目的に、試験田の業務不振を改善する方法を述べている。①については、まず、試験田の事務所と圃場が離れていると参観人の便宜を欠き、技手が参観人の質問に応え指導するなど実地の対応ができず、したがって参観人が少なくなり、あっても説明なしで参観するため効果が薄くなるという指摘である。また、支部事務所と試験田・同事務所が離れていると、試験事業の円滑がそこなわれて「不結果」をまねくと、次のように報告している。

> 自然参観人ノ多数ヲ得ルコト能ハザル而已ナラズ、参観人ノ事務所ニ就キ担任技手ヨリ試験事項ニ関シ説明ヲ聞キ、或ハ疑問ヲ質スル等ノコト甚ダ不便ナルヲ以テ参観人ナク、又之レアルモ説明ヲ聞カズシテ参観スルガ故ニ、其効力甚タ尠シトス、……
>
> 甚ダ些細ナルコトナレトモ双方〔同業組合支部事務所と試験田事務所・試験田〕ノ意志相通セスシテ毎々疑心ヲ生ジ、

引ヒテ試験事業ニ影響シ、従テ不結果ヲ来タスノ況アリト信ズ、……

その具体例として、山中は吉敷南支部の試験田をあげている。この試験田は小郡村にあったが、試験田事務所から離れており、かつ支部事務所の所在地は大道村にあった。このため「事業上ニ甚タ不便」をもたらし、さらに前任の試験田技手は、「事業ニ熱心セザリシ」ため部内を巡回することもなかった。したがって参観人はなく、試験田は「冷視」されることになった。これとは対照的な事例として佐波支部の試験田が紹介されている。同試験田には二名の技手がおり、「町村農民トノ連絡甚タ密」であった。したがって、同地方の生産者は試験田に「重キヲ置」いており、見学者は多く、種子の請求などもなされていたのである。

②の指摘は、試験田技手が頻繁に交替し引継も不備なため、試験に支障が生じているという問題である。報告書には、玖珂東支部の試験田の事例などが紹介されている。すなわち、肥料試験の試験区位置を「前年ト異ニセル等ノ不注意」があったが、その要因について次のように述べている。

要スルニ担任者屢々交代セルガ為メニ、前来ノ関係不明ナルト試験事業ニ不慣レナルトニ由リ起コレルモノニシテ、従来ノ如キ担任者ノ交代頻繁ナルニ於テハ到底良果ヲ収ムルコト能ハサルヘシ(25)

また一八八八年二月の復命書によれば、阿武東支部では、苗代の管理が不備で「三分ノ一ノ減少」となり、不足の苗を「普通農家」から補っていた(26)。しかし、「混リ穂非常ニ多ク、試験田種子トハ全ク認定ス可カラザル」という結果をまねくことになった。そこで、視察者が責任の所在を明らかにしようとすると、「之ヲ担任者ニ匡セバ前任者ヨリ引継キ種子ナリト云フ、責任譲リ合ヒ到底良結ヲ収ムコト能ハザル可シ」と記されたように、前任・後任両技手の責任の押しつけ合いとなったという。試験田技手の頻繁な交替と引継の不備は、業務の継続性をそこない、しばしば試験の不成績をもたらした。その要因について山中は、試験田技手が一名しかおらず、異動のたびに試験の方針がかわり、「大ニ進路ヲ妨ゲ従テ好結果ヲ発スルコト能ハズ」(27)と指摘したのである。

さらに同業組合発足間もない一八九九年六月、熊毛北支部試験田は技手の辞職後に適当な後任者をえられず、「検査執行上頗ル困難」となった。このため、同業組合組長は稲作試験の中止を知事古沢滋に出願したが、県庁は、すでに補助金を交付しており、中止は「遺憾」で「甚タ不都合」であるとし、速やかな試験設計を促す通牒を発した(28)。これに対し山中は、技手の不足、引継の不備が試験や技術普及の不振をもたらしていると応じている。また、技手が転任する理由は待遇が「其当ヲ得ザル」からであり、「愉快ニ其職ヲ取ルノ方法ヲ講ゼバ幾分カ其弊害ヲ防禦」できると、待遇改善による転職の抑制を訴えている。

また、③は不十分な予算を指摘したものである。技手が一名に限られていたのは予算の制約があるからであった。試験事業は「多クノ費用ヲ要スルモノ」で「相応ノ経費」が必要となるが、山中は「試験事業ニ対シ一ノ考案ナク単ニ其経費ヲ少クスレハ足レリトスルノ嫌アリ」と、試験場の業務を理解せず経費削減のみを指示する県行政や同業組合の姿勢を批判している。

山中は豊浦西支部試験田の報告のなかで、試験が「実ニ言語道断」であり「不始末ヲ生」じていると酷評しているが、当該技手が「郡ノ巡回教師」の兼務であり、試験田の業務に不熱心で「充分力ヲ尽クスコト能ハザルニヨルナラン」と、その事情を推測している。また、二名の技手が配置された佐波支部と阿武支部においては、巡回教師を本務とする兼任技手の俸給の過半が郡から支出されており、同業組合は別途俸給を支給してもう一名の「適当ノ技手」の配置が可能になったと述べている。しかし、この豊浦西支部では、当該技手の俸給の「過半」は同業組合の支出となっており、さらにもう一名の配置はできないとしている。技手増員のための「相応ノ経費」の確保は、きわめて困難であったといえよう。

④は、①〜③のような事情により、試験田が「一般農民」への技術普及という本来の機能を果たしていないという指摘である。このため、組合員のなかには、定款に定めがあるから「止ムナク之ヲ設置スルナリト冷視スル」ものもあったのである。

山中技師の改善策　以上の四点を指摘したうえで、山中はその改善策を次のように主張している。すなわち、まず第一は、県内には郡レベルの農事設試験場がなく、町村の農事試験場の存在もまれであるから、試験田を末端の普及機関（「下級試験場」）と位置づけることであった。生産者に改良技術を普及するという試験田の機能に着目したものであり、次のように、町村の大字・小字から改良技術に取り組む農家を選んで積極的に試験田に来場させ、参観頻度を高めて試験成績の普及をはかろうとしたのである。

> 此試験田ニハ部内ノ農業家数々参観シ、試験セル各種ノ事項ニ付丁寧ニ反覆説明ヲ聞キ疑アラバ之ヲ質シ、如此ニシテ自ラ試験場ノ真相ヲ知悉セシメ、試験成績ノ顕著ナルモノハ進テ此ヲ実行シ、併セテ此ヲ一般ニ普及セシムル様勉ムルコト甚タ急務ナリトス、依之支部員・組合委員ハ部内一般農民ヲシテ試験田ノ参観ヲ勧誘スルハ勿論ナレトモ、尚特ニ部内各町村町ニ協議シ、勉メテ各町村内大字若クハ小字ヨリ数名ノ誠実ナル篤農家ヲ出タシ、年々数回適当ノ時期ヲ見計ヒ参観セシメ、以テ試験成績ノ普及ヲ計ルベシ(29)

その「下級試験場」において、技術普及の担当者となるのが試験田技手であった。本来、試験成績は「試験成績報告」などの刊行によって公表されるが、多くの生産者たちはこれを読み、理解し、実践することは困難であった。したがって、山中は第二に、試験田技手が担当地区内を「巡回講話」し、その普及につとめることを重視している。試験田と生産者をつなぐ位置に技手をおいたのである。すなわち、山中は続けて次のように述べている。

従来試験田ノ試験成蹟報告ハ各部内ニ配布シ来レリ、之レ当業者ヲシテ農事試験ノ成蹟如何ヲ知ラシメ、以テ其成蹟ヲ一般農民ニ伝達セシメントスルノ目的ニ外ナラズ、然レトモ実際ニ就テ見ルニ、多クハ当業者之ヲ熟読スルモノ少ナキノミナラズ、今日ノ農民ハ概ネ農事上ノ智識不充分ニシテ之ヲ斟酌応用スルニ当リ種々ノ困難アルヲ免レス、故ニ試験田事業ノ余暇ニ担任技手ヲシテ部内ヲ巡回講話セシメ、以テ農民ニ多少農事上ノ智識ヲ与へ、傍ラ試験成蹟ノ普及ヲ図ラハ試験田ト一般農民ノ関係密接シ、従テ試験田ヲ注意スルニ至ルベシ(30)

このように、山中は試験田技手の果たす機能に注目したのである。しかし、一試験田に一名しか配属されない技手には、そのような「余暇」などはなかった。県農事試験場が実施するような試験を実地に試験田で試行し、かつそれを直接稲作に従事する農民に伝授して「改良米」生産の徹底をはかるという、二つの業務の両立は現実には困難であったといえよう。

おわりに

一八九六年に各防長米改良組合のもとに設置され、九八年に防長米同業組合に引きつがれた試験田は、産米の規格化・標準化を目的として、「改良米」栽培の実践を通じて生産や調整・俵装の技術改良と普及をはかる組合事業の一端を担った。しかし、試験田はまた同時に、同じ九六年に設置された県農事試験場の下部組織として試験研究を担当するという、二つの事業を担当する機関であった。両事業は本来は両立すべきものであったが、実際にそれに携わる技手は、一試験田に一名、多くても二名にすぎなかった。したがって、技手は二つの任務の遂行に忙殺され、審査の進捗を促すという試験田本来の機能は、大幅に制約されることになったのである。

県農事試験場の技師らによる視察報告書から明らかなように、近隣の一般農家と比較して試験中の作物の生育が見劣りしたり、試験研究を計画通り実施できない試験田が存在した。また、産地農村における改良技術の普及には技手の巡回指導を必要としたが、彼らはその余裕にも乏しかった。このため、試験田技手と生産者の交流は限られ、参観者の少ない試験田が存在することになった。「復命書」の多くが試験田の業務に厳しい評価を与えているのは、このような事情によるものであった。また、同業組合が発足して各郡に支部がおかれると、一郡に二〜三カ所設置されていた試験田は一カ所に整理された。合併により圃場が拡張するなど試験場の設備は充実したが、「改良米」生産・調整の技術普及を実践する拠点は減じることになった。

試験田は一九〇一年にすべて廃止され、郡立の農事試験場として郡が管理することになった。同業組合と県農事試験場の事業の兼務は現実にはむずかしく、それぞれの事業運営には限界があった(31)といえよう。試験田の廃止にともない一九〇〇年からは、同業組合のなかに種作田が新設された。その業務は、農事試験場長の指導のもとで、県内各地の老農によって担われることになった。

本年組合地区内ヲ通ジテ適当ナル位置十三箇所ヲ撰定シテ種作田ヲ創設シ、其地ノ老農ヲ抜擢シテ栽培ノ事ヲ嘱託シ、之カ原種ハ本県農事試験場ニ於テ採種シタル都・白玉・雄町種ヲ配付シ、耕耘肥培ノ方法等予テ指示セル種作田規定ニ準拠シ、尚実地技術上ノ顧問トシテハ本県農事試験場之ニ当リ、鋭意種作ノ事ニ鞅掌セシガ、……《一九〇〇、61〜62》

種作田は、県農事試験場の協力により原種から採種した品種を組合員に配付する事業を営み、良種を維持・普及して審査成績の向上を目的とするものであった。その事業は、農事試験場長が県内の老農を指導してすすめられ、支部内の巡回による技術普及にも力点がおかれた。県農事試験場の下部機関としての機能は、すべて郡農事試験場に譲ったのである。

防長米改良組合および防長米同業組合は、そもそもその組織の内部に、米の栽培や調整について技術改良・指導を担当する機能をもたなかった。しかし山口県では、各改良組合、および同業組合支部の試験田が郡レベルの農事改良を担当し、かつ県農事試験場の下部組織となった。改良組合・同業組合支部が直営する試験田は、本来、産地農村における生産・調整技術の改良と審査事業の両面に関わり、審査成績の向上をはかる機能を果たすことが期待されたのである。実際にも、試験田技手は実地に技術指導する巡回教師が兼務したり、帝国大学農科大学や県の農学校を卒業した技術者が着任して、産地農村でそのような業務にあたっている。

しかし、本章で検討したように、試験田はその機能を十分に果たすことはできなかった。改良組合・同業組合の事業は生産・調整の技術改良にも広がったが、現実には、この新たな事業が審査の普及や徹底を促すにはいたらなかった。こうして審査の普及・徹底にはなお、違約処分の断行や監視・取締りなどの手段が必要となったのである。

注

（1）防長米同業組合『防長米同業組合三十年史』（一九一九年）第九章、元防長米同業組合『防長米同業組合史』（一九三〇年）第九章、山口県文書館編『山口県政史　上』（山口県、一九七一年）三五九～三六〇頁、など。

（2）同業組合の定款は、前掲『防長米同業組合三十年史』七五～九四頁。

（3）「協議決定書」（「組合試験田技手協議事項報告」〔農業29－21〕）一八九九年四月。

（4）〔補助金下付にあたり指令〕（「同業組合補助費下付指令之件」〔農業28－34〕）一八九八年九月。

（5）「試験田規程」（「試験規程及技手服務心得認可願」〔農業28－46〕）一八九八年一一月。以下、同規程は本資料による。
（6）「試験田試験法要旨」（「試験田担任者協議会制定事項開申」〔農業39－32〕）一八九七年。
（7）前掲〔補助金下付にあたり指令〕。なお、補助金の下付にあたり、①試験事業については「総テ」山口県農事試験場の「指揮監督」をうけること、②試験事項・設計は同場長の「指示スル処ニ拠ル」こと、③同場長の承認なしに「私カニ予定試験ノ設計ヲ変更」したり「設計書外ノ試験」できないこと、④試験田技手の採用は知事の認可を受けること、⑤同技手は知事の認可なしに他の業務に従事できないこと、⑥同技手の服務規程は知事の認可を受けること、などが定められている。
（8）同前。
（9）前掲『防長米同業組合三十年史』二三三頁。
（10）「防長米同業組合支部経費予算ノ件上申」（「同業組合熊毛郡北支部経費予算上申写送付之件」〔農業28－38〕）一八九八年一〇月。
（11）防長米同業組合支部の歳入歳出については、大豆生田稔「資料紹介――防長米同業組合の事業報告書（2）および決算書」『東洋大学人間科学総合研究所プロジェクト・日本における地域と社会集団――公共性の構造と変容・二〇〇八年度研究成果報告書』（二〇〇九年三月、未定稿、一一三頁）による。
（12）「庶第四四六号」（「試験田地所変更ノ件」〔農業28－59〕）一八九八年一一月。
（13）「庶第五三八号」（「組合試験田廃止認可申請」〔農業30－1〕）一八九九年一二月。
（14）「試第一六号」（「組合試験田合併認可願」〔農業29－4〕）一八九九年二月。
（15）「庶第四四〇号」（「防長米同業組合大津郡支部試験田合併願」〔農業30－39〕）一九〇〇年八月。
（16）〔裏作中止願〕（「試験田裏作中止ノ件」〔農業28－48〕）一八九八年一〇月。
（17）熊毛北支部は試験田を廃止して同南支部の試験田に合併することを決議した。これは、二支部で一試験田に整理しようとした事例であるが、その目的は同様であった（「組合試験田廃止認可ノ件」（「決議書」〔農業29－5・6〕）一八九九年二月）。
（18）以下、復命書の引用は（　）内に表5－3の視察期日を記した。出所は同表の出典による。
（19）『防長新聞』一八九九年二月二日、二面。
（20）「庶第一九九号」（「試験田業務嘱託届」〔農業29－27〕）一八九九年四月。おそらく、帝国大学農科大学の実科で、実地の農業技術を学んだ卒業生であろう。
（21）「復命書」（「復命書（山中技師）」〔農業42－81〕）一九〇〇年二月。

(22)「明治三十一年度防長米同業組合各試験田経費収支決算書」(「三十一年度組合試験田経費収支決算報告」〔農業29－51〕) 一八九九年九月、によれば、各試験田に配属された試験田技手の人数は、厚狭支部と大津支部が二名、吉敷南支部が技手一名・助手一名であるほかは、すべて一名であった (阿武支部は給与が多く複数存在したと考えられるが、人数の記載がない)。
(23) 以下、「復命書」(「復命書」〔農業42－81〕) 一九〇〇年二月、による。
(24) 同前。なお①は、「復命書」では二項目に分けて指摘されている。
(25)「復命書」(「復命書」〔農業40－84〕) 一八九八年二月。玖珂東改良組合の試験田。
(26) 同前。
(27) 前掲「復命書」(「復命書」〔農業42－81〕)。
(28)「御通牒案」「庶第二五五号」(「試験田稲作中止願」〔農業29－53〕) 一八九九年六月。
(29) 前掲「復命書」(〔農業42－81〕)。
(30) 同前。
(31) 前掲『防長米同業組合三十年史』によれば、「時勢の進運は試験事項の拡大を要求するもの」があったが、「組合に於ては他に施設を要すへき事項多かりし」(一三三頁) ため、両事業の運営は実質的に困難であった。

第六章　防長米同業組合と阪神市場——一九一〇年代

はじめに

防長米の海外市場は一九〇〇年代になると縮小していった。日本本国の米穀需給は不足に転じ、一八八〇年代〜九〇年代に活発であった米穀輸出は後退して、むしろ輸入が拡大するようになった(1)。防長米は輸出に適し、阪神市場に出荷された産米も北米やハワイなどに輸出されていたが、一〇年代半ばを過ぎると輸出量は急速に減少した。したがって、国内市場への販路の切りかえが防長米同業組合の重要な課題となった。同時に、輸出に適する大粒種から、多収穫で国内市場向けの小粒種への切りかえという課題も生じた。またこの時期には、阪神地方に隣接する兵庫県・岡山県・香川県などの米穀産地でも、県営の米穀検査がはじまった。さらに、一〇年代半ばからは移入税が撤廃された朝鮮米の移入が急増して阪神市場における比重を高め、その影響が本格化した。なお朝鮮においても米穀検査が一九〇〇年代にはじまり、朝鮮総督府は一三年から朝鮮内各地の商業会議所・穀物組合に移出検査の実施を促し、一五年には米穀検査規則を定めるなど対日移出米の規格化・標準化をすすめていた(2)。阪神市場をめぐって、防長米はこれら国内産地の産米や朝鮮米との競争を強いられることになったのである。

阪神市場のこのような構造的変化に対応して、一九〇〇年代後半から一〇年代なかばにおける、同業組合の組織と米穀検査体制の再編、および米穀検査事業の展開を検討するのが本章の課題である。この時期、同業組合は県農会と合併して傘下の支部を廃止し、全県下を直轄して単一の制度にもとづく米穀検査を展開するようになった。「審査」・「検査」ともに県内の格差をなくして統一的に実施し、また審査員・検査員を採用・養成し監視する制度を整備していったのである。

防長米同業組合だけでなく、同業組合組織による米穀検査の研究は乏しい。多くは事業の概観にとどまるか[3]、同業組合の検査が移出検査に限られていたとして、産米の規格化・標準化に果たした機能に限界があったことを強調している[4]。また、地主・小作関係におよぼす米穀検査の影響について、西日本に多い生産検査の早期実施は、単に「地主的」とは評価できず、「小作農民の成長の度合の地域的差異」に相関するものであるという指摘があるが[5]、米穀検査それ自体がどのように展開し、また米穀市場の形成・展開のなかにどのように位置づけられるかについて実証的に明らかにした研究は少ない[6]。したがって本章は、防長米同業組合の事業展開に即して、日露戦後の同業組合組織や、米穀検査事業の展開を検討することを課題とする。

第一節　米穀市場の再編と防長米

1　産地間競争の激化

海外市場から国内市場へ

すでにみたように、防長米は海外輸出に適し、県外移出された産米の多くは神戸港から輸出されてきた。同業組合創業期の数値をみると、一九〇〇年前後の防長米の年平均海外輸出量は神戸港より一〇万七二一〇石、下関港より二万九三〇〇石、合計一三万六四一〇石であり、輸出先は主に「欧州方面」であった。[7]同時期の移出検査量はおよそ二〇万石であるから（図4−1）、移出検査を受けた県外移出米の六〜七割が海外に輸出されたことになる。この時期の県外移出量の過半が海外市場に向けられたのである。一九〇〇年前後から日本は米の恒常的な「輸入国」となり、一八八〇年代〜九〇年代に活発化した米穀輸出は次第に後退した。しかし、一九一〇年代半ばごろまで、防長米の海外輸出はなおさかんであった。防長米の海外輸出量について、「組合史」（一九一九年刊行）は次のように推計している。[8]すなわち、①「有力なる輸出業者」によれば、防長米の輸出先は北米とハワイに限られ、両地向け神戸港総輸出量の八割を占めており、②一九一四〜一六年の両地向け神戸港総輸出量は平均で玄米七四万九五三五担・精米一万七五二〇担であるから、この間の平均輸出量を換算して六二万八九八四俵（二五万一五九三石）となる、という推計である。しかしこの数値は、同時期の兵庫県向け、海外向け（下関港より）の合計を上回っており（表6−1）明らかに過大である。この「組合史」も「北米・布哇輸出は他府県米と雖、防長米の名を冠するにあらされは取引円滑を欠く」ため、他府県産米も「防長米」の名称を付して輸出されていると、数値が過大になる理由を推測している。また、北米・ハワイ向け輸出量に占める防長米の位置を「同方面に於ける防長産米の誇は毫も之を毀損したるものにあらす」としており、なお一定の需要があると述べている。

また一九二一年に、同業組合がホノルル日本人商業会議所に照会した「調査回答」によれば、[9]一八年の日本の米価暴騰による輸出禁止と、カリフォルニア米の圧迫により、一九年以降は「殆んど輸出を杜絶せられ、防長米の海外進出は只過去の語り草に止まるに至」ったという。特にカリフォルニア米の「影響」による輸出減少は「事実」であったとしている。「在留邦人」の「日本産米ヲ嗜好スルコトハ今日ニ於テモ決シテ異ル所ナ」かったが、価格の「差異甚シ」かったため、北米の日本米需要は「恢復スル能ハサルヘシ」とする調査結果である。

北米・ハワイにおける防長米需要が、この調査のように、一九一〇年代末に決定的に後退し回復不能になったとするなら、一〇年代半ばまではなお一定の海外需要があったことが推測される。一〇年代半ばには、国内米価の低落に

表6－1　防長米の仕向地

（単位：1,000石）

年度	府県						県内		海外	合計	全国の米穀輸出量
	大阪	兵庫	広島	島根	福岡	その他	下関	地廻	北米・ハワイ		
1905	13	38	85	4	11	0	61	39	2	254	218
06	22	63	77	6	10	1	68	31	3	280	236
07	19	49	70	4	8	1	67	30	2	250	211
08	56	101	69	4	6	8	71	33	0	347	227
09	81	120	68	3	8	11	86	31	1	409	423
1910	80	117	82	6	12	1	94	29	0	421	429
11	53	85	70	2	19	2	88	16	1	336	216
12	56	99	72	3	9	3	47	24	2	313	201
13	55	101	49	4	7	2	67	33	5	322	208
14	63	140	51	3	11	1	67	27	11	373	250
15	60	170	42	1	5	4	84	30	10	405	622
16	60	174	33	1	5	3	81	17	18	392	677
17	27	116	42	5	5	4	93	65	9	365	837
18	45	89	54	4	3	8	52	46	7	307	266
19	39	123	37	7	5	20	60	71	2	365	125
1920	42	110	75	9	7	15	60	61	12	391	96
21	97	191	46	4	6	44	73	52	4	516	115
22	21	86	50	9	32	28	49	45	0	319	47
23	22	89	46	8	28	40	45	39	0	317	35
24	21	72	38	8	26	35	41	37	7	284	25
25	13	63	32	9	31	30	36	31	16	261	89
26	44	92	36	7	45	60	41	28	5	359	47
27	46	95	27	7	54	28	41	26	2	327	35
28	66	59	41	8	58	103	50	30	1	415	38

出典：防長米同業組合の事業報告書《1905～1928》、表4-12を参照。農商務省農務局『米ニ関スル調査』（1915年）、農林省農務局『米穀要覧』（1929年）。

注：移出検査後の産米の仕向先。「海外」は下関港からの輸出量。

より全国の米穀輸出量は一時回復し、下関からの輸出量も増加したのである（表6－1）[10]。ただし一〇年代後半になると、全国の海外輸出量は急減し、防長米輸出量も同様の傾向をたどった。こうして、防長米の販路として、国内市場の重要性が高まっていく。日露戦後から第一次大戦期の防長米の仕向地をみると、「神戸・大阪・広島ヲ主トシ、島根・九州・四国・満州等ノ各地之レニ次ケリ」《一九一〇[11]、48[12]》と報告されているように、阪神市場と広島県が主要な移出先となった。阪神市場向けはなお海外輸出を含んだが、広島や山陰（島根）、九州（福岡）、四国などの地方市場向けは、それに代わる国内の新たな需要に応えたものであった。

兵庫県・岡山県・香川県産米の台頭　一九〇〇年代後半から、阪神市場をめぐり、防長米と他産地米との競争が本格化した。日露戦争前後から、阪神市場に比較的近い兵庫県・岡山県・香川県などにおいて、生産検査・移出検査を行う県営の米穀検査がはじまり、産地間の競争が激化しはじめたのである。このため、防長米同業組合のなかにも、「他県ニ於ケル米穀改善ノ事業」が「近時著シク勃興シ」て「昔日ノ情態ヲ蝉脱シ日進月歩頗ル寒心ニ堪ヘサル」[13]との危機感が高まった。また阪神市場を販路とする諸産地の台頭は、新聞記事や同業組合の報告書にも、次のように述べられている。

防長米の名は常に全国の米界を圧し、品質の佳良、市価の高き、以て範を全国に示したりき、然るに近年各府県共に産米の改良に注意し来りたる結果として、一般の米穀其品質を上進し、殊に兵庫県・岡山県・香川県・熊本県の如きは、其進歩の著しきを見、動もすれば其声価は防長米を凌がんとするの勢ひあるに至れり[14]

今ヤ県及組合ノ事業トシテ経営ニ係ルモノ全国ニ於テ二十有余県ニシテ、其他ノ府県ニ於テモ其必要ヲ認メ漸次経営セラルヤニ聞ケリ《一九一〇、附23》

まず第一に、近世期の岡山県産の備前米は兵庫・大坂市場に歓迎され、「価格も亦常に上位を占め」ていたが、「貢租制度」の廃止により「年一年粗雑に流」れて「低止する所を知らざる」状態となった[15]。このため一八八六年三月、同県の勧業諮問会に「官民」の課題として「米穀改良実施の方法」が諮問された。各郡は規約を定めて「改良実施」

に取り組み、九八年には数郡におよんだが、「奸譎の手段を弄し小利を貪る」行為が絶えず、「声価益々失墜」して格付けを低下させたといわれる。

岡山県庁は一八九八年に防長米および肥後米の改良について調査し、翌九九年に「米穀同業組合設置の件」を岡山県農会に諮問した。県農会は県費一万五〇〇〇円を補助して組合を設立することを答申したが、同年の水害による臨時費支出のため「其時機にあらさる」と、「荏苒延期」された。翌一九〇〇年一〇月に県庁は、産米改良を促すため県下に諭告した。岡山県産米が防長米より価格が低位にあるとして、次のように、その原因を乾燥や調整の不備とみなしたのである。

防長改良米に比すれば其市価毎石五拾銭乃至壱円以上の差異あるを見る、本県下産雄町種の如きは之を防長産都・白玉種等に比すれば其質の上位に居るに拘はらず、如此価格の低下なるは畢竟乾燥・調整の粗悪なるか為に外ならず

このため県庁は、同時に訓令（第六四号）により次の四項を指示して、乾燥・調整の徹底を促した。

一、稲の刈取は熟期を過らす且つ籾の乾燥に充分注意すへし
二、玄米の調整は粃・籾・稗・砕米・土砂等を除去すへし
三、異種は勿論同種なりと雖も品位の差異甚しきものは混交すへからす
四、俵造は二重とし左の方法によるへし
（俵造方法省略）

これは、防長米同業組合の定款にある「改良米」製法の規程とほぼ同様であり、先行する防長米同業組合などの事業にならって定めたものと考えられる。このように、岡山県庁は防長米を目標とし、防長米同業組合の事業にならって米穀検査を実施すれば、同県産米の評価が高まると判断したのである。また、一九〇三年五月の諭告は山口県の先例をふまえ、次のように米穀検査規則制定の必要性を強調している。(16)

今仮に山口県の成蹟を以て本県の生産米百弐拾万に対し算出すれば百弐拾万円、之を県外輸出米六拾万石に対比するも実に六拾万円の損失を為しつゝあるなり

岡山県会は一九〇二年一一月、県営米穀検査の実施を県知事に建言し、翌〇三年度から米穀検査がはじまるが、それは生産検査と移出検査を同時に開始し、違約処分を定めるなど、防長米同業組合の米穀検査事業にしたがったものといえる。すなわち、同年五月に定められた「米穀検査規則」によれば、検査は「生産検査」と「輸出検査」からなり、前者は合格・不合格、後者は合格（大粒種・小粒種ともに一等・二等）・不合格に区分された（第三条）。受検米について、乾燥・粒形・調整・容量・俵装などが定められ（第一二条）、特に俵装方法は詳細に規定された（同条）。規則違反、および未検査米の取引、未検査米の県外移出、検査を忌避するなどの不正行為を拘留・過料に処す規程もあった（第二四条）。いずれも、防長米改良組合・防長米同業組合にも定められた条項である。

また、違約処分については、「法に違ふものは仮借なく之れを処分するの止を得さる」（農乙第一三四九号、一九〇三年五月）として取締りを「厳密」にし、告発処分数は一九〇三年二九三件、〇四年二〇一件、〇五年一九〇件、〇六年一六六件、〇七年四四六件、〇八年一五七件を数え、処分が実際に断行されていた。なお、容量についても、〇五

年二月の諭告により四斗に統一された。

第二に、香川県産の讃岐米は、藩政時代には「取引市場及一般需用者」に「相当歓迎」されたが、やはり地租の金納により「諸種の弊害」が「日を逐ふて醸生」するようになり、「乾燥の不良、調整・俵装の粗雑」が「殆んど其極に達」して声価を落としたといわれる。一九〇二年から五カ年間の平均で、防長米と比較して一石あたり一円〇二銭の下位で取引されていた[17]。

このため一九〇二年には、重要物産同業組合法による「改良組合」を設置するため「百方勧誘に努」めたが、当業者は「冷淡」であり実現しなかった。しかし、滋賀県の近江米同業組合のほか、県営事業としては大分・岡山・鹿児島・富山・石川・青森・秋田・三重の各県で米穀検査がはじまり「着々其の声価」をあげると、香川県においても、「根本的の改良を計る」ために米穀検査がはじまった。〇六年の県会で米穀検査費二万二〇〇〇円が認められ、また〇七年三月には米穀検査規則が定められ、同年産米から生産検査・移出検査が同時に実施されたのである。

事業はその後も「極めて順調に経過」して讃岐米の「声価は頓に加わ」り、愛媛県の伊予米と比較すると、「平均十銭方」下値であったものが、「約二割以内の高値」となった。また、事業前五年の平均米価は防長米を下回っていたが、事業開始直後の〇八年には「防長米より常に幾十銭の高値に販売」されるようになり、「防長米を凌駕」し「兵阪市場に於て米界の王座」を占めるようになったといわれる。讃岐米の評価の向上は、次に報じられたように、米穀検査により調整過程が改善されて実現したものといえよう。

讃岐米が斯の如く市価に昂進したるは全く米穀検査に伴う改良の賜者にして、従来讃岐米の一大欠点とせし土砂は殆んど除去せられ、乾燥を善良にし俵装を改良し検査等級の信用厚く殆んど遺憾なく改良の容量を具備したるがためなり[18]

さらに注目すべきは、香川県では生産検査を担当する検査員が、「農閑の季節」においても個々の農家を「直接指導奨励」していたことである。同県の検査員は、検査期間だけでなく常勤的に採用され、農閑期にも生産者を指導したのである。また、「籾乾燥に蓆下敷用に麦程菰を使用せしむるため之を新調せしめたるに、既に大部分普及するに至れり」と記されているように、収穫後の調整作業を指導することも可能となった。こうして「白砂」混入を克服し、一九一〇年代には「大阪市場の第一位を独占する事」[19]になったのである。

第三に、兵庫県産の播磨米についてみると、同県地方においても明治初年には「貢租制度ノ廃止」により「乾燥・調整・俵装」が「自然ニ粗雑」となった。一八九〇年代にはそれが「最モ甚シク」なり、「市場ノ声価」、「需用者ノ信用」を失墜したため、県農会は米穀検査による産米改良を一九〇七年の総会で決議した。兵庫県庁は同年の県会に米穀検査費を上程し、翌〇八年一月に県令「米穀検査規則」を発布して検査事業をはじめた。ただし、一三～一四年には事業が停滞したため一四年三月に訓令を発して督励したところ、以後「成績良好ニシテ市場ニ於ケル声価ト需用者ノ信用ヲ向上」したといわれる。

事業に着手した一九〇八年一月の兵庫県告諭によれば[20]、播磨米・摂津米・淡路米は、「古来世人ノ称賛ヲ博シ」てきたが、山口・大分・岡山の各県において米穀検査事業が実施されたため防長米・大分米・備前米などに「圧倒セラル、ノ悲況」を呈することになった。これらの諸県では、全県を領域とする同業組合が、「一律ノ下ニ検査ヲ行ヒ、鋭意改良ニ努メタルノ結果」として、「何レモ良好ニシテ著シク声価ヲ発揚」したと評価している。米穀検査は兵庫県においても「輿論」となったのである。

兵庫県の「米穀検査規則[21]」は、一九〇八年の規則制定当初から、生産検査・移出検査両事業の実施を定めていた。生産検査は自家消費以外の玄米を対象として、大粒種・小粒種ごとに合格・不合格を鑑別し、生産者の希望により合格米を甲・乙・丙の三種に区別した。また移出検査は県外移出米を対象として、港湾や鉄道停車場などの「枢要ノ地」で実施し、やはり大粒種・小粒種ごとに合格・不合格を判定し、合格米には、玄米は一～四等、精米は一等～五等の等級を付した（第二条）。なお、神戸への移出は下関と同様に県外と「同視」された（第八条）。このように兵庫県においても、事業開始当初から防長米同業組合とほぼ同様の米穀検査制度が導入されたのである。

生産検査・移出検査は、品質・粒形・乾燥・調整・容量・俵装をチェックした。乾燥を良好にし、異物を除去し、異種の混入を禁じ、容量を四斗とし、詳細な俵装方法を指示するところは防長米同業組合とほぼ同様であるが（第四条）、防長米同業組合のように、生産過程において「改良米」の画一的な栽培方法を定めた条項はない。また、規則違反を処罰する条項を有するのも同様であり、生産検査を忌避する、検査ずみの俵米に故意に湿気を与える、異物を混入する、異種米や異なる等級の米を混合する、検査用の印を不正に使用する、封紙・票箋を再利用する、などの行為に対しては科料・拘留の罰則を定めている。

一九二〇年代半ばに、神戸米穀肥料市場の大門熊太郎[22]が、「四十一（一九〇八）年米穀検査法の実施となって、茲に（播磨米）改良の第一歩が確実に踏み出される事となった[23]」と述べているように、米穀検査の実施は市場価格を高める契機となった。備前米の下位にあった播磨米の価格が米穀検査を契機に逆転したと、大門は次のように回顧している。

> 畔一つの右左で値の違っていた備前米と播州米とは、本県に生産検査法が施行され、官民一致して産米の改良に努力した結果、数年ならずして隆々声価を昂め、従来上位にあった備前米を圧倒して却て一円方も上位を保つようになった。これは改良に努力した結果のいかに莫大であったかを知るに足るが、……[24]

以上のように、阪神市場に隣接した位置にある兵庫県・岡山県・香川県などの産地においては、先行する防長米同業組合などの事業にならった米穀検査が一九〇〇年代から一〇年代にかけてはじまった。先進地域をモデルとして当初から整備された制度が導入され、短期間のうちに効果を発揮するようになったのである。

朝鮮米移入の急増

さらに、このような産地間の競争をさらに深刻化させたのが、一九一〇年代前半から移入が急増した朝鮮米であった。一三年の朝鮮米移入税撤廃を画期に、一九一三米穀年度（前年一一月〜当年一〇月）まで台湾米移入量を下回り毎年数十万石レベルであった朝鮮米移入量は急増し、一四年度からは台湾米を上回り毎年一〇〇万石を超えるようになった(25)。しかも一〇年代にはいると、朝鮮においても米穀検査制度が整備され、一三年から商業会議所、一五年からは各道の地方長官を主体とする移出検査がすすんだ(26)。

こうして、朝鮮米の年間平均移入量は、一八八〇年代には二万石ほどであったが、九〇年代には二九万石、一九〇〇年代には三九万石へと急増した。一方各県の県外移出量をみると、例えば宮城県は九〇年代に一二万石、一九〇〇年代に一〇万石、秋田県は一八九〇年代に一七万石、一九〇〇年代に二五万石、富山県は一八八〇年代に四〇万石、九〇年代に四三万石であったから、朝鮮米の国内市場への供給量は、一九〇〇年頃にはすでに有力産地一県分に相当していたのである(27)。

朝鮮米は特に大阪方面に出回り、防長米と備前米・讃岐米・播磨米などとの競争をより一層激化することになった。一八九〇年代末には、すでに、大阪市に海路入港する朝鮮米の量は、日本米にほぼ匹敵する量になっていた（表6−2）。ほかに、鉄道などにより陸路入荷する国内産米を考慮しても、大阪への朝鮮米入荷量は多量であった。また一九一四年には、日本米消費量に対する朝鮮米消費量の割合は、東京では二割、神戸では三割であったが、大阪では八割にのぼるという調査もある(28)。時期は少し降るが、二〇年代中頃の六大都市を含む六府県の米消費の内訳をみると、特に大阪では朝鮮米の消費が総消費量の過半

表6－2　大阪港入港米の内訳

（単位：石）

	日本米	朝鮮米	台湾米	中国米
1896年	397,986	186,366		5,197
1897年	212,899	305,419	1,713	23,543

出典：大阪商況新報社『米商便覧』（1897年）42～43頁。

表6－3　府県別米消費量の内訳（1922～26年平均）

（単位：1,000石）

府県	日本米	(%)	朝鮮米	(%)	台湾米	(%)	外米	(%)	合計
東京	3,652	91	179	4	107	3	58	1	3,995
神奈川	1,089	79	40	3	39	3	215	16	1,382
愛知	2,293	90	93	4	103	4	53	2	2,542
京都	1,540	89	128	7	31	2	38	2	1,738
大阪	1,440	45	1,729	54	6	0	45	1	3,221
兵庫	2,579	83	298	10	59	2	185	6	3,122
6府県合計	12,593	79	2,467	15	345	2	593	4	15,999
全国	55,668	90	3,270	5	845	1	1,760	3	61,543

出典：農林省農務局『米穀要覧』（1928年）。

を占めていた（表6－3）。また大阪だけでなく京都・兵庫も全国平均よりやや高くなっている。

このように大量に流入しはじめた朝鮮米は、消費地において国内諸産地の産米を圧迫することになり、特に大阪ではそれが顕著であった。一九一〇年代はじめからの朝鮮米移入の急増は阪神市場に多大な影響を与え、同市場をめぐる産地間競争を激化させたのである。例えば、島根県産米の県外移出は従来主に大阪市場に向けられていたが、朝鮮米の大量移入に圧迫されて取引がなくなり価格も下落したため、県庁はその対応策について検討をせまられた。

> 鮮米移入激増の結果は、今や同米の消費力は内地米に対し東京二割、神戸三割、大阪は実に八割を占め、……之が為め頃来就中鮮米の圧迫を受けて相場一層暴落し、而かも売場なきに閉口し居れるが島根県の産米なり、元来同米の県外輸出年額は六十万俵（二四万石）にして、中三十五万石〔俵〕（一四万石）までは大阪市場へ積み出されたるに、今回の圧迫に依って更に取引なく新穀以来の県外輸出は漸く十万俵（四万石）内外に過ぎず、されば同米相場は益々低落し産地にては十三円台を告げ居る有様にて、県当局も農家経済の前途に鑑み之が処分法に就き講究を重ね居るものの如し。(29)

防長米評価の低下

一九一〇年前後から阪神市場においては、播磨米・備前米・讃岐米などが台頭し、防長米価格の優位が揺らぐようになった。一一年はじめに、

神戸の市場に於ては、兵庫米・香川米が防長米以上の地位を一時にても占むるに至りしは、是れ全く其地方が「改良米」と其検査とに心力を尽したる結果に外ならず(30)

と報じられたように、兵庫県・香川県産米の価格が上昇していった。一〇年代はじめには、防長中米価格は肥後米よりは優位にあったが、すでに播磨米・備前米・讃岐米の下位に転じていた（表6－4）。一九〇〇年代半ばから後半には、防長米の方が優位にあったから（表4－11）、一〇年前後に両者の位置は逆転したのである。

一九一一年二月に大日本米穀会第四回大会が兵庫県に開かれた。同時に、兵庫港現在米の品評会が開催されたが、各産地ごとの出品の審査評は次の通りであった。一九〇〇年頃から各地ではじまった米穀検査事業の効果についての記事が注目される。ここでは、防長米、および播磨米・備前米・備中米・讃岐米についての評価をみよう。なお、一石あたりの価格も記載されており（　）内に付記した。

表6－4　大阪市場・神戸市場の各地産米相場（1910年）

（単位：円／石）

	市場	1910年	1911年	1912年
防長中米	大阪	13.83	18.22	21.98
	兵庫	12.92	17.47	21.77
摂津中米	大阪	13.36	17.47	21.45
	兵庫	13.26	17.71	22.06
肥後中米	大阪	13.63	18.10	21.82
	兵庫		17.14	21.41
播磨中米	大阪	14.16	17.20	22.03
	兵庫	13.23	17.74	22.08
備前中米	大阪	15.25	18.35	22.27
	兵庫	13.30	17.84	
備後中米	兵庫			21.01
両備中米	兵庫			22.01
讃岐中米	大阪	14.54	18.62	22.60
	兵庫	13.78	18.53	22.59

出典：防長米同業組合の事業報告書《1910～1912》。
注：1910年の大阪市場は6～12月の平均値。ほか、1910～11年は1～12月、12年は4月～翌年3月の平均値。

防長米

従来内外需用者の好評を博し市価常に上位を占むるも、惜しむらくは近年調整良しからず、漸次退歩の傾きなきにあらず、今にして鋭意改良せば名声を挽回すること敢て難きに非ざるべし（一六円四〇銭～一七円七五銭）

播磨米

改良著しく其成績優良なり、特に酒造の原料に好適し、又佳味にして飯用に嗜好せらる、然れども尚乾燥充分ならざるもの無きに非れば、将来此点に注意せば一般の好評を博するを得べし（大粒一八円～、小粒一七円三〇銭～一六円一〇銭）

備前米

三十六年以来県検査を施行せるものにして改良著しく其成績優良なり、而して大粒種は海外輸出及飯用にも好評なり（大粒一七円九〇銭～、小粒一七円二〇銭～）

備中米

備前米と同じく改良著しく大粒種は比較的備前米より粒形細小なれども、小粒種は優良なるを認む（小粒一七円五〇銭～）

讃岐米

県検査施行以来改良の効果著しく其成績優良なり、即ち平素輸入せるものは品質・乾燥・調整良好なり、然れども今回の審査品は比較的現在米少数のため優良品を見ざるを甚だ遺憾とす（一六円八〇銭円～一七円）(31)

各県における米穀検査の進捗については、冒頭に「内地米概評」として、「概して産米検査は県設事業に於て一段の進歩発達を促しつゝあり、即ち兵庫・岡山・香川・鹿児島・富山・三重諸県の如き是なり」と記されている。(32)播磨米・備前米・備中米・讃岐米についてはともに、本品評会開催の少し前から県営の米穀検査がはじまっており、その「著しい」効果が強調されている。こうした、阪神市場に近接する産地とは対照的に、防長米については「漸次退歩」と評されたように、相対価格を落としていたのである。

こうして一九〇八年一月には、防長米は「近時」阪神市場において、「屢々……後進地方の産米に一歩を輸するの傾向」があり「憂ふべきこと」と指摘されるにいたった[33]。一〇年前後の阪神市場の構造的変化による防長米の後退がはじまったのである。一〇年前後から県庁や同業組合の内部には、香川・兵庫・岡山の各県産米の台頭に対する危機感が形成された。山口県知事渡辺融は一〇年一月、県会議事堂において、農会と同業組合の役員を前に演説し、

近時各府県共争フテ之カ改良ニ着手シ、遙ニ我ノ後位ニアリシモノ着々歩武ヲ進メ今ヤ我畳ヲ摩セントスルモノ甚タ尠カラス、之ヲ我産米ノ輸送先タル大阪・神戸ノ市場ニ於ケル最近ノ状況ニ徴スレハ、香川・兵庫・岡山三県下ノ産米ノ如キハ其改良ノ成績特ニ著シク、随テ市価一段ノ格上ヲ示スモ、之ニ反シテ我ハ数位ノ格下ヲ来セルカ如シ[34]

と、激化した産地間競争への対策が急務であると述べている。深刻化する競争に対処するためには、より厳格な審査・検査を必要としたが、その実現を試みる同業組合の対応を次に検討する。

2　組織の一元化と米穀検査体制の再編

農会との合併

一九〇八年から同業組合は組織の改変に着手し、県農会との合併をすすめ、また支部を廃止した。まず〇九年一月、同業組合は農会との合併の建議を採択した。また、同年一二月の通常県会は両組

織の合併を県知事に建議し、県庁は合併の準備をすすめた。県知事渡辺融は一〇年一月、阪神市場における香川・兵庫・岡山の各県産米との競争激化と防長米の地位の低下を「遺憾」とし、同業組合・県農会の合併による事業の合理化を促すため両組織の合併を諮問した。

其主要ノ機関タル防長米同業組合ト各級農会ト互ニ意思疎通ヲ図リテ方針ノ一貫ヲ期シ、有無相通シテ施設ノ矛盾ヲ排シ、冗費ヲ節シテ之ヲ有効ニ転用シ、以テ益々事業ノ発展ヲ図リ全力ヲ傾注シテ之ニ当ルニ非スンハ其成功難カルヘシ(35)

合併の目的は、組織の整理による事務の合理化にあった。つまり県知事は、両組織に従事するのは「殆ント同一ノ人」であり、「一ハ其本ヲ勉メ一ハ末ヲ完フスルノ差」はあるが「要スルニ米穀撰良ノ目的タルニ過キス」と、両組織の目的が同一であり、合併には事業の重複を整理し負担を軽減する「利」があると説いた。また、農商務大臣への報告書も、県知事は同業組合と県農会の業務が「重複矛盾ノ挙」がないよう「兼々注意」してきたが、「一ニ合同スルノ念慮ヲ抱クモノ」が「年々増加」したため、両組織を「訓戒」して「一致ノ歩調」をとり、「今後」は両組織が「一体同心」となって「其目的」をとげると述べている(36)。県庁は、「合同の実を挙げ」ることを次年度の補助金交付の条件として合併を促したのである(37)。

諮問に対し、両組織からそれぞれ四名の委員が選ばれ、委員会は次のような合同方法を提示した。すなわち、①県農会・同業組合の首脳幹部を同一人物として「融和統一」をはかる、②両組織の正副会長・組長を同一人物とし事務所を「併置」し「統一セル施設ノ計画」をたてる、③事務所に「山口県農会・防長米同業組合事務所」の門標を掲げる、④事務所には「農会部」、および「防長米同業組合部」の二部をおく、⑤事務員は在来事務員とし両部の事務を担当する、⑥各郡で選挙される農会代表者・同業組合会議員および評議員を両部兼任とする、⑦各郡農会・町村農会の役員と同業組合支部以下の役員を兼任とし事務所・内部組織も同一とする、などの事項である。[38]

このように両組織の合併の目的は、全県から郡・町村にいたる各レベルの役員を兼任させて、事務組織を整理することにあった。県農会長滝口吉良はそのまま現職にとどまって同業組合組長を兼ね、また同業組合組長美祢龍彦は同業組合副組長となって県農会副会長を兼任することになった。

農会事業の浸透　ところで同業組合は、全国の「産米改良の成績優良なる府県」の実情を調査したうえで、県下の産業団体に対し一九一二年一月、防長米の声価回復の具体策について諮問した。さらに同年四月には臨時組合会を開き、「防長米改善」を審議して定款を改正した。すでにみたように、「近来阪神市場に於ける防長米の声価甚だ振はずして亦昔日の比にあらず、外は阪神其他の各市場よりの警告となり、内は斯界当路者の覚醒となる[39]」とのちに「組合史」（一九三〇年刊行）が述べているように、阪神市場における防長米の評価の相対的低下がその背景にあった。

臨時組合会では、まず、「防長米改善」について、次の四項目の方針が提示された。[40] ここには、審査や検査それ自体の徹底にとどまらず、生産過程における品種改良や調整・俵装などの「改善」が示されているが、それらの多くは農会組織による技術改良と普及を前提とするものであった。つまり、まず、その第一項（甲）は、「品種改善及乾燥・調整・俵装の完全を期する方法」で、これは産米の品種・調整・俵装について定款の励行を徹底することであり、一九〇三年に発足した県農会や郡・町村農会の全面的協力に期待している。県農会の発足と同時に、同業組合が経営する種作田は農会に移管され《一九〇三、43》、同業組合は生産過程には直接関与しなくなった。「改良米」の生産・調整・俵装などの督励は農会が担当することになったのである。また第三項（丙）の「農談会」には、同業組合職員に県農事試験場や郡農会の技術者を交えた農談会を開催し、「改良米」の生産を促すことが示されている。

次いで、第二項（乙）の「監督を周到にし審査・検査を正確にし併せて当業者の指導啓発に努むるの方法」は、出張所を設けて監督員による審査・検査の監視を強化することであり、実際に県内に六カ所の出張所が設置された。監督員の任務は次のように、審査員や検査員の執務を常時監督することであった。

県下ヲ六区ニ分チ各区一ヶ所宛出張所ヲ設ケ監督員ヲ常設シ、当業者ヲシテ米撰俵製ノ改良ノ必要ヲ自覚セシムル様常時巡回指導ヲ為シ、且検査員・審査員ノ執務ヲ監督セシム(41)

また、審査員を「更新」して一週間の講習を実施し、審査の「正確統一」を期したが、農会技手による審査員の兼任をすすめているように、産地農村では農会組織が同業組合の事業に浸透していった。検査員については、監督員の「駐在所」を検査所に設けることが定められており、監督員の増置により検査の監視は一層「周密」となった。事務体制においても「主事」一名が増員されている。農談会の開催にも、同業組合職員のほか、県農事試験場や郡農業技手が動員され、生産・調整・俵装に関する技術改良がすすんだのである。

さらに、第四項の（丁）「地主協議会」は、定款の励行に加えて、地主が小作人に対し「相当奨励方法」を実施することが「尤も緊要」であり、県下の地主が「協議会」を開催するよう知事に申請するとしている。地主の一定の負担が審査事業を遂行するため重要であることは、この時期においても、その主体である同業組合が認識するところであり、県庁にその実現をはたらきかけたのである。

このように、阪神市場における競争激化に対応する基本方針は、第一に、農会との提携を強化し、農会の農事改良事業を同業組合の事業と連係させるための組織の改革、第二に、農会との連係による審査・検査事業の徹底にあった。臨時組合会が、定款の「全部改訂」の必要があると提案したように、同業組合の組織や米穀検査事業、およびその取締りに関する全面的な再編が一九一〇年前後にすすむことになった。

支部の廃止　同業組合は県農会との「合併」を機に支部を廃止した。組合本部のもとにあった各支部は、それぞれ、ほぼ同一の規約を有する画一的な組織となったが、すでにみたように、その事業は一定の独立性を保って営まれていた（第四章第一節2）。移出検査は本部直営であったが、審査は各支部を主体としており、一九〇一年まで存在した試験田も各支部の経営によるものであった。したがって、支部財政も本部から独立した性格が強く、それぞれの事業に応じた歳入・歳出の予算・決算が支部ごとに作成され、主要な財源である賦課金の賦課方法や賦課率も支部ごとに異なっていた。

しかし、一九〇八年以降、本部・支部からなる二元的な組織は再編されることになった。すなわち、これまで同業組合は改良組合時代の「因襲」として、各支部ごとに「其の経済を異に」して独立性が強かったが、同年から「之を統合して一経済となすこと」になり(42)、財政も一元化された。まず同年には、支部財政を本部が直轄することになった。同業組合の財政はこれまで本部・支部が「独立分離」していたが、同年度からは「合同」して「統一的経済」とし、本部が「一切ノ収支」を担当することになったのである《一九〇八、20》。また同業組合の歳入は、主として賦課金（反別割・地価割・米商割）、手数料（検査手数料・期間外審査手数料・証票手数料）、および補助金となり、従来の支部ごとの多様な歳入費目が整理された。

さらに一九一〇年には定款が改正され、支部財政だけでなく業務全般にわたって支部の事務が廃され、本部が監督員を介して町村の委員を直接指揮する体制の確立がはかられた。すなわち、同年の定款改正理由は次の通りであった。

支部ハ各郡ニ一ヶ支部ヲ設ケ支部長及書記ヲ置キ各町村ノ負担金収集、下級役員及組合員ノ業務ノ監視其他支部内万般ノ事務ヲ処理セシメシモ、漸次町村ノ業務整理セルヲ以テ其複雑ヲ除去センカ為メ之レヲ廃止シ、組長ハ直接町村委員ヲ指揮督励シテ事業ヲ遂行セシメ、尚今後益々取締ノ周到ヲ期センガ為メ監督員ノ数ヲ増加シ、以テ斯業改善ヲ図ラントスルニ依リ如上ノ支部ヲ廃止シタルニヨリ、従テ之レニ伴フ条項ヲ修正シタルニアリ(43)

町村レベルの同業組合事業、つまり産地農村における審査事務を整理することにより、同業組合本部が監督員を介し直接町村の委員を指揮して審査を実施していったのである。本部は支部を介さずに審査の遂行が可能となったが、すでにみたように、町村の委員は町村役場の町村長や助役など公職者が多くを占めており(第四章第一節1)、また同業組合は農会と合併し公共的性格をさらに強めていた。したがって、産地農村における審査は、町村役場や農会の下部組織の業務の一環にも位置づけられることにより、支部の存在を不要としていったのである。

さらに、支部廃止の目的は、事業を整理・画一化して経費を節減することにあった(44)。同業組合は、事業の「画一」を欠くこと、事業の「進否」に差異があることを事業の「一大欠点」としたが、組織を「画一化」することにより財政の一元化をすすめた。同業組合は一九〇七年七月、支部併合による事業規模の拡大のため、県庁に対し現行の補助金一八〇〇円に一二〇〇円の増額を要求したが(45)、その申請書には次のように記されている。

本組合ハ従来組合各支部ガ経済ヲ異ニセルヲ、随テ其事業ノ画一ヲ欠キ、甲乙両地ニ於テ其進否ニ差異アリシハ組合事業ノ一大欠点ナリシヲ以テ、明年度ヨリ経済ノ統一ヲ図ルト同時ニ事業ノ画一ヲ期スルコトニ決定致候、就テハ之レカ画一改善ヲ為サントセハ審査及検査ヲ励行スルニ有之、之レヲ励行スルニハ其人ヲ得ルニアリ、其人ヲ得ルニハ待遇ヲ厚フセザルベカラズ、尚随テ監督員増置ノ必要ヨリ俸給・旅費・賞与・奨励等ニ要スル費金モ亦多額ニ有之候(46)

このなかで同業組合は、各支部の運営が独立的で事業の「進否」・「差違」、不統一が「一大欠点」であるとする。このため、財政を「統一」して事業の「画一」化、すなわち審査・検査を一元的に「励行」するが、そのためには多額の経費が必要であると述べている。つまり、審査・検査の徹底には「其人ヲ得ル」必要があり、そのためには待遇を厚くし、また監督員も増置しなければならなかった。したがって、財政的な裏付けが必要となり、県庁に補助の増額を要求したのである。(47)

こうして一九〇八年には、まず、玖珂・熊毛・吉敷・豊浦の各郡におかれた二つの支部が整理され(48)、支部長選挙が実施されてそれぞれ一支部に統合された《一九〇八、17》。次いで一〇年には各支部が廃止され、一元的な同業組合組織が形成されることになった。

米穀検査体制の強化と財政整理

審査・検査を徹底するため経費の増額が必要となったが、そのためには組織の整理による事業の合理化が必要であった。またそれは、県の補助金を増額する条件でもあった。農商務大臣にあてた報告書にも、同業組合は「必要少ナキ支部ノ機関ニ少ナカラサル経費ヲ要シタリシモ、今回断然之ヲ廃止シ、之ニ代フルニ検査事務ノ整備ヲ期スル為メ、検査官等ヲ増員致候」と、支部廃止の目的が米穀検査体制の強化にあることが強調されている(49)。また、本部直轄の事業となった審査についても整備がすすんだ。一九一二年の定款改正により、支部廃止後の審査・検査の拠点として、玖珂郡柳井町・佐波郡防府町・吉敷郡小郡町・厚狭郡厚狭村・下関市・阿武郡萩町の六カ所に出張所が設置された。その目的は、各出張所に「監督員」一名を「駐在」させ、「区内」の審査・検査の監督を「周到」にすることにあった(50)。

このように、米穀検査体制の強化をはかるため、同業組合本部が全事業を直接統括する方向で組合組織が再編され、米穀検査に経費が重点的に配分されることになった。組織の一元化と、県下一円を領域とする米穀検査体制の実現は同時に達成すべき課題であった。この組合組織の変革は、一九〇八～一二年度にわたってすすみ、最終的に一二年度の定款改正に集約された。一二年度の定款改正は、「防長米の改善に一新紀元を画した」(51)のである。

ここで、一九〇〇年前後から一〇年代にいたる同業組合本部の歳入・歳出決算を検討することにより、このような同業組合組織の再編を確認しよう。支部財政の廃止により、本部の財政規模は、支部財政が独立していた一九〇七年度以前の六〇〇〇～七〇〇〇円から約五倍に拡大した(表4－1・表6－5)。まず歳入をみると、これまで支部が徴収していた賦課金および審査手数料は、すべて本部の歳入になった。主要な歳入源は県からの補助金、賦課金、審査・検査手数料である。一〇年代はじめの県の補助は二八〇〇円で、歳入総額の一割弱を占めた。

賦課金は地価割・反別割が大半を占めた。支部が徴収した時期には賦課方法や賦課率がそれぞれ異なっていたが、一九〇八年度からは全県統一した賦課方法・賦課率になった。同年度の地価割は一〇〇円に付き七銭二厘、反別割は一反につき二銭二厘である。また、手数料はこの間約二倍に増加している。移出検査手数料は〇七年度まで一俵あたり六厘であったが、〇八年度には一銭に、一二年年度には二銭に引き上げられた(52)。また、同年度から審査手数料も徴収されることになった。

次に歳出をみると、審査も本部直営になったため、審査・検査関係の支出が占める割合が大きくなり、審査員・検査員の人件費などが主要な支出費目となった。一九一五年度からは、両検査事業関係の歳出が「検査費」一本にまとめられた。審査員・検査員の給与は〇八年度から一六年度までの九年間に大幅に増加し、また審査講習の経費や審査・検査関係の諸経費も増加している。同業組合の中心的な事業として審査・検査の重要性が高まり、米穀検査関係の支出が総支出の半ばを占めるようになったのである。

ところで一九〇九年度から一〇年度にかけて、支部費・委員費の二項目が整理されている。まず一〇年度から支部廃止により支部費が、また一一年度から同業組合・農会の職員兼任により委員費が合計一万円ほど整理された。この整理により、審査・検査関係の支出増加が可能になったといえる。例えば一九〇七年度には、事務所費は本部三三二

表6-5　防長米同業組合の歳入・歳出決算

（単位：円）

年度			1908	1909	1910	1911	1912	1913	1914	1915	1916
歳入	県費補助金		2,800	3,000	2,800	2,800	2,800	2,800	2,940	2,800	2,800
	賦課金	地価割	14,607	14,583	14,105	14,138	14,279	18,131	22,321	22,097	21,787
		反別割	9,243	9,263	7,766	7,754	7,824	10,810	11,675	11,571	11,405
		米商割	1,761	1,825	1,618	1,802	1,981	2,516	2,413	2,388	2,156
	手数料	審査・検査	9,281	10,554	10,927	7,950	15,316	16,027	18,634	20,254	19,813
		期間外審査	135	203	116	177	122	117	111	151	145
		携帯証票	18	20	35	49	76	23	23	26	24
	財産収入		246	300	315	255	314	230	319	317	
	雑収入		560	1,180	1,025	1,445	659	579	809	964	1,128
	繰越金		22	3,941	5,699	6,869	3,948	822	178	2,952	8,578
	繰入金						2,400				
	合計		38,674	44,869	44,405	43,285	49,716	52,054	59,391	63,519	67,835
歳出	本部費	給与	4,841	3,941	6,719	6,284	6,249	6,956	7,468	6,663	6,640
		諸経費	1,151	1,309	1,375	1,637	2,093	2,537	2,430	2,016	2,888
	支部費	給与	6,454	5,624							
		諸経費	964	987							
	委員費	給与		3,200	3,704						
		諸経費		206	330						
	会議費	組合会議費	277	450	357	354	567	293	862	257	385
		評議員会費	89	116	91	190	144	114	87	106	281
		委員会費	919	1,047	888	895	1,004	935	920	1,005	990
		審査員会費	613	836	984						
		検査員会費	175	169							
	審査費	給与	14,352	14,502	15,290	15,345	18,493	17,935	18,348		
		講習費				12	1,599	1,122	2,502		
		諸経費	1,037	857	719	1,766	1,789	1,610	2,631		
	検査費	給与	3,215	4,207	5,086	6,129	6,810	8,675	8,662	27,021	29,324
		講習費				4	138		200		932
		諸経費	244	423	672	1,647	2,688	3,081	3,076	7,305	7,323
	事業費	監督費				4,210	6,958	7,176	7,626	7,175	7,173
		奨励費	70	127	69	83	138	204	438	584	113
		市場調査費						90	90	90	90
	賞与費		203	162	200	200	100	100	100	100	150
	雑支出		2	23	37	68	122	52	205	52	43
	準備積立金編入		246	600	615	255		1,030	319	317	5,450
	合計		34,852	38,790	37,135	39,079	48,895	51,909	55,964	52,691	61,783
臨時歳出				380	400	259			475	2,250	1,125
差引剰余金 次年度へ繰越金			3,821	5,699	6,869	3,948	822	145	2,952	8,578	4,927

出典：「防長米同業組合歳入歳出決算報告書」（各年度、[農業56-24]、[農業55-9]、[農業55-13]、[農業55-21]、[農業57-5]、[農業57-12]、[農業57-36]、[農業58-3]、[農業58-15]）。

注：臨時歳出として、1909年度に380円（財産費）、10年度に400円（視察費）、11年度に259円（建築費）、14年度に475円（視察費）、1915～16年度に3,375円（建築費）が支出された。また、歳入の「繰入金」と差引剰余金（次年度へ繰越金）が一致しない場合も、そのまま記した。

三円（表4－1）、支部一万〇九四七円（表4－3）、合計一万四二七〇円であったが、支部関係の事務費を廃した一一年度には、本部費は七九二一円に減額している。他方で審査員の給与は、一万〇一〇三円（〇七年度、表4－3）から一万五三四五円（一一年度）へ、検査員の給与は二一二二七円（諸経費を含む）（〇七年度、表4－1）から六一二九円（一一年）へ顕著に増額しており、同業組合組織の整理によって生じた支出の削減が、米穀検査事業の拡充にともなう歳出増加を可能にしたことが確認できる。このように、組合組織の整理・再編は米穀検査体制を再編する前提条件となったのである。

第二節　米穀検査体制の確立

1　審査制度の再編

審査方法の改革

一九〇八年から米穀検査制度の整理と改革がすすんだ。まず同年から、「市場の状況に鑑み」て審査方法が改訂された[53]。これまで同業組合による産米評価は、海外輸出米に適した「大粒本位」のものであり、「上米ハ大粒種」、「中米以下ハ小粒種」と、はじめに粒形によって評価されてきた[54]。このため、小粒種は「精良ヲ尽スモ」上米と評価される資格がなかったといわれる[55]。しかし、国内市場向けが増加して小粒種の重要性が高まると、審査方法は「根本的ニ改正」され《一九〇八、37》、大粒種・小粒種を対等に評価する審査基準に改定された。新たな審査区分は、大粒種・小粒種それぞれに合格・不合格が設定された。つまり合否の基準をみると、大粒種・小粒種にかかわらず調整・容量・俵装の一定の完備は、合格・不合格ともに必要な条件であり、さらに合格は「米質純良・乾燥善良」のもの、不合格は米質が「純良」を欠き、米種の混交があり、乾燥不良なものとして鑑定された[56]。

大粒種と小粒種を同等に扱うのは、「上米ニ於テ勝ヲ市場ニ占ムルト同時ニ、中米ニ於テ敗衄ヲ招ク失墜ナカラシメ、大小粒共ニ他府県産米ニ拮抗シテ声価ヲ発揚セシメムトスルニアリ」、もしくは「需用地ノ嗜好ニ応求セントセシナリ」[57]《一九〇八、37》などといわれたように、小粒種を主とする国内市場において、他府県産米と競争するためであった。大粒種・小粒種対等の審査は、これまでの審査方法の改定を促すことになった。審査方法が一時的に、従来の上・中・下の合格米三等級から合格・不合格の合格米一区分に改められたのである《一九〇八、29》。その理由は次のように説明されている。

本組合ニ於ケル従来ノ審査鑑別法ハ上中下ノ三等ニ区別シ、輸出検査〔移出検査〕ニ於テ之レヲ覆審シタリト雖、未タ審査ノ実跡ヲ挙クル能ハス、蓋シ数百ノ審査員ヲシテ其ノ規ヲ一ニセシムルコトハ実際ニ甚タ難事タリ、故ニ今後ハ審査ニ於テ合格・不合格トニ鑑別スルコトトセリ[58]

すなわち、これまで審査は各支部を主体として、多くの審査員によって実施されており、支部内に統一した評価を実現することは困難であった。しかし、審査は同業組合本部の直轄事業となり、統一的・客観的な基準により評価を実施することが課題となった。さらに、従来一律に「中米以下」とされた小粒種についても、新たに鑑定し等級を付すことになった。審査方法が大幅に変更したため、「数百の審査員が悉く等差の鑑識を一にするは実際に於て望むべからざる業たるべし[59]」と報じられたように、審査員の審査技術が問題となったのである。

このため、厳密な上・中・下の三等級を付すことが困難になり、審査体制を整え審査員の審査能力を高めるまで、現実的な方法として合格・不合格の二区分が採用されることになった。ただし一九〇八年の兵庫市場の相場表は特に変化はなく、前年から同様に防長上米・防長中米の相場が掲げられている[60]。これは、次項にみるように、同年から移出検査に等級が付されることになったからであろう。多数存在する審査員の資質・能力にはなお限界があり、大粒種・小粒種を同等に、しかも全県統一的に審査するという新たな課題に対応するため、審査基準を一時変更したのである。

この合格一区分の審査は、一九一二年の定款改正で再度改訂され、大粒種・小粒種それぞれが一等・二等・不合格となり、合格は二区分となった《一九一二、15》。その基準は、「審査細則」によれば次のとおりである。

一等米ハ乾燥・調整・容量・俵装ノ完全及ヒ品種純良・米質善良ナルモノ

二等米ハ前項ニ次クモノ

不合格ハ品種混交、乾燥不完全ニシテ米質不良ナルモノ、但シ調整・容量・俵装ハ完全ナルヲ要ス(61)

合格を二区分としたのは、「優良」な産米が「其労費ニ酬ユルタケノ差額」が実現しなかったため、「乾燥・調整ヲ周到ニナシタル優等米」の生産量が「漸次減少」する傾向にあるからと説明されている(62)。一等米を設けて優良な産米を評価しようとしたのである。二等米は一等米に「次クモノ」と定められ、その基準は客観的かつ具体的ではなかったが、新たな合格二区分の基準の設定は、この間の審査能力の一定の向上によるものといえよう。また、これまで審査結果は「上米」が過半を占めていたが、この改定により「二等」が大半を占めるようになった。一二年度の結果は一等一二・二%、二等七四・四%である。これは、やはり二等を最多の合格区分とする移出検査に対応するものであった《一九一二、55》。

また同業組合は、一九一〇年前後から審査等級を下方に広げて、中下級米市場へも積極的に対応し、比較的等級の低い産米についても市場取引の円滑化をすすめた。つまり、一四年一月から不合格米の下に「最下米」のランクを新たに設け、審査結果を一等・二等・不合格・最下米の四等級に区分した《一九一三、16》。「最下米」を設定した理由は次のとおりである。

米穀審査ノ不合格ハ範囲頗ル広漠ニシテ上下ノ懸隔殊ニ甚シ、故ニ正当ナル価格ヲ保持スル能ハス、即チ不合格米中乾燥ハ合格程度以上ニ達スルモ、米種混交又ハ赤米混入等ノ為メ不合格トナリタルモノ、及乾燥僅ニ合格程度ニ達セサル中位以上ノ米穀大部分ヲ占ムルモ、乾燥・米質共ニ劣悪ナル最下米ノ為メニ商取引上不合格米ノ価格ヲ減殺セラル、ヲ以テ、当業者ノ不利益ヲ蒙ル多大ナリトス、依テ最下米ノ一階級ヲ設ケ商取引ノ確実ヲ期セントスルニ在リ(63)

すなわち、従来は「不合格」の等級の「範囲」が広かったが、乾燥・米質ともに劣る最低ランクの「最下米」を新たに設けて分離し、「不合格」の品位を一定にして商品としての規格を確立し、その取引を促進することを目的としたのである。移出検査を受検して県外移出することはできないが、商品として「不合格」米の規格を確立して県内市場に販路を求めたものであった。

また、一九一三年一二月の同業組合組長による「最下米ニ関スル訓令」は、「最下米」とランク付けされた場合には、「最下米依ッテ来ル原因ヲ覆査シ、主産者ニ対シ米種ノ改善、肥培ノ懇到、乾燥調整の周密ヲ慫慂シ、以テ根本ニ於テ如斯不良米ノ生産ノ断絶ニ努メ」《一九一三、附6～7》ることを指示している。「最下米」設定の目的には、不良米の生産を控え、市場への搬出を抑制する狙いもあったのである。なお、この四ランクは、一五年に再び整理され、大粒種・小粒種ともに、一等・二等・三等・不合格という等級区分となった(64)《一九一五、18》。これは、「最下米」を除いた「不合格米」を「三等米」に再編して合格させ県外移出を可能としたものであり、中等品である二等に加えて下等品を規格化し、県外へも販路を開くものであった。

こうして、審査による等級は数年間の変遷をへて、再び合格米を三等級に区分するようになった。その方法は、かつての上・中・下と比較すれば、各区分の基準が明確になり、全県同一の基準によるものとなった。ここに、同業組合直轄のもとで、審査基準の明確化が全県下統一的に実現したといえよう。小粒種を主とする国内市場にも対応した基準による審査方法が、ここに一応の確立をみたのである。

審査員の任用と内部養成

一九〇八年からはじまる審査基準の明確化は、審査員の採用・養成方法の整備とともにすんだ。審査員の能力の向上は厳密な審査を実施する前提であった。まず、審査員の採用方法についてみると、〇八年には審査員数を各町村三名以下とし、支部長・当該町村員の意見を徴し、同業組合の組長が任用することになった。審査員数を制限したのは、審査の不統一をさけ「業務の統一を図る」ためである(65)。支部が審査の主体であった時期には、支部長が審査員の任用にあたったが(66)、〇八年には、支部長らの意見を聞いて同業組合組長が任用するという過渡的な採用方法となった。また同年六月には、いったん審査員すべてを解職して新たに四一一名を任用している。これは、同年の支部財政の廃止にともなう措置で、審査が本部の直轄となったことによるものであった(67)。

さらに、一九一〇年には支部自体が廃止され、審査は全県統一した規程により実施されるようになった。これに対応して、翌一一年に審査員の採用規程が改正された。従前は、審査員の能力に関する具体的規程はなかったが（第四章第二節1)、ここにはじめて、「審査員ハ高等小学卒業以上ノ資格アルモノニシテ、米穀ノ良否鑑別能力及俵製ノ心得アルモノハ試験ヲ要セスシテ組長之ヲ任用ス(68)」という資格要件が明文化された。組長は、高等小学校卒業以上で、米の「良否鑑別能力」を有し「俵製ノ心得」がある者であれば、試験を課さずに審査員に任用できるようになった。また翌一二年にも同規程が改訂され、「検査員・審査員ハ本組合講習部ヲ修了シテ合格証書ヲ所有スルニアラサレハ採用スルコトヲ得ス」と、審査員の採用は検査員と同様に、組合講習部の「修了」を条件とすることが定められた。

審査員の資質・技術を確保するため、同業組合は組合組織内部に講習課程を組み込むことになったのである。

審査が進捗するしたがい、その「格差」の是正、すなわち、審査基準の統一性と厳密さが要請されるようになった。一九一四年の審査員講習会において、同業組合組長は次のように、同一等級に地域間格差が生じないよう審査の「正確」と「統一」を審査員に「訓示」した。

甲地ノ一等ト乙地ノ一等トハ其間格段ノ差アル等ノ言ヲ聞クハ屢々ナリトス、此ノ如キ言辞ハ悉ク之ヲ信スルモノニアラサルモ、火気ナキ所ニハ煙立タスト言ヘル諺ノ如ク、審査ノ事務挙テ正確ニシテ而カモ統一セラレ居ルモノト断言スルヲ得ス、故ニ諸君ハ此点ヲ深ク心ニ銘シ、苟モ過誤失墜ナカランコトヲ渇望ニ耐ヘス《一九一四、128》

このため、まず第一に、審査の監視が徹底された。一九一〇年に開催された町村委員の集会において副組長は、「組合事業方針に関する訓示」のなかで、審査員の養成、その業務の監視について次のように述べている。

各町村ニ於テ比較的適当ト認ムル人物ヲ選ヒ、相当期間養成ヲナシ、理想ニ近キ人物ヲ得ルトスルモ、各町村ニ於テ種々ノ情弊ノ幡ルアリテ、如何ニ適当ナル審査員ト雖モ、周囲ノ事情ニ制セラレ、其結果眼識ニ及ヒ遂ニ知ラス識スノ間ニ審査ノ分度ヲ愆リ職責ヲ全フスル〔ママ〕コト往々見聞ル所ナリ、是レ人間ノ弱点ニシテ免ルベカラサル次第ナリ《一九一〇、付録24》

つまり、審査員の能力や規範意識について、いかに適切な人材であっても末端町村においては「情弊」により審査を誤ることがあり、これは人の「弱点」でやむをえないとする。同業組合は監督員を増置して、審査員の監視体制を形成しようとしたが、県下一円は広大で「監督力ノ普及セサル恐」れがあった。このため、副組長は会同する町村の委員に対して、審査員を「厳正に監視」するよう次のように要請したのである。

諸氏ハ審査員ノ後援トナリ厳正ニ監視シ、及審査員ノ職務上発起スル事件ハ世ノ毀誉褒貶ニ泥マズ、又事ノ大小ヲ論ゼズ一々其原因ヲ模索シ適当ニ解決ヲ与ヘ、審査ノ進路ヲ開キ、一面漸次情弊ノ矯正ニ努メラレ、以テ審査員ト組合員ト連環照応シテ、相互間ノ融和ヲ計リテ事ノ全キヲ得ル次第ナルヲ以テ、極力昂〔ママ〕メセラレンコトヲ切望ス《一九一〇、付録25》

町村委員の多くは、すでにみたように、町村長や助役などであったから、産地農村における審査は町村の公職者によって監視されるようになったといえる。

第二に、同業組合は審査員の養成を目的とする講習会を開催し、公正さを自覚させ、また技術を向上させようとした。一九一二年からは、同業組合の年次報告書に審査員講習会の記事が掲載され、業務の一環に審査員養成が組み込まれるようになった。同年度から、毎年七月から八月にかけての七日間、審査員の「執務上必要ナル事項」について審査員講習会が開催されることになったのである《一九一二、65》。翌一三年にも、七月から九月にかけて、「米穀鑑定上ノ技能練習ヲ為ス」目的で審査員の講習会が開催された《一九一三、77》[69]。さらに一四年からは、審査員講習会が年二回開催されるようになった。第一回は八月から九月にかけて、鑑定に関する技術を「錬磨」し、害虫駆除を「実験」し、また町村農会の「助手」としての課題も与えられた。第二回は一一月に開催され、当年度産米の「審査等級更正」を打ち合わせた《一九一四、108～110》。このように同業組合は、統一的な審査を実施するため、一定の能力を有する審査員を内部養成する体制を形成したのである。

さらに第三に、一九〇八年から、審査員、および次項にみる検査員の待遇改善の検討がはじまった。これは当時、審査員の年俸は平均三六円、検査員は二五円八〇銭であったが、同業組合は「此俸給額ニテ適当ナル人物ヲ得ンコトハ頗ル難事」[70]として、現行給与では一定の能力を有する人材が得られないと判断していた。このため、同年度の予算作成にあたり同業組合は、事業の「改善」には審査の「励行」が最重要として、審査員の待遇改善と、内部養成のための講習会の経費を県庁に要求したのである[71]。

また、一九〇八年度の審査員給与予算を、〇七年度予算一万〇一八〇円を四二六円増額し一万四四四〇円に増額することを要求している。さらにこの予算案は、従来の審査員五七〇名を三八〇名に減員する計画も含んでいたから、一人あたりの平均給与年額を一七円六〇銭から三八円へと、二倍以上に引き上げようとするものであった[72]。〇八年度の審査員給与の支出は、決算書によれば一万四三五二円になっているから[73]、この予算案はほぼ実現したことになる。

このように同業組合は、国内市場に対応した審査方法を定めるとともに、審査員の採用を同業組合組長に一元化した。またその資格と任務を明確化して監視を強化し、採用者を内部養成する制度を整備し、さらに待遇改善を含む予算措置を講じることによって、新たな審査体制を形成していったのである[74]。

2　検査制度の再編

検査方法の改革

審査とともに検査体制の再編もすすんだ。一九〇八年度から移出検査にも等級が付されるようになった。審査と同様に大粒種・小粒種が対等に評価されるようになり、それぞれ一等・二等・不合格の三ランクに区分された[75]。審査において合格が一区分となったため、検査により阪神地方の取引に対応したのである、この移出検査段階の等級区分は、かつてのような米穀商の再調整によるものではなく、同業組合が検査員を通じて主体的に行うものであった。同年の定款は次のように定めている。

一等米　審査合格米ノ最モ完全ナルモノ
二等米　前項ニ次クモノ
不合格米　前項ニ次キ合格ト為スヘカラサルモノ

このように審査に合格することが検査に合格する前提であった。混交米・濡米・腐敗米とともに、審査不合格米は県外移出が禁止された[76]。この改訂により、検査印として、大粒種・小粒種をそれぞれ赤・黒に色分けし、等級にしたがい一等（㊀）・二等（㊁）・不合格（△）が米俵に押印された。これも、国内市場における防長米取引の円滑化を目的とし、他産地ではすでに実施されている記号化された等級表示であった。等級の図示は改良組合時代から行われていたが、大粒種・小粒種の色分けは、一九〇八年の改訂によりはじめて実施された。

なお、岡山県の「米穀検査規則」は大粒種を青、小粒種を赤と定めている（第五条）[77]。兵庫市場における各地産米の日々の相場表には、一九〇五年末から「備前青」・「備前赤」が、〇八年末から「播州青」（一等〜三等）・「播州赤」（一等〜三等）が現れる[78]。また、同じ〇八年度から県営の米穀検査をはじめた兵庫県の「米穀検査規則」にも、大粒種を青、小粒種を赤で色分けする規定がある（第一〇条）[79]。防長米の大粒種・小粒種の色分けも、岡山県・兵庫県にしたがったのである。ただし、兵庫市場の相場表に防長赤（一等・二等）、防長黒（一等・二等）が現れるのは、備前米や播磨米より遅れて一二年末からである。規則は〇八年に定められたが、実際には一二年の定款改正によって実行に移されたものと思われる。

一九一二年の定款改正にともない、検査等級は次の四区分となった。

特等米　品種・乾燥・重量・米質ノ最モ完全ナルモノ
一等米　前項ニ次クモノ
二等米　前項ニ次クモノ
不合格米　審査不合格米ニ恰当スルモノ（「輸出米検査細則」第八条）[80]

審査不合格米を県外移出から排除する方針は一九〇八年改正からより一層明確となり、自動的に移出検査は不合格となった。移出検査等級の「特等米」は、「一等米証印ノ外ニ特証印ヲ押捺スルモノトス」（同、第一一条）と定められたように、一等米のうち特に優れたものという位置づけであった。[81]特等・一等・二等の区別は規則では明瞭でないが、「標本」によるものとされており（同、第一〇条）、基準が公開・具体化され、より客観的になった。さらに、一五年の定款改正により、検査の等級は一等米・二等米・三等米・不合格米の四区分となり、見本となる「底準米」と「照合鑑別」して等級が定められた（「防長米同業組合検査細則」第六条）。[82]

移出検査の等級区別の変遷は、審査等級のそれに対応している。すでにみたように、審査も一九一二年度から一等米・二等米・不合格米と三ランクとなり、また一四年の「最下米」の設定をへて、一五年には一等・二等・三等・不合格の等級区分となった。審査方法の改訂に対応して移出検査方法も整備されていったのである。なお、一五年の改訂により、捺印が大粒種赤・小粒種黒からそれぞれ青・赤に変更された。これも、岡山県・兵庫県にならった色分けであり、防長米が「他府県一般ノ例ニ鑑ミ」て、備前米・播磨米にならう形で統一されたのである。[83]

検査員の任用と内部養成

一九〇八年の定款改正によって「月俸支給」の検査員が増員された。検査員はこれまで収穫期に、検査所のある支部ごとに季節的に雇用され、その給与は検査俵数に応じた歩合給であった。検査員には専門的知識・技術や一定の規範意識が要求されたが、それに応じた待遇は実現していなかったといえる。しかし、〇五年にはじまる「月俸支給」の検査員は当初三名であったが、〇八年以降一一名に増員されて「枢要の検査所」に配置され、〇九年からは毎年それが「拡充」されるようになった(84)。また、一一年には、「可成優秀」な検査員を採用するため、次のように検査員採用規程が改定された。

第一条　本組合ハ本規程ニヨリ試験ノ上之ヲ採用ス
第二条　検査員ノ採用試験ハ左ノ科目ニ就キ之ヲ行フ
一　作文（記事往復文）　　二　算術（四則比例）
三　読書　　　　　　　　　四　農業大意
五　米質鑑定
第三条　志願者中左ノ一ニ当ル資格ヲ有スルモノハ、第一号乃至第三号ノ試験ヲ行ハサルコトアルヘシ
一　農業学校又ハ之ト同等ノ学校ヲ卒業シタル者
二　二ヶ年以上判任文武官ノ職ニ在リタルモノ
三　普通文官試験ニ合格シタルモノ
四　二ヶ年以上米穀検査事務ニ従事シタルモノ

検査員の採用には、従来その専門的能力を試験によって評価し選抜する方法はとられなかった（第四章第三節2）。しかし一九一一年の規程により試験により選考すること、ただし農学校卒業者や一般事務、米穀検査事務の経験者は試験を免除できることが定められた。ここに、客観化された一定の能力を資格要件とする検査員の採用がはじまった。

検査体制を強化するためには、検査員の能力の向上が必要であり、審査員と比較して採用基準はより厳格になったといえる。また試験任用制度の導入と同時に、「防長米同業組合講習規程」が定められ、組合内部に「講習部」をおいて、新任検査員に対する検査・審査に関する講習がはじまった。講習期間は二カ月以内であった。こうして、一〇年代はじめには、試験採用された月俸制の検査員が同業組合内部で講習を受け、検査技術を養成していく制度が整ったのである。

一九一一年の検査員採用試験には一二〇名が志願した。試験の結果二三名が合格し、三～五月に講習部で養成され検査業務にあたった《一九一一、35～36》。続いて同年八月には第二回の採用試験があり、二六名の応募者に対して七名が合格し、九～一〇月に講習部が開設された(85)。また一二年からは規程が改訂されて、講習部への入所試験がはじまり、合格者は検査員講習生として養成され、最終試験合格者を順次採用するという制度に改められた。入所試験および試験免除の規定は一一年の採用試験と同様である。一二年六月には第三回講習生が募集され、応募者三二名のうち一〇名が合格して講習部で養成された。また翌一四年三月には第四回講習生選抜試験が実施され、五一名の応募者から一八名が選抜されて講習部に入り、六月の最終試験により一六名に合格証書が交付された(86)。

こうして、月俸支給の検査員が県下各地の検査所に配置されるようになった。一九〇〇年代に、山陽鉄道の延伸により停車場などに増設された検査所は、一二年からは顕著に減少していくが（表6－6）、同時に検査員が「俵別給」（歩合給）から「月俸」（固定給）へ切りかえられ、常勤的勤務となって待遇も改善された（表6－7）。一三年の時点で、俵別給・月俸の配置を郡ごとにみると、熊毛郡のように、なお切りかえがすすまない地域も残っていたが、瀬戸内海に面し産米量の多い吉敷・玖珂・豊浦の各郡には、月俸制検査員が多く配置されている（表6－8）。このように、試験選抜と内部養成により、一定の資質と能力を有する常勤的な検査員が、主要移出地に重点的に配置されるようになった。同業組合は、検査員も含めて、移出検査を組合内部で管理・運営する体制をつくり上げたのである。

表6－6　各郡市の輸出米検査所数（1905～1920年）

1906	1907	1908	1909	1910	1911	1912	1913	1914	1915	1916	1917	1918	1919	1920
7	7	7	7	6	6	4	4	4	4	4	4	6	6	6
12	12	12	12	12	12	8	8	8	8	8	8	8	8	8
18	18	18	18	17	17	14	14	14	14	14	14	14	14	14
3	3	3	3	4	4	3	2	2	2	2	2	2	2	2
5	5	5	5	5	5	4	3	3	3	3	3	3	3	3
15	15	15	15	14	14	6	6	7	7	7	7	7	7	7
15	15	15	16	16	16	12	12	11	11	11	11	11	11	11
21	21	21	21	20	20	11	11	11	11	10	10	9	11	12
3	4	4	4	4	4	2	2	2	2	2	2	2	2	2
13	13	13	13	12	12	5	5	5	5	5	5	5	5	5
14	14	14	14	14	14	9	9	9	7	7	7	8	9	9
1	1	1	1	1	1	1	1	1	1	1	1	1	1	1
127	128	128	129	125	125	79	77	77	75	74	74	76	79	80

同じ。

表6－7　給与別検査員数

（単位：人）

年次	1894	1898	1903	1908	1913	1917
俵別給	65	105	119	119	50	43
月俸	—	—	—	11	37	38

出典：防長米同業組合『防長米同業組合三十年史』（1919年）208～209頁。

この時期の検査員の業務は、一九一六年の「採用規程」・「服務規律」にまとめられている。(87) それによると、採用資格は、①組合講習部を修了し合格証書を有する者、②乙種農学校卒業程度以上の者、③県農事試験場講習部を卒業した者、④一年以上米穀検査事務に従事した者、⑤特別な場合として高等小学校卒業以上の学力がある米穀鑑定の経験者、であり、その資格について能力・技術水準が示された。また「服務規律」には、「忠実勤勉」、「素行ヲ慎ミ常ニ懇切丁寧」などの一般的な事項に加えて、「厳正確実」、「組合ノ機密又ハ組合員ノ秘密ヲ漏洩スヘカラス」、「組合員ヨリ贈遺又ハ饗応ヲ受クルコトヲ得ス」など、検査員の倫理的な規範も明文化された。こうして、審査・検査ともに国内市場に対応した新たな基準と方法が整備され、米穀検査体制の再編がすすんだのである。

郡市＼年度	1905
大島	3
玖珂	12
熊毛	18
都濃	3
佐波	5
吉敷	15
厚狭	15
豊浦	20
美祢	1
大津	13
阿武	14
下関	1
合計	120

出典・注：表3-2に

第三節　米穀検査の展開

1　審査の進捗

一九一〇年代はじめに制度が整った米穀検査事業の進捗とその結果を、まず審査について検討する。

違約処分の減少

未審査米の取引に対し違約処分が一八九〇年代に強化されたが、一九〇〇年代末になると次第に処分件数は減少していった（第四章第二節2）。しかし、〇九年度から一一年度にかけて、再び未審査米取引に対する処分が強化された（表6－9）。〇八年の定款改正により「業務の刷新を図」るため違約者への制裁が強化され[88]、〇九～一一年度に違約処分件数が著増したのである。同時期には、新たな基準や方法による審査を徹底する意図があったと思われ、俵装の規約違反に対する処分件数も一時的に増加した。

しかし、一九一二年度以降になると、審査忌避や未審査取引の処分件数は急速に減少していった。一〇〇件を超えていた処分件数は、一四年度には二二件にまで減少した（表6－10）。これは、次に報告されたように、審査が順調に進捗して処分に該当する事件が急減したこと、また処分の必要性が低下したことを意味するものであった。

> 数年ニ比スルニ大ニ其数ヲ減シ来リタルハ誠ニ喜フヘキ現象トスヘシ、蓋シ指導奨励其効ヲ奏シタルト、一ハ組合員ノ誠意、定款ノ遵守ニ努メタルノ結果ナリト謂フヘシ《一九一二、68》

表6－8　1913年度検査員数（給与別）

（単位：人）

郡市	俵別給	月俸
大島	5	—
玖珂	3	5
熊毛	10	1
都濃	—	2
佐波	2	3
吉敷	2	7
厚狭	7	3
豊浦	8	7
美祢	—	2
大津	5	4
阿武	8	1
下関	—	2
合計	50	37

出典：表6－7に同じ。

表6－9　違約処分件数（違反事項別）

（単位：件）

違反事項 ＼ 年度		1907	1908	1909	1910	1911	1912	1913	1914
定款違反	未審査				217	265	87	58	22
	未検査				20	35	11	28	6
	空俵再用				66	189	56	46	55
	俵装違犯						2		
	中札・口封なし				7	1			
	標印抹消破棄						1	1	
	不良米混入					24	10	7	7
	封緘証紙破棄						3	6	3
	証紙再用						3		
	俵米抜取					7			
	虚偽答弁						1		
	証票不携帯				3	9	6		1
	再審査不応						3	1	
	門戸票不貼付						1		
	経費未納					221			
	合計	151	131	342	313	751	184	147	94
法律違反	審査印偽造変造				6	1	1		
説諭					55	168			

出典：防長米同業組合の事業報告書《1907～1914》、表4－12を参照。

注：1911年度の数値には、事業年度を会計年度に改めるため、1～3月の数が加算されている《1911、79》。

審査数量は、一九〇五年前後から二〇年前後にかけて、七〇万石台から九〇万石台へ着実に増加していった（図4－1）。すなわち、「自家飯料米ヲ除クノ外、俵入トシテ売買ニ授受スルモノハ総テ本組合ノ審査ヲ受ケサルベカラズ」《一九一二、15》と報告されたように、自家用飯米として消費するものを除き、地主に納入する小作米も含めて審査の対象であった。一〇年代の山口県の米穀生産量はやや停滞していたから、生産量に占める審査の割合は、〇八年前後の五〇％台半ばから一〇年代半ばの六〇％台半ばへ顕著に増加した（図6－1）。こうして、審査は産地農村に浸透し、審査量は県内生産量の過半を占めるようになったのである。

小作人奨励の限界

このように、一九一〇年代になると産地農村における審査は再度進捗するようになった。それでは、審査受検による小作人の負担増を補償する地主の奨励米・奨励金の交付は、一〇年代にはどの程度普及し、また小作慣行として定着したのであろうか。

表6-10　1911年度・1914年度の違約処分

（単位：件）

郡市	1911年度						1914年度				
	未審査	未検査	俵装	その他	合計	組合費滞納	未審査	未検査	俵装	その他	合計
大島	2	4	4	—	10	—	—	—	3	—	3
玖珂	22	1	15	—	38	15	3	2	9	2	16
熊毛	17	4	11	—	32	1	3	1	12	5	21
都濃	18	—	14	2	34	3	—	—	—	—	—
佐波	6	1	8	1	16	—	—	—	1	—	1
吉敷	18	3	33	4	58	16	—	—	8	—	8
厚狭	45	14	30	—	89	49	2	—	2	1	5
豊浦	54	3	14	10	81	15	3	2	15	2	22
美祢	13	3	5	10	31	17	4	—	3	—	7
大津	30	1	15	9	55	103	—	—	1	1	2
阿武	33	1	40	5	79	2	7	—	1	—	8
下関	5	2	—	—	7	—	—	1	—	—	1
計	265	35	189	41	530	221	22	6	55	11	94

出典：防長米同業組合の事業報告書《1911》、《1914》。
注：定款違反の違約処分を表示した。1911年度のみに、組合費滞納による処分が記載されているので、合計のほかに記した。

同業組合の事業報告書は、一九一三年度から「小作奨励」、ないしは「小作人奨励状況」の項目を新たに設けて、小作人に対する地主の経済的補償に関する調査結果を掲載するようになった《一九一三、79～81》。同年度の調査結果によれば（表6-11）、地主が補償を行っている町村は県下全町村二二五に対し五〇に過ぎず、また補償額・量も低位にとどまっていた。また、審査合格の大半は二等であったが、二等には補償が交付されない場合が多かった。このように、審査の進捗に有効な地主の補償については、なお例外的な措置にとどまっており、その機能には大きな限界があったのである。

県庁は一九一二年六月に「小作奨励会準則」を定めて町村の地主を組織し、米穀の「改良」を目的に、①審査一等合格米に奨励米を付与すること、②乾燥のため稲架などの材料・費用の一部を補助すること、③調整のための器機の一部を補助すること、④採種田による優良種籾を小作人の水田に配布して原種とすること、⑤土地改良の経費の一部を補助すること、⑥塩水撰な

図6－1　審査率の推移

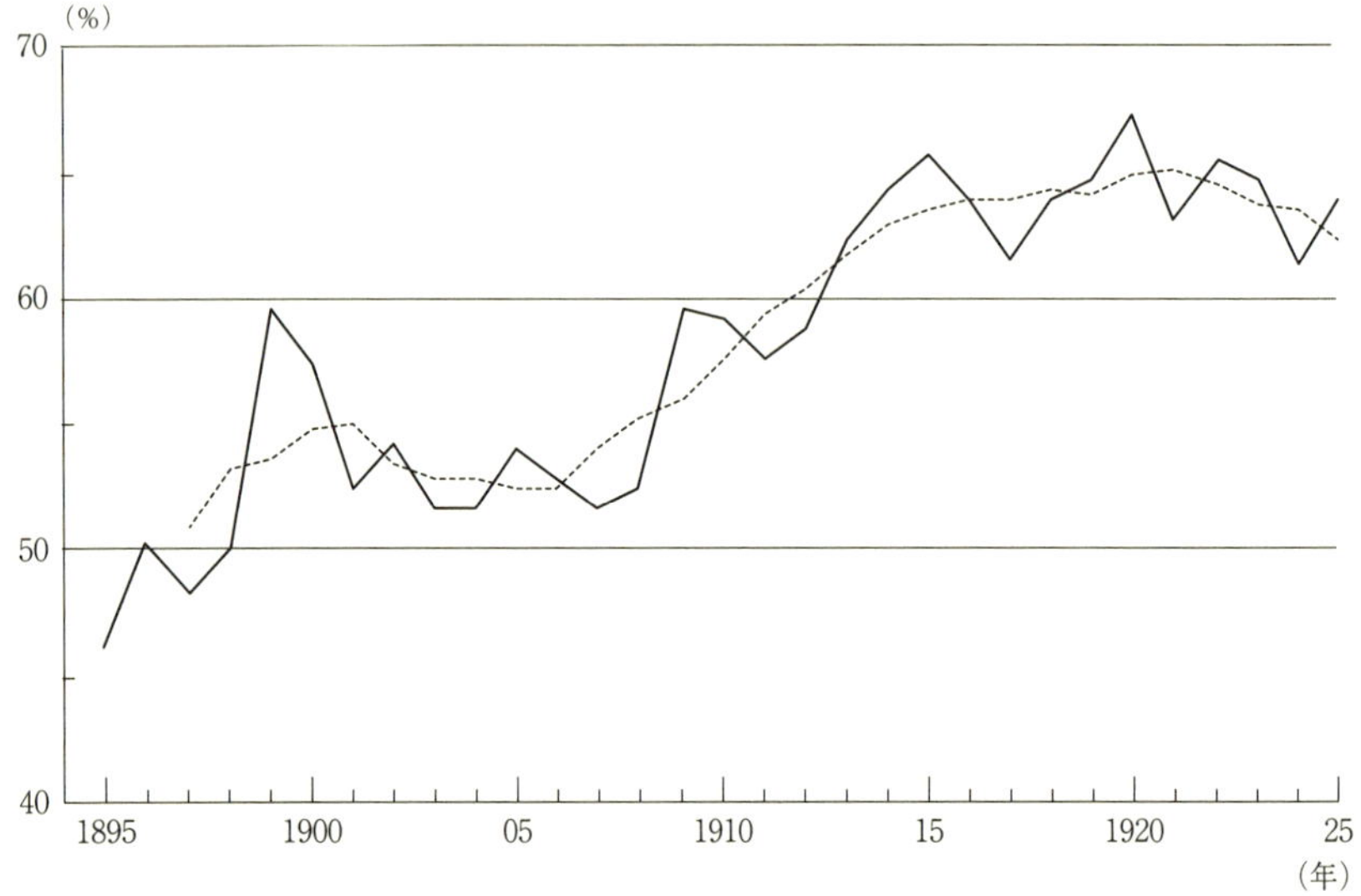

出典：図4－1に同じ。
注：総生産量に占める審査量の割合。5ヵ年移動平均を破線で示した。

ど指示事項の「励行」には「金品」を付与すること、⑦小作米品評会の成績優良者に「賞品」を与えること、⑧農具・肥料・牛馬などを貸与し、またその購入資金を貸与すること、⑨災害罹災者を救助すること、⑩小作地を巡視し小作人を視察し指導すること、⑪農会の農事改良施設を励行すること、の各項を地主に奨励した[89]。小作人への多様な補償や援助を定めたものである。しかし、県庁による小作奨励会組織化の計画は実現せず、小作人の奨励は不振をきわめた。一三年度の調査結果に対し、県庁は地主の補償が不振であると、次のように「慨嘆」している。

本県当局見ル所アリ曩ニ準則ヲ示シテ小作奨励会ノ設立ヲ提撕セリ、県農会及我組合亦之ト相応シ頻ニ唱導スル所アリト雖、種々事情ノ蹈屈スルモノアルカ未タ期待セル境域ニ達セス、殊ニ本年度ニ於ケル状況ヲ観テ転タ慨嘆ニ堪ヘサルモノアリ《一九一三、79》

表6-11　小作人に対する地主の奨励策（1913年度）

郡	郡内町村数	一般地主の施設		篤志地主の施設	
		奨励金品交付町村数	奨励金品（1俵あたり）	奨励金品交付町村数	奨励金品（1俵あたり）
大島	12	—		1	大粒1等：5合 大粒2等：3合 小粒：3合
玖珂	34	4	大粒1等：1升～1.5升、23銭 大粒2等：8合～1升、20銭 小粒1等：5～8合、23銭 小粒2等：5合、20銭		
熊毛	26	4			
都濃	22	17	大粒1等：5合～1升、25銭 小粒1等：3合～1升、20銭		
佐波	14	4	大粒1等：1升、10～20銭 小粒1等：5合、20銭	2	大粒1等：20銭
吉敷	21	5	大粒1等：5合～1升 小粒1等：5合 反当4円を限り肥料代貸付	2	金品不定
厚狭	16	1	大粒1等：20銭 小粒2等：10銭	3	金品不定
豊浦	31	2	大粒1等：1升、20銭 大粒2等：5合、10銭 小粒1等：5合、10銭		
美祢	13	3	大粒1等：1升、25銭 大粒2等：5合、13銭 小粒1等：5合		
大津	9	—			
阿武	27	10	大粒1等：7合～2升、10～25銭 大粒2等：5合～1升、10銭 小粒1等：3.5合～1升、10～15銭 小粒2等：2.5合、7～7.5銭		
合計	225	50		7	

出典：防長米同業組合の事業報告書《1913、80～81》。

また、一九一二年の小作慣行調査には、「産米検査又輸出米検査カ小作慣行ニ及ホセル影響ノ概要」という調査項目があり、県庁は「地主ハ小作米品質俵製ノ標準ヲ検査等級ニ依ルコト、スルモノ多キヲ致セリ」と農商務省に回答している(90)。地主の補償についての記載は一切なく、同業組合の検査(主に審査)合格が小作米調整の標準となっているとの報告である。小作米の品質・俵装・容量の検査について、ほとんどの郡が防長米同業組合の審査合格を報告しており、それが小作米納入の基本要件として県内に普及していたことが確認できる。

ただし、各郡の報告をみると、都濃・佐波・美祢・阿武の四郡からは、地主の補償に関する報告があった。それらのうち、次の佐波郡の報告が最も積極的かつ具体的な記述である。

近時各町村大部分ノ地主ハ合格米ヲ小作料トシテ納付セル者ニハ相当ノ奨励米ヲ給与シ、不合格米ヲ納付セル者ヨリハ相当ノ追徴ヲナシ、産米改良ヲ図ラントスルノ気運ニ向ヘリ、而シテ現ニ実行セルハ右田村ナリ、即チ同村大部分ノ地主ハ合格米ヲ小作料トシテ差出スモノニハ左記各等ノ奨励米ヲ給与シ、不合格米ヲ差出セルモノヨリハ壱俵ニ付幾分ノ追徴米ヲ差出サシムルモノ稀ニアリ

記

特等合格米　壱俵ニ付五合　　一等合格米　壱俵ニ付弐合

しかし、一〇年前後の審査に「特等合格」はなく、一二年から「一等」が設定されるが、合格米のごく一部にすぎなかった。また一一年から移出検査に「特等」・「一等」が設けられるが、小作米納入時点では検査結果は不明である。ただし、かつての「上米」を指すとすれば、審査受検量の過半を占めることになる。判然としないが、仮に補償を受けたとしても、一俵四斗として「特等」の場合は一・二五%、「一等」の場合は〇・五%に過ぎず、ごく僅かな給付

であった。しかも、実施例は右田村だけである。奨励米給付の「気運」はあるが、現実には実施はまれで、しかも乏しい給付にとどまっていたのである。

このほか都濃郡では奨励米として、一俵につき一等六合（一・五％）、二等四合（一％）を支給し、不合格米には一升を追徴する例が紹介されているが、これが郡内一般に実施されているわけではなかった。美祢郡では一石につき二〜四升（二〜四％）の奨励米給付があったが、どの程度普及しているかは不明であり、阿武郡も同様である。それ以外の郡からは、地主の補償についての報告は一切なかった。

さらに、やや後年になるが一九二二年の小作慣行調査についてみると、二二年八月に山口県内務部が刊行した「山口県小作慣行調査[91]」のうち穀物検査と小作慣行についての調査（第七）によれば、まず、審査受検前に要する乾燥・調整・俵装の費用は小作米一俵あたり一円一五銭程度であった。ところが、審査を受け合格米の最多を占める中程度の等級の産米を製するには、「普通」の場合は二六％増加して一円四五銭の負担となった。また「特例」の場合は三〇％から四〇％増加した地域もある。したがって、小作人の負担は一俵あたり三〇銭増加したが、これに対し地主が交付する奨励米は「最モ代表的」なもので、大粒一等の場合は一俵あたり一升（二・五％）、同二等・三等の場合は「標準」（交付なし）であった。また不合格になった場合は罰米として一升が追徴された。審査合格の大半は二等であったから、小作人には一俵あたり三〇銭の追加負担があったにもかかわらず、奨励米などの交付はなかったことになる。大粒一等の場合でも二・五％にとどまり、大粒二等・同三等の場合は交付されなかったのである。

しかも、本資料によれば、奨励米を交付する地主は地主総数の二五％に過ぎず、なおきわめて限られていた。一九二〇年前後においても、「改良米」製造に要する追加費用の大部分は小作人が負担し、奨励米などによる誘因はほとんどはたらかなかったといえる。むしろ、罰米を徴収する地主も「極メテ僅ナリ」と限られていたから、小作人は不完全な調整のまま小作料を納付した可能性もある[92]。山口県においては、地主が小作人の負担を一定程度補償する奨励米や奨励金は、小作慣行としては定着しなかったのである。[93]

2　検査の停滞と防長米価格

大粒種から小粒種へ

防長米の検査成績から、この間の検査制度の変遷がうかがえる（表6－12）。一九一四年度からは大粒と小粒に三等米が登場した。これは従前の不合格米から「最下米」、および一五年度以降の不合格米を除いた部分である。従来の二等米のみから、やや品位の劣る三等米を含んだ構成になり、かつ三等米の比重が漸増していった。

また、この時期の防長米の検査量は、小粒種は大粒種の二割程度にとどまり、大粒種がなお大きな比重を占めていた。他産地の産米をみると、酒造米を産する播磨米は比較的大粒種が多かったが、讃岐米などはほとんどが小粒種である。阪神市場における他産地との競争は、県内の産地農村に、品種切りかえを徐々に促すことになった。阪神市場や東海・関東市場では小粒種の取引を主としており、海外市場から国内市場に販路が転換するにしたがって小粒種の需要が高まったのである。

小粒種ハ近来京都・信州・東京・横須賀等ニ至ルモノ漸次多キヲ加ヘリ、又大粒種ニシテ阪神市場ニ至ルモノハ同地商估ノ手ヲ経テ更ニ海外ニ輸出サル、モノ年ト与ニ多キヲ加ヘリ《一九一〇、48》

この一九一〇年度の業務報告書によれば、新たな販路は主として小粒市場であった。ただし、阪神市場には、なお大粒種を主とする海外市場向けや酒造米の需要が存在した。阪神市場の指向の変遷については後年、次のような回想がある。

表 6-12　防長米・播磨米・讃岐米の検査成績

（単位：1,000石）

年度			1908	1909	1910	1911	1912	1913	1914	1915	1916	1917
防長米	玄米（大粒）	特等				4.2	2.1	0.5	0.2			
		1等	18.4	37.2	23.9	27.6	26.3	24.9	18.9	9.0	13.1	5.9
		2等	34.2	167.7	228.7	131.4	118.8	147.8	189.4	227.1	235.6	191.0
		3等							16.8	44.7	26.7	52.5
		不合格	2.7	13.9	11.5	8.4	13.0	15.8	11.0	2.0	0.7	2.3
		最下米						0.0	0.0			
		計	55.3	218.9	264.1	171.6	160.3	188.9	236.3	282.8	276.0	251.7
	玄米（小粒）	特等				0.7	0.2	0.0	0.0			
		1等	5.1	12.3	8.3	7.9	4.4	1.9	1.7	1.2	1.6	0.9
		2等	10.8	58.2	65.9	41.3	30.4	33.7	39.1	44.5	43.2	38.7
		3等							3.9	15.6	10.7	19.9
		不合格	4.9	5.9	4.7	27.3	7.5	7.7	4.6	1.6	0.9	1.6
		最下米						0.0	0.0			
		計	20.8	76.4	78.9	77.2	42.6	43.3	49.4	63.0	56.3	61.2
	精米		17.7	113.3	119.6	86.3	95.2	64.3	56.0	49.7	46.6	52.6
	海外直輸出						1.8	4.7	10.8	9.6	17.4	8.9
	承認輸出						13.5	21.0	20.8			
	合計		347.1	408.6	421.1	335.7	313.3	322.3	373.3	405.1	396.5	374.4
播磨米	玄米（大粒）		205.4	279.3	269.8	274.4	280.8	328.6	339.6	285.1	367.8	352.7
	玄米（小粒）		144.4	272.6	176.6	143.6	123.7	177.3	227.0	176.2	245.0	201.4
	精米（大粒）		42.8	103.7	95.0	68.9	65.6	62.4	57.4	53.9	57.1	56.3
	精米（小粒）		59.6	162.1	172.6	157.9	134.4	125.8	119.0	111.0	117.0	118.4
	合計		452.2	817.7	714.0	644.8	604.5	694.1	743.0	626.1	786.9	728.8
讃岐米	玄米（大粒）								4.9	9.6	10.3	7.6
	玄米（小粒）		173.8	197.4	171.2	152.4	133.0	210.2	199.0	166.8	208.3	197.2
	精米（小粒）		164.3	187.7	177.5	159.7	123.5	135.3	331.4	339.9	352.8	342.7
	合計		338.1	385.1	348.7	312.1	256.4	345.6	535.3	516.4	571.5	547.5

出典：防長米同業組合の事業報告書《1908～1917》、防長米同業組合『防長米同業組合三十年史』（1919年）213～214頁。兵庫県米穀検査満十五周年記念祝賀会『兵庫県米穀検査満十五周年記念誌』（1923年）136～137頁。香川県穀物検査所『香川県穀物検査創始廿五周年記念誌』（1933年）110～112頁。

注：讃岐米精米はすべて小粒種である。防長米1908年の玄米・精米の数値は前年産米を含まず、合計を大きく下回っている。

昔は東京市場は小粒主義、大阪市場は中粒主義、神戸市場は大粒主義であつて、神戸市場に限り大粒を一番高値に取引して居た、何故神戸市場独り大粒主義であつたかと云ふに、神戸市場は所謂灘五郷を控へ酒造米市場であるのと、外国輸出米を取扱ふからである(94)

阪神市場は輸出米と酒造米が大粒種、ほかは中粒種ということであろう。海外市場から後退するにしたがい、大粒種に代わり中粒種・小粒種が重要になったのである。

一九一〇年代半ば以降にも、大粒種を主体とする防長米の品種切りかえは直ちには進捗しなかったが、明治末頃から海外市場が縮小しはじめると、その比重は徐々に低下しはじめた(表6－13)。県全体の大粒種の栽培割合は、一九〇〇年前後には六五%ほどであったが、一〇年前後には六〇%を下回るようになり、二〇年前後には五〇%前後となった。さらに、二〇年代半ばには三〇%台に低下していく。

表6－13　審査受検米（大粒種・小粒種別）

（単位：1,000石）

	大粒種	(%)	小粒種	(%)	合計
1898～02	453	(65.2)	242	(34.8)	695
1903～07	441	(63.8)	250	(36.2)	691
1908～12	455	(57.7)	333	(42.3)	788
1913～17	519	(59.1)	359	(40.9)	878
1918～22	465	(49.8)	469	(50.2)	935
1923～27	322	(37.1)	545	(62.9)	866

出典：元防長米同業組合『防長米同業組合史』（1930年）243～244頁。

ただし県内には、大粒種・小粒種の栽培割合に顕著な地域差があった。すなわち、各郡ごとに一九一一年と二〇年における大粒種・小粒種の審査成績を比較すると(表6－14)、高反収グループの佐波・吉敷・大津の各郡においては、一一年には大粒種の割合が比較的高かったが、二〇年には小粒種への転換がすすんでその割合を大幅に落としている。一一年の吉敷郡の大粒種の割合は五八%と低かったが、大粒種生産の絶対量は圧倒的であった。これらの高反収の各郡では、大粒種への切りかえが明瞭であったが、小粒種への切りかえも比較的速やかであった。つまり、市場の変化に比較的速やかに対応したのである。

これに対し、低反収グループの玖珂・豊浦・阿武の各郡では、一九一一年における大粒種の割合は比較的低いが、二〇年時点での小粒種への転換も、阿武郡を除き高反収各郡と比較してすすんでいない。豊浦郡は一一年の大粒種の割合が七七％と高いが、二〇年にもなお七四％あり、低下の幅がきわめて小さかった。なお、中間的な位置にある厚狭郡・美祢郡も、豊浦郡と同様の傾向にあった。このように、低反収の各郡では、海外輸出用大粒種の台頭、および その後の小粒種への切りかえという、販売市場の変化への対応速度は高反収の各郡より遅れていた。低反収の各郡においては、県外移出の比重が低かったから、県外市場の変化が産地農村に与える影響は比較的小幅にとどまったといえる。

表6-14　各郡の審査数量（大粒種・小粒種別）

（単位：1,000石）

郡＼年度	種類	1911 計	1911 （%）	1920 計	1920 （%）
大島	大粒	3	(22.4)	2	(11.2)
	小粒	11	(77.6)	18	(88.8)
玖珂	大粒	41	(49.7)	49	(42.8)
	小粒	41	(50.3)	66	(57.2)
熊毛	大粒	14	(22.2)	8	(9.5)
	小粒	48	(77.8)	76	(90.5)
都濃	大粒	16	(29.1)	14	(17.6)
	小粒	38	(70.9)	68	(82.4)
佐波	大粒	61	(73.9)	9	(24.1)
	小粒	22	(26.1)	30	(75.9)
吉敷	大粒	88	(58.0)	87	(47.6)
	小粒	64	(42.0)	96	(52.4)
厚狭	大粒	56	(76.6)	86	(78.1)
	小粒	17	(23.4)	24	(21.9)
豊浦	大粒	67	(77.3)	96	(74.1)
	小粒	20	(22.7)	33	(25.9)
美祢	大粒	42	(75.6)	47	(71.7)
	小粒	13	(24.4)	19	(28.3)
大津	大粒	35	(61.0)	34	(48.2)
	小粒	22	(39.0)	37	(51.8)
阿武	大粒	32	(46.2)	33	(35.5)
	小粒	37	(53.8)	59	(64.5)
合計	大粒	454	(57.6)	525	(50.0)
	小粒	334	(42.4)	526	(50.0)

出典：防長米同業組合の事業報告書《1911》、《1920》。

検査の停滞

ところで、一九一〇年代の移出検査数量は、審査の進捗とは対照的に、一九〇〇年代まで持続した上昇がとまり停滞するようになった（図4－1）。県内の生産量は微増し、審査量も順調に拡大したが、検査量は三〇万石台でほぼ横ばいとなっている。検査忌避による違約処分（「未検査」）件数は比較的少なかったから（表6－9・表6－10）、県外移出に対する検査はほぼ徹底していたと考えられる。

審査の進捗と検査の停滞という現象は、下関を除く県内各地への搬出には移出検査を必要としなかったから、県内市場向け防長米の審査量が増加したことをうかがわせる。これまで審査率が低かった県内市場向け産米に対しても、審査が徹底していったのである。なお、表6－1の出典となる防長米同業組合の事業報告書によれば、防長米仕向地の合計値は当該年の検査総量と一致している。したがって、同表の「地廻」は検査受検後に県内に向けられたものであり、その数値は一〇年代後半に顕著に増加している。さらにそれに加えて、審査受検ののち、検査を受検しない県内市場向け産米も急増していたと考えられる。阪神市場向けは減少する傾向にあったから、防長米の販路は阪神市場から後退しながら、県内や広島県・福岡県など新たな国内需要地に広がったのである。

兵庫市場における防長米

次に、兵庫市場における防長米の位置の変化をみるため、防長米と摂津米・肥後米・播磨米・備前米・讃岐米との相対価格を、市場において最も多く出回った「中米」や「二等米」について検討する。

まず、第一に、防長米価格が相対的に優位にあった摂津米と肥後米についてみると、一九〇八年まで、防長米は一石あたり五〇銭程度、なお両産米の上位にあった（表6－15）。しかし摂津米に対しては、〇九年からやや劣位に転じていった。摂津米は〇八年末から、「中米」から「赤二等」・「赤三等」へ等級編制を変更しており、品位がやや向上した可能性はあるが、「赤三等」となる一〇年代半ばからは変更はなかった。[95] したがって、一三年から一〇年代半ばにかけて、防長米の相対価格は上昇したといえよう。

また、肥後米に対しては一九〇八年以降、防長米の優位はやや動揺するが[96]、一〇年代はじめには格差が急速に開き肥後米は相対価格を落としていった。一三年から一五年にかけて、再び肥後米の相対価格が上昇するが[97]、なお防長米の下位にあった。このような変化からは、一〇年代はじめにおける防長米の相対価格の低迷、および一二〜一三年における一定の回復が確認できよう。

第二に、防長米との競争が本格化した備前米、讃岐米・播磨米との相対価格についてみると、一九〇八年まで、防長米は讃岐米の上位にあったが、播磨米や備前米との格差は縮小しつつあった。岡山県では一九〇三年から、香川県では〇七年から、兵庫県では〇八年から県営の米穀検査がはじまるが、〇八年から一二年頃まで、防長米は傾向的に相対価格を低下させていった。この三県における米穀検査事業は、先行する防長米価格との格差を縮小し、さらには逆転させていったのである。

しかし、一九一三年前後から、防長米の相対価格はやや回復している。これは、摂津米・肥後米との相対価格においても確認したところである。一三年前後における防長米の相対価格の回復は、審査の進捗を前提とした検査体制の再編と強化によるものといえよう。すなわち、阪神市場の構造的変化は一〇年前後から審査・検査による米穀検査制度の再編を促し、それが整

表6-15　兵庫市場における防長米と各地産米との価格差

（単位：円／石）

年次	摂津米	肥後米	播磨米	備前米（両備米）	讃岐米	播磨米（大粒）
1905	0.14	0.10	0.30		0.14	0.33
1906	0.24	0.15		0.03	0.16	0.26
1907	0.15	0.19	0.14	△0.17	0.28	0.38
1908	0.07	0.22	0.18	△0.35	△0.57	0.17
1909	△0.25	0.16	△0.13	0.06	△0.18	△0.38
1910	△0.40	0.19	△0.48	△0.39	△0.58	△0.70
1911	△0.28	0.30	△0.53	△0.35	△1.06	△0.86
1912	△0.35	0.11	△0.62	△0.54	△1.23	
1913	0.12	1.23	△0.19	△0.06	△0.52	△0.27
1914	0.55	0.62	0.08	0.01	△0.60	△0.05
1915	△0.05	0.35	△0.41	△0.35	△0.72	△0.35
1916	0.13	0.70	△0.32	△0.27	△0.47	△0.16

出典：『神戸又新日報』の「兵庫正米」欄。
注：(1) 防長中米とほぼ同一の等級と考えられる各地産米の価格差を表示した。数値が正の場合、防長米価格が上位にあることを示す。大粒の比較は、防長米は上〜上米〜赤1等〜青1等。
(2) 毎月10日頃の相場を当月の相場とし、各地産米との格差を1年（1〜12月）ごとに平均した。
(3)『神戸又新日報』「兵庫正米」欄の「備前米」は、1911年11月〜1915年1月には「両備米」と記されている。

う一二〜一三年頃から防長米の相対価格はやや回復をみせたのである。一六年秋に阪神地方で発行された新聞記事は、阪神市場の第一に讃岐米をあげているが、それに次ぐ第二の存在として防長米を位置づけている。つまり、防長米価格は一時、備前米・播磨米に「追越され」、一五年前後には讃岐米との格差は一石あたり五〇銭以上開いていたが、一六年にはかなり回復して価格が接近してきたのである（表6－15）。

讃岐米は……大阪市場の第一位を独占する事となった、此讃岐米の乾燥は十分と云うよりは寧ろ過度と云ってもよい位で、其れが為めに新米当時には却て其の食味を幾分か減ぜられる感があるので、専ら夏越米として愛用せられる様に成った、之に次ぐものは長防米である、此の長防米は一時備前米・播州米に追越された事もあった、昨年の平均相場では讃岐米と四十七銭の値開きで第二位に表れて居る、最近では更に僅十銭の下値にまで進歩して来た。(98)

第三に、阪神市場における防長米大粒種の価格は、一九〇八年まで播磨米大粒種のやや上位にあった。しかし、兵庫県で米穀検査がはじまった同年末から下落しはじめ、翌〇九年には播磨米の下位に転じて一一年まで低落傾向が続いている（表6－15）。すでにみた標準的な小粒種と同様に大粒種においても、防長米の相対価格は一三年以降にやや回復したが、播磨米の下位にとどまるようになったのである。

おわりに

1　審査・検査の進捗

図6－2　反収・審査率の推移（1910→1918年）

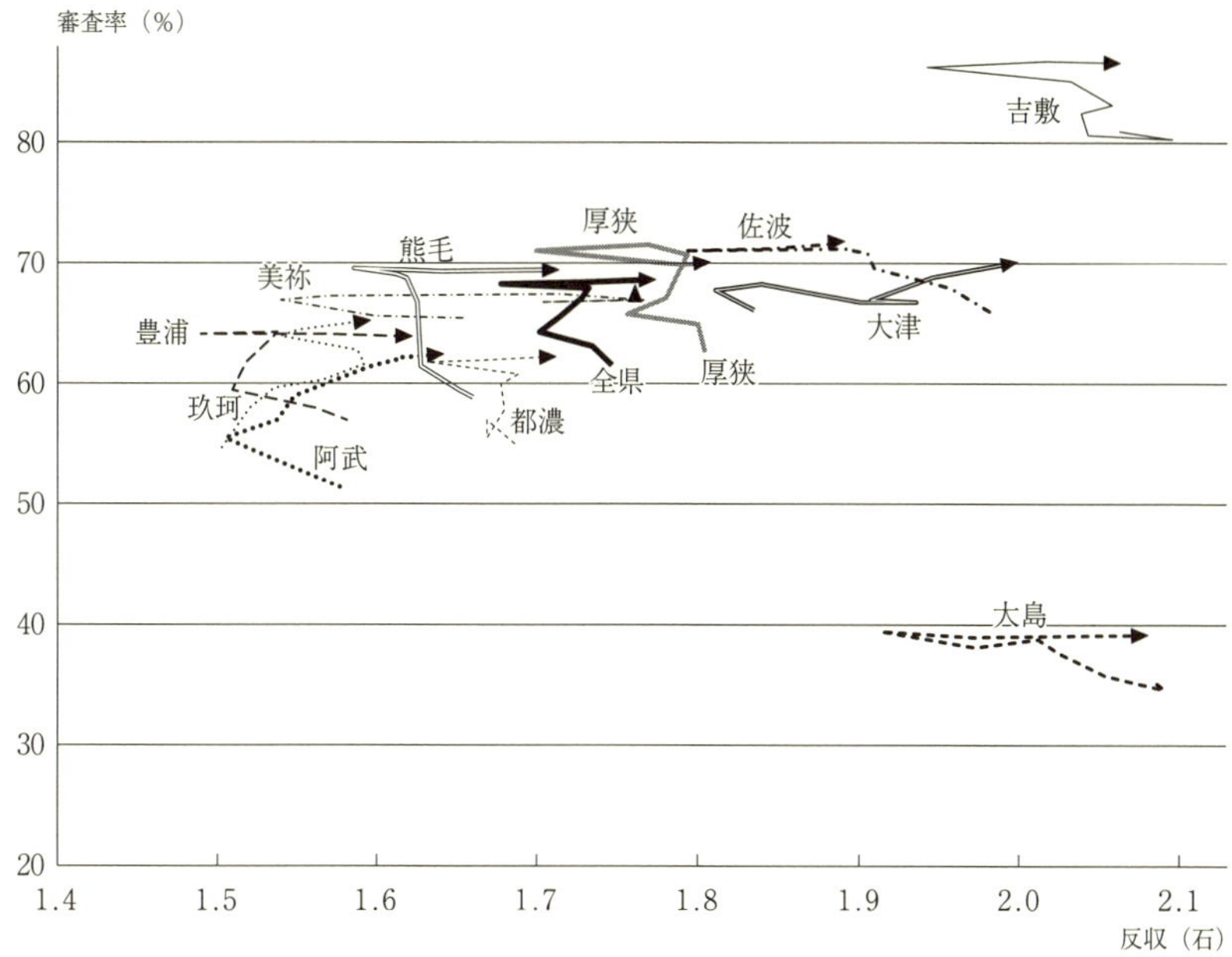

出典・注：図3－1に同じ。

反収・審査率

まず、一九一〇年代における反収と審査率の動向をみると（図6－2）、高反収グループのうち吉敷郡では、二石前後の反収と八割から九割に近い審査率を実現して依然隔絶した位置にあった。それに次ぐ佐波郡では反収はむしろ二・〇石前後から一・八石前後へ漸減したが、審査率は七割前後で若干上昇している。一方大津郡では、審査率は七割弱に達して微増にとどまったが、反収は一・八石前後から二・〇石前後へさらに大幅に増加した。佐波・大津二郡も反収は一・八～二・〇石に増加し、審査率は七割前後を推移しており、吉敷郡にはおよばないが高水準を維持している。

また、低反収グループの三郡のうち、まず玖珂郡では前期からの反収の伸びは緩やかになったが、なお一・五石前後から一・六石前後へ上昇し、また審査率も五割台から六割台へ上昇を続けた。豊浦郡でも反収は一・五石台から一・六石台へ、審査率も五割台から六割台へ上昇している。また阿武郡でも反収の増加は継続し一・五石台から一・六石台へ、また審査率も五割台から六割台へ上昇した。低反収三郡における反収・審査率の増加傾向は、緩やかながらもなお継続していたのである。

そのほか、この時期の厚狭郡は、反収は前期の一・八石前後から一・七石台半ばに減少し、また審査率も六割台から七割前後を推移して熊毛・都濃二郡の数値に接近した。つまり、高反収三郡とは差が開いて県平均に近づいたといえる。また厚狭および都濃・熊毛の三郡では、はじめ審査率が伸びたのちに反収が増加しているが、これは県平均の動きと一致している。一九一〇年代はじめの不作の時期に審査率が上昇し、同年代半ばに豊作に転じても審査がすすんでそれが維持されたのは、全県的な傾向であった。なお美祢郡では反収がいったん減少し、その後増加するが審査率の上昇はなかった。大島郡もほぼ同様の傾向で、反収は吉敷郡に並ぶ高水準にあったが、審査率は依然として最低レベルにあった。

このように一九一〇年代には、再度審査率の上昇があったことが確認できる。一八九〇年代後半には、低反収グループにおいても反収の増加と審査率の上昇が同時にすすんだが、一九〇〇年代には反収増加による増産部分を審査がカバーしきれなくなった。しかし一九一〇年代に入ると、反収増加が鈍化して審査率が上昇するようになり、同年代半ばに豊作が続いても、審査が広がってそれが維持されるようになったのである。

審査率・検査率

次に、審査率と検査率の推移を検討すると（図6－3）、まず、高反収三郡では、すでにみたようになお審査率が漸増したが、検査率は停滞するようになった。双方ともに高位にあった吉敷郡では、審査率がやや伸びて九割に近づくが検査率は五割台で横ばいとなった。佐波郡では審査率が七割前後で漸増したが、検査率はむしろ低下している。また大津郡では双方の数値が停滞している。いずれも、一九〇〇年代のような検査率の上昇はなくなったといえる。

図６－３　審査率・検査率の推移（1910→1918年）

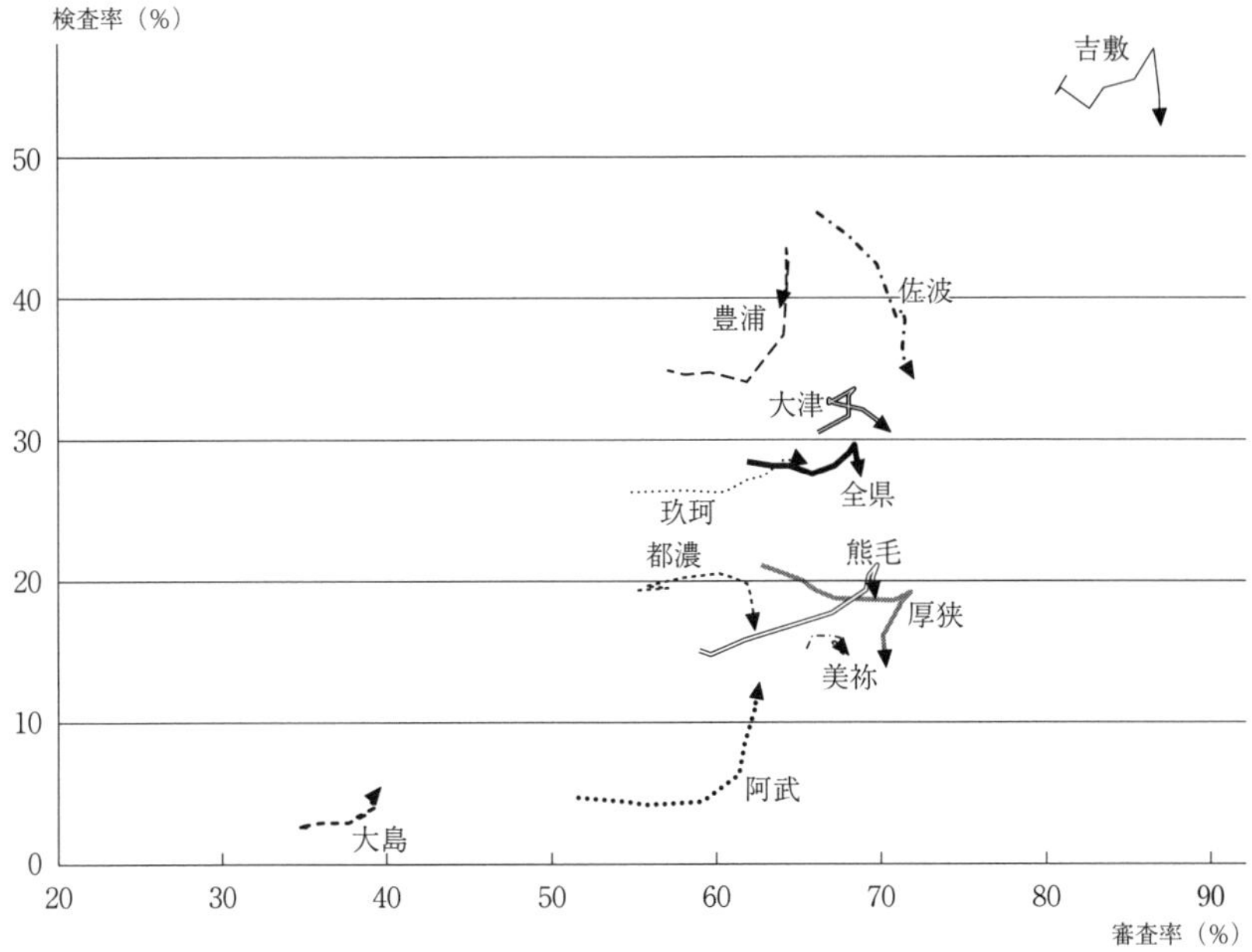

出典・注：図３－２に同じ。

次に低反収三郡では、玖珂・豊浦二郡ともに審査率がなお上昇したが、検査率は豊浦郡において一〇年代後半になって多少の上昇があったほかは停滞した。阿武郡でも審査率の進展があったが、検査率は一割未満でもともと低水準にあり、期末に多少上昇するがなお一割と低位にとどまっている。

そのほか、都濃・熊毛二郡でも審査に一定の進展があり、特に熊毛郡では六割前後から七割へ上昇して県平均の水準に達したが、両郡ともに検査率は二割前後に停滞したままで前期と大差なかった。審査は進捗したが県外移出は伸びなやみ、検査率は停滞したのである。なお、厚狭・美祢二郡も都濃・熊毛二郡と同様の傾向で、審査率は高反収三郡レベルまで上昇したが、検査率は二割前後にとどまり、低反収の玖珂郡・豊浦郡よりも低位となった。

このように、この時期には、すでにみたように再度審査率がやや上昇したが、検査率の上昇はとまり、停滞もしくは低下する郡が多くなった。県平均の推移も審査率は多少前進するが、検査率の上昇はなく停滞的である。こうして、審査率は高反収・低反収グループともに、多くの郡で六割台から七割前後に上昇したが、検査率は県外移出の多少によって、三割弱の県平均の前後に、五割台の吉敷郡から一割前後の阿武郡までが並ぶことになったのである。

2 小括

日露戦後の防長米同業組合による米穀検査の展開について、阪神市場の構造的変化と防長米の評価、組合組織と米穀検査体制の再編、同業組合の財政構造の変化などに注目して検討してきた。一九〇〇年代からは海外市場から国内市場への販路の切りかえがすすんだ。さらに一〇年代には、阪神市場をめぐる産地間競争が本格化し、また朝鮮米移入が急増して阪神市場を圧迫するようになった。防長米は兵庫県の播磨米、岡山県の備前米、香川県の讃岐米などとの競争に直接さらされることになったのである。これらの産地では、日露戦争前後から県営の米穀検査がはじまり、一〇年前後には阪神市場において、先行する防長米を凌駕する位置を確保しはじめた。こうして、一九〇〇年代半ばまで阪神市場の最上位にあった防長米価格は、兵庫・岡山・香川三県産米の下位に転落するようになった。

阪神市場の競争激化と防長米の後退に直面した同業組合と県庁は、一九〇〇年代に続き米穀検査体制の再編を、後発各県の施策を参照しながら本格的にすすめた。すなわち、同業組合は農会組織と合併し、支部の廃止など組織を一元化して歳出を整理し、米穀検査体制を再編し強化するための経費を捻出した。こうして、審査事業においては審査員の資質を高めて全県統一した基準による審査がはじまった。また、大粒種と小粒種が同等に扱われるようになり、等級区分が段階をへて再構成されるが、国内市場に適した小粒種への切りかえは速やかにはすすまなかった。審査員については、大幅に人員を削減し、試験採用・内部養成・監視などの制度が整えられ、待遇が改善された。また検査事業においても、競争相手となる各県の県営検査による等級区分や表示方法を採用するほか、審査員と同様に検査員の試験任用や内部養成、待遇改善がすすんだ。

このように、一九一〇年代はじめから半ばにかけて、中央市場の新たな状況に対応した審査・検査体制が確立していった。その結果、まず、前項にみたような審査率の上昇が再度確認され、未審査米取引などの違約処分件数は一〇年前後に一時増加したが、一〇年代前半には急減することになった。ここに産地農村において、米販売が可能な生産者や地主に審査が積極的に受容されるようになり、規格化・標準化が浸透し定着していった。審査受検の経済的効果が産地農村に波及して違約処分なしに審査が受容され、積極的な審査受検が規約違反を減じるようになったのである。

また一方で、審査受検は相対的に優位な価格を実現する条件となり、小商品生産を展開する小作・自小作層は、審査受検のメリットを実現できるようになった。米販売が可能な小作・自小作層には、多収穫を目的に肥料を増投し、かつ有利な販売を実現するため審査に合格する「改良米」を精製し販売するという経済的誘因が作用するようになったのである。大豆粕や魚肥の使用が活発な高反収の地域において、反収、および審査率と検査率がほぼ併行して上昇するという現象は、それを示唆するものであろう。ただし、審査は進捗したものの、地主の奨励米・奨励金などの交付はすすまず、交付量・額も僅少で例外的な措置にとどまっていた。審査に応じる小作人の追加負担を補償する小作慣行が一般化するにはいたらなかったのである。

こうして、再編された米穀検査体制が整う一九一三〜一四年には、兵庫市場における防長米の相対価格は再びゆるやかに上昇した。一〇年代半ばに海外輸出がやや回復したことも、価格の上昇を促したといえよう。しかし、肥後米に対しては上位を保ったが、かつてのような兵庫市場の最上位を回復することはできなかった。一〇年代後半になると、防長米の相対価格は再び低下し、兵庫・岡山・香川県産米との差は開いていく。このため、審査率が再度上昇し、また検査体制が整備されたにもかかわらず、検査率は停滞することになった。その結果として、兵庫県や大阪府の比重が低下し、新たに広島・福岡・東京・神奈川の各県に販路が移行していった。また、移出検査を必要としない県内市場向けも増加した。一〇年代における審査率の再上昇と検査率の停滞は、このように、産地農村における審査のさらなる浸透、および阪神市場における競争の本格化と県外新市場・県内市場の台頭によるものであった。

注

（1）大豆生田稔『近代日本の食糧政策――対外依存米穀供給構造の変容』（ミネルヴァ書房、一九九三年）第一章第二節3、第二章第一節1。

（2）朝鮮米の米穀検査については、飯沼二郎『朝鮮総督府の米穀検査制度』（未來社、一九九三年）第四章、白田拓郎「朝鮮米の対日輸出と仁川穀物協会」（『東洋大学大学院紀要』二〇〇八年三月）、李熒娘『植民地朝鮮の米と日本――米穀検査制度の展開過程』中央大学出版部、二〇一五年）第一～二章、などを参照。

（3）防長米同業組合については、農業発達史調査会編『日本農業発達史　第三巻』（中央公論社、一九五四年）三三〇頁、『同　第五巻』（一九五五年）三七〇～三七一頁、持田恵三『米穀市場の展開過程』（東京大学出版会、一九七〇年）一二七頁、山口県文書館編『山口県政史　上』（山口県、一九七一年）三五九～三六〇、六〇〇～六〇四頁、などがこの時期の防長米同業組合の事業を概観している。なお、防長米同業組合『防長米同業組合三十年史』（一九一九年）、元防長米同業組合『防長米同業組合史』（一九三〇年）が、同業組合の時期について紹介している（いずれも第九章）。

（4）玉真之介『近現代日本の米穀市場と食糧政策――食糧管理制度の歴史的性格』（筑波書房、二〇一三年）三九～四二頁。

（5）西田美昭「農民運動の発展と地主制」（『岩波講座・日本歴史18　近代5』一九七五年）一四八～一四九頁。

（6）守田志郎『米の百年』（御茶の水書房、一九六六年）Ⅲ－3、持田、前掲書、第三編第一章、など。近年の研究に、県営事業の「公共性」、「中立性」と市場制度としての社会的定着を説く玉、前掲書、第二章、がある。

（7）前掲『防長米同業組合三十年史』二一八頁。「本組合創業時代後半期の調査」であるが、一九〇三年より以前の調査とされている。同業組合創立は一八九八年であるから、一九〇〇年前後の調査と推測した。なお、『防長新聞』一九〇六年七月二二日、の記事は、防長米の海外輸出量を六四万四五五〇俵（一俵四斗として二五万三八二〇石）としているが過大である。なお、下関港からの輸出は一〇年代半ばに増加するが、その後は減少していく（表6－1）。

（8）前掲『防長米同業組合三十年史』二一八〜二二一頁。
（9）前掲『防長米同業組合史』四一五〜四一九頁。なお、一三五〜一三六頁も参照。当初は、米騒動前後の輸出禁止措置が決定的であったが、これにカリフォルニア米の進出という構造的な要因が加わった。
（10）米価が下落した一九二〇年前後にも対兵庫移出が増加し、下関からの輸出量も微増するが大きな伸びはない。これは、カリフォルニア米の圧迫によるものであろう。
（11）『防長新聞』一九〇九年九月一七日（山口県『山口県史　史料編　近代4』二〇〇三年、二一五頁）も参照。
（12）防長米同業組合の『事業報告』は、第四章と同様に表記する（第四章・注（10）を参照）。以下同じ。
（13）防長米同業組合組長阿武寿一「組合費補助指令ノ件」（「組合費補助指令ノ件」［農業54－26］）一九〇六年六月九日。
（14）『防長新聞』一九一二年一月一八日（前掲『山口県史　史料編　近代4』一七九頁）。
（15）以下、岡山県内務部『岡山県の米』（一九一〇年）四三〜八七頁、による。
（16）一八九八年制定の、同業組合定款第四章「改良法」に規定されている調整・俵装方法（前掲『防長米同業組合三十年史』七七〜八〇頁）。
（17）以下、香川県穀物検査所『香川県穀物検査創始廿五周年記念誌』（一九三三年）一〜二頁、による。
（18）「讃岐米声価の昂上」（『大阪朝日新聞・四国版』一九一六年八月一七日）。
（19）「産米の格附（上・中・下）」『大阪毎日新聞』一九一六年一〇月一二〜一四日。
（20）手島康夫『兵庫県米穀検査満十五周年記念誌』（兵庫県米穀検査満十五年紀念祝賀会、一九二三年）八四〜八五頁。
（21）前掲『兵庫県米穀検査満十五周年記念誌』七七〜七八頁。
（22）大門熊太郎は、一九一九年に神戸米肥市場の内地米部長をつとめている（『大阪朝日新聞』一九一九年六月一四日、神戸附録）。終章・注（8）も参照。
（23）「播州米の今昔」（『神戸新聞』一九二七年一一月一八日〜一一月二六日）、連載記事の（三）。
（24）同前、連載記事の（四）。
（25）大豆生田、前掲『近代日本の食糧政策』八一頁、表2－1。
（26）白田、前掲「朝鮮米の対日輸出と仁川穀物協会」四〇一〜四〇五頁、李、前掲『植民地朝鮮の米と日本』第一〜二章。なお、台湾については一九〇三年に米穀検査がはじまっている（前掲、大豆生田『近代日本の食糧政策』九五〜九八頁）。

(27) 大豆生田稔『お米と食の近代史』(吉川弘文館、二〇〇七年)一三九頁。
(28)『大阪朝日新聞』一九一四年五月一二日。
(29) 同前。
(30)『防長新聞』一九一二年二月一八日(前掲『山口県史　史料編　近代4』一七九頁)。
(31) 姫井惣十郎『大日本米穀会第四回大会報告』(兵庫米穀肥料市場、一九一一年)一三八~一四〇頁。なお、( )内は、この審査評に記されている出品米の価格である(最低価格~最高価格)。
(32) 同前、一三六頁。
(33)『防長新聞』一九〇八年一月二三日(前掲『山口県史　史料編　近代4』二一一頁)。
(34) 前掲『防長米同業組合三十年史』一一二頁。
(35) 同前。
(36)「産米改良機関合同ニ関スル件申報」(「産米改良機関合同ニ関スル件」[農業55-6])一九一〇年三月。
(37)『防長新聞』一九〇九年一二月二二日(前掲『山口県史　史料編　近代4』二二四頁)。
(38) 前掲『防長米同業組合三十年史』一一三~一一四頁。「答申書」(「産米改良機関合同ニ関スル件」[農業55-6])一九一〇年一月二八日。
(39) 前掲『防長米同業組合史』一二二頁。
(40) 以下、同前、一二二~一二三頁。
(41)「認可申請」(「大正二年度事業施設順席《序》其他認可申請」[農業57-3])一九一三年五月。
(42)『防長新聞』一九〇八年一月二三日、二面。
(43)「定款更正理由書」(「定款変更認可申請」[農業55-7])一九一〇年二月。
(44) 前掲『防長米同業組合史』一一七頁。
(45)「補助金御下付申請ニ付追願」(「組合費補助指令ノ件」[農業56-6])一九〇七年九月。
(46)「庶第四五八号」(「組合費補助指令ノ件」[農業56-6])一九〇七年七月。
(47) また、一九〇八年度予算作成にあたり同業組合組長は、本部・支部財政の「統合」と、審査・検査の「励行」による経費の増加について、次のように同様の主張をくり返している。

従来各支部ニ於テ其経済ヲ異ニシタリシヲ、本年度ヨリ之レヲ本部ニ統合シテ一経済トナシ、且大ニ定款ヲ修正シ審査・検査ノ方法ヲ改更シ改善ノ方策ヲ講究セントス、然リ而シテ本組合事業ヲ改善センニハ審査・検査ヲ励行スルニアリ、審査・検査ヲ励行センニハ審査員・検査員ノ撰任ヲ重ンズルト同時ニ其待遇ヲ厚フセサルベカラズシテ其給料ニ多大ノ増額ヲ要セリ、而シテ審査・検査方法ノ更正ニ伴ヒ其方法ヲ講習セシムルノ必要アリテ集会費ヲ要スルアリ、又該器具ノ新調其他需用費ノ増加ヲ要スルモノアリ、又監査員ヲ常置シ本部・支部ノ書記ト与ニ組合員ノ業務並審査・検査員ノ行為ヲモ監視セシムベク、随テ給料・旅費ノ支出ヲ要スル等事業遂行上ニ要スルノ費額増加シタルモノアリ（「明治四十一年度防長米同業組合歳入出予算説明」（「明治四十一年度経費予算並徴収方法其他認可申請」［農業56－4］）一九〇八年一月）。

(48) 前掲『防長米同業組合史』二一〇頁。
(49) 前掲「産米改良機関合同ニ関スル件申報」。
(50) 「防長米同業組合定款変更理由書」（「定款変更認可申請」［農業55－17］）一九一二年四月。
(51) 前掲『防長米同業組合三十年史』一八九～一九〇頁。
(52) 同前、一八〇～一八一頁。
(53) 同前、一六四頁。
(54) 同前、一一一頁。
(55) 『防長新聞』一九〇八年一月二三日（前掲『山口県史　史料編　近代4』二二二頁）は、審査が大粒種を重視したことついて、「由来我防長米は大粒本位にして普通上米は大粒種を意味し、中米は小粒種を意味したり、故に中粒種以下は如何に精良を尽すも到底審査に於て上米たるの資格なかりしなり」と報じている。
(56) 前掲『防長米同業組合三十年史』一六四～一六五頁。
(57) 「防長米同業組合定款修正ノ件」（「定款変更認可ノ件」［農業56－5］）一九〇八年一月。
(58) 同前。
(59) 『防長新聞』一九〇八年一月二三日、二面。
(60) 『神戸又新日報』の「兵庫正米」欄による。
(61) 前掲『防長米同業組合三十年史』一六六～一六七頁。
(62) 前掲「防長米同業組合定款変更理由書」第五章審査法。

(63) 「定款変更理由」(「定款変更認可申請」〔農業57－7〕)一九一三年一二月。
(64) 前掲『防長米同業組合三十年史』一六七頁。
(65) 同前、一七一頁。
(66) 「検査員審査員任用規程」(前掲『防長米同業組合三十年史』一七〇頁)。
(67) 「防長米同業組合要年史」(同前、五四八頁)。
(68) 前掲『防長米同業組合三十年史』一七一頁。
(69) なお、審査員は町村農会の助手が兼務することが多かったという《一九一三、77》。両組織の役員の兼務を確認できる。
(70) 〔補助金下付願い〕(「組合経費補助申請」〔56－18〕)一九〇八年九月二一日。
(71) 前掲「明治四十一年度防長米同業組合歳入出予算説明」。
(72) 「補助金御下付申請ニ付追願」(「組合費補助指令ノ件」〔農業56－6〕)一九〇七年九月一〇日。なお、監督員の費用も計上されている。
(73) 「明治四十一年度防長米同業組合歳入歳出決算書」(「経費決算並業務成績報告ノ件」〔農業56－24〕)。表6－5を参照。
(74) 前掲『防長米同業組合三十年史』一七二頁。さらに審査員の採用に関する規程は、一九一六年にも改定され、「特派生産検査員」が設置された。これは、管内町村より採用された審査員がその町村の審査を担当すると「情弊纏綿」して「厳正なる職務執行」が困難となるおそれがあるため、他の町村へ「派遣執務」させる制度である。このように審査の公正がさらに徹底された。
(75) 同前、一八五～一八六頁。
(76) ただし、「濡米腐敗米ニアラサル組合内外混交玄米ヲ海外へ直輸出スルモノハ此限リニアラス」(同前、一八六頁)と定款に付記されたように、県外移出の禁止は、山口県内から直接海外へ輸出される産米には適用されなかった。すなわち、不合格米の搬出禁止は国内で取引される産米を対象とし、海外輸出のため神戸に出荷されるものも含まれた。検査対象は、県外に移出される、国内市場・海外市場向けの防長米に限られたのである。
(77) 前掲『岡山県ノ米』五三頁。
(78) 『神戸又新日報』の「兵庫正米」の欄による。
(79) 前掲『兵庫県米穀検査満十五周年記念誌』八〇頁。
(80) 以下、前掲『防長米同業組合三十年史』一八九～一九〇頁、による。

(81) 「上」のうち特別優良なものを差別化する構想は、一九〇七年から存在した。『第十回防長米同業組合決議書』によれば、審査において、従来の上・中・下三等級の区分を改めて、上上・上・中・下とするものである。その目的は、「地方ニヨリ上米中特ニ秀逸ナルモノアリテ、該米穀ノ場ニ糶売セラル、ヤ普通ノ上米ヨリ価格貴ク、之レニ一般上米ノ標印ヲ押捺スルトキハ、更ニ甲乙ヲ鑑別スルノ繁雑ヲ来スノ不便アリ」と指摘しているように、「特ニ秀逸」な上米を「一般上米」から区別して、相当の価格を実現することにあった(「決議事項報告」[農業54－24] 一九〇七年)。
(82) 前掲『防長米同業組合三十年史』一九二～一九三頁。
(83) 「理由書」(「定款変更認可申請」[農業57－15]) 一九一五年一月。
(84) 前掲『防長米同業組合三十年史』二〇三頁。
(85) 同前、二〇六頁。
(86) 同前、二〇八頁。
(87) 「防長米同業組合検査員採用規程」・「防長米同業組合検査員服務規律」(「検査員採用規程其他認可申請」[農業58－5]) 一九一六年。
(88) 前掲『防長米同業組合三十年史』一七九頁。
(89) 前掲『防長米同業組合史』四九四～四九七頁。
(90) 以下、[農業61] による。各郡役所から県庁に送られた報告、およびそれらを総合した県庁の回答からなる簿冊である。
(91) 土屋喬雄編『大正十年府県別小作慣行調査集成 下』(栗田書店、一九四三年) 二九七～三三六頁。
(92) 未審査の小作料を受納する地主への「警告書」は、このような事態を指すものと思われる(第四章第二節2)。
(93) 玉、前掲書、六五～六七頁。同書によれば、全国的にみて、山口県の奨励米交付地主および罰米徴収地主の割合はきわめて低い。
(94) 白髭弥太郎「本県産米の改良に就て」(山口県穀物改良協会『山口県の米』第一七号、一九三二年一月) 五～六頁。山口県内で開催された、産米改良講演会における大阪堂島米穀取引所嘱託白髭弥太郎の講演速記。
(95) 『神戸又新日報』の「兵庫正米」の欄による。
(96) すでにみたように一九〇八年から一二年まで、防長米の審査は合格・不合格のみとなり、等級区分は移出検査で付されることになった。このため、等級区分の基準が従来と異なった可能性があり、これが表6－15に確認できるような、一九〇八～〇九年のやや不連続な防長米価格の相対的低下をもたらしたと考えられる。
(97) 熊本県では、一八九八年に設立された肥後米輸出同業組合が一九〇八年に米券倉庫に発展し、一一年から米穀検査が県営になるなど、一〇年代に事業が本格化した（肥後米券社『肥後米券社史』一九三九年）。

(98)「産米の格附（上）」（『大阪毎日新聞』一九一六年一〇月一二日）。

終章　総括と展望

一八八〇年代半ばに発足した米撰俵製改良組合と米商組合が、防長米改良組合、防長米同業組合と組織を再編しながら、防長米の規格化・標準化を目的に産地農村における「審査」（生産検査）、および移出港や停車場における「検査」（移出検査）を展開してきた過程は、以上検討したとおりである。それは、産地農村において審査が難航しながらも浸透し、規格化・標準化が徹底して移出検査成績を向上させ、兵庫市場や大阪市場に優位を確保していく過程であった。また産地農村においては、規格化・標準化の達成が中央市場における優位な価格を実現する条件となり、それを担保する審査の実行体制が確立し、審査が浸透していった。すなわち、産地農村が産米の規格化・標準化をすすめて兵庫・大阪を頂点とする取引に包摂される過程にほかならず、またそれは、産地農村における小商品生産の進捗と併行してすすんだのである。

諸組織による審査・検査の進捗と限界について、第一に、この時期全体を通じた反収・審査率・検査率の変化により概観し（1）、第二にそれをふまえて、兵庫市場や大阪市場の取引事情や価格動向に対応して、産地においてどのように産米の規格化・標準化の徹底がすすんだのか、また特に産地農村において審査がどのように浸透したのかという観点から総括して（2）、本書のまとめとする。

図終-1　反収・審査率の推移
（1895-1900年平均→1900-10年平均→1910-18年平均）

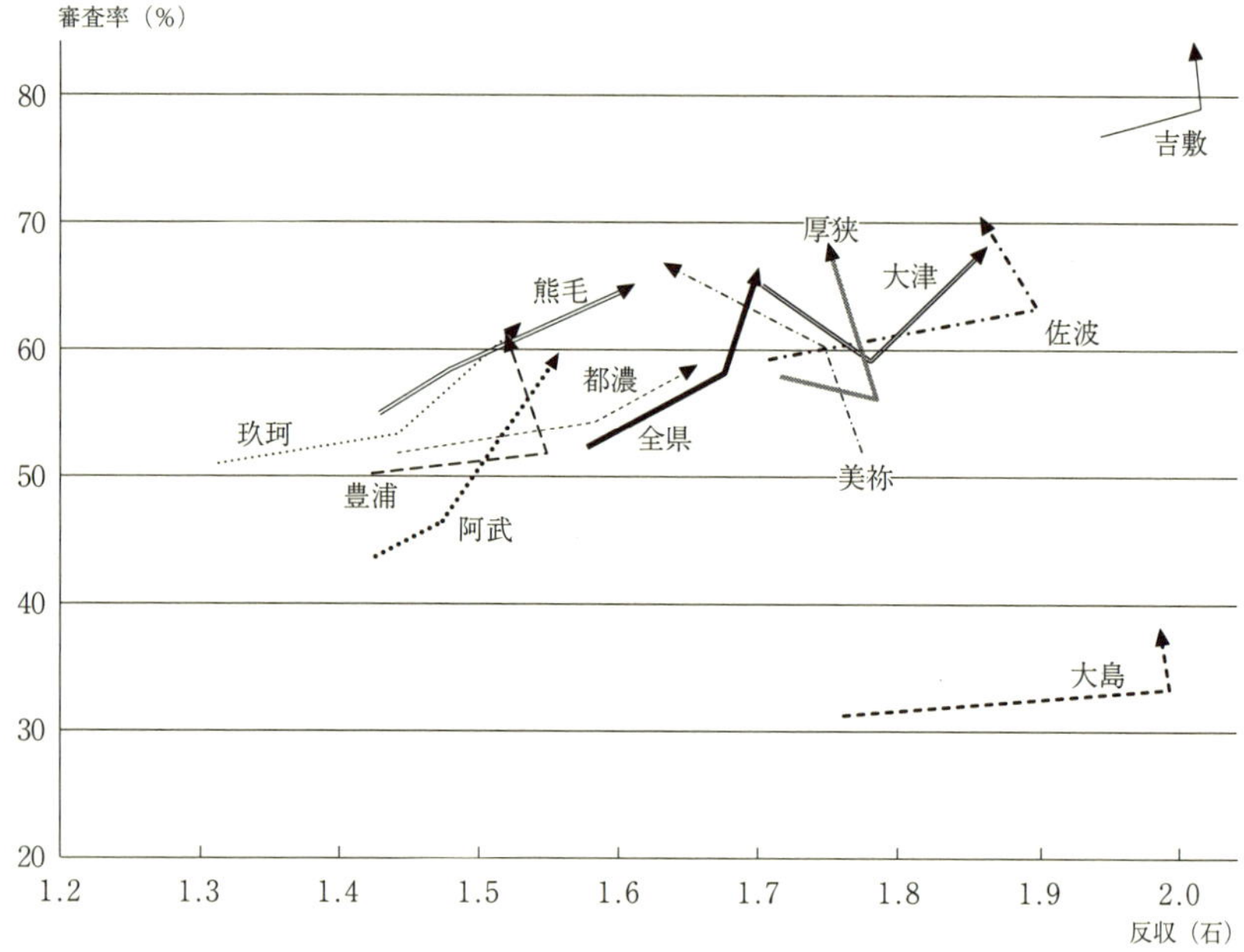

出典・注：図3-1に同じ。

1　審査率・検査率の推移

本書は審査率・検査率が判明する一八九〇年代から一九一〇年代にいたる時期について、防長米改良組合・防長米同業組合の事業展開に即して一八九〇年代後半・一九〇〇年代・一九一〇年代の三つの時期に区分し、それぞれ第三章・第四章・第六章において反収・審査率・検査率の変化の特徴を検討してきた。ここではまず、全時期を通じて、審査・検査という二つの検査事業の進捗を、地域差に留意しながら通観する。三つの時期それぞれの平均値がどのように推移していくかを、反収・審査率、および審査率・検査率の関係について示した図終-1・図終-2により、一八八〇年代半ばから一九一〇年代末にいたる審査・検査の展開を各郡ごとに確認しよう。

まず、反収・審査率の動きをみると（図終-1）、この間ほぼすべての郡において、反収の増加と審査率の上昇が同時にみられた。

図終－2　審査率・検査率の推移

（1895-1900年平均→1900-10年平均→1910-18年平均）

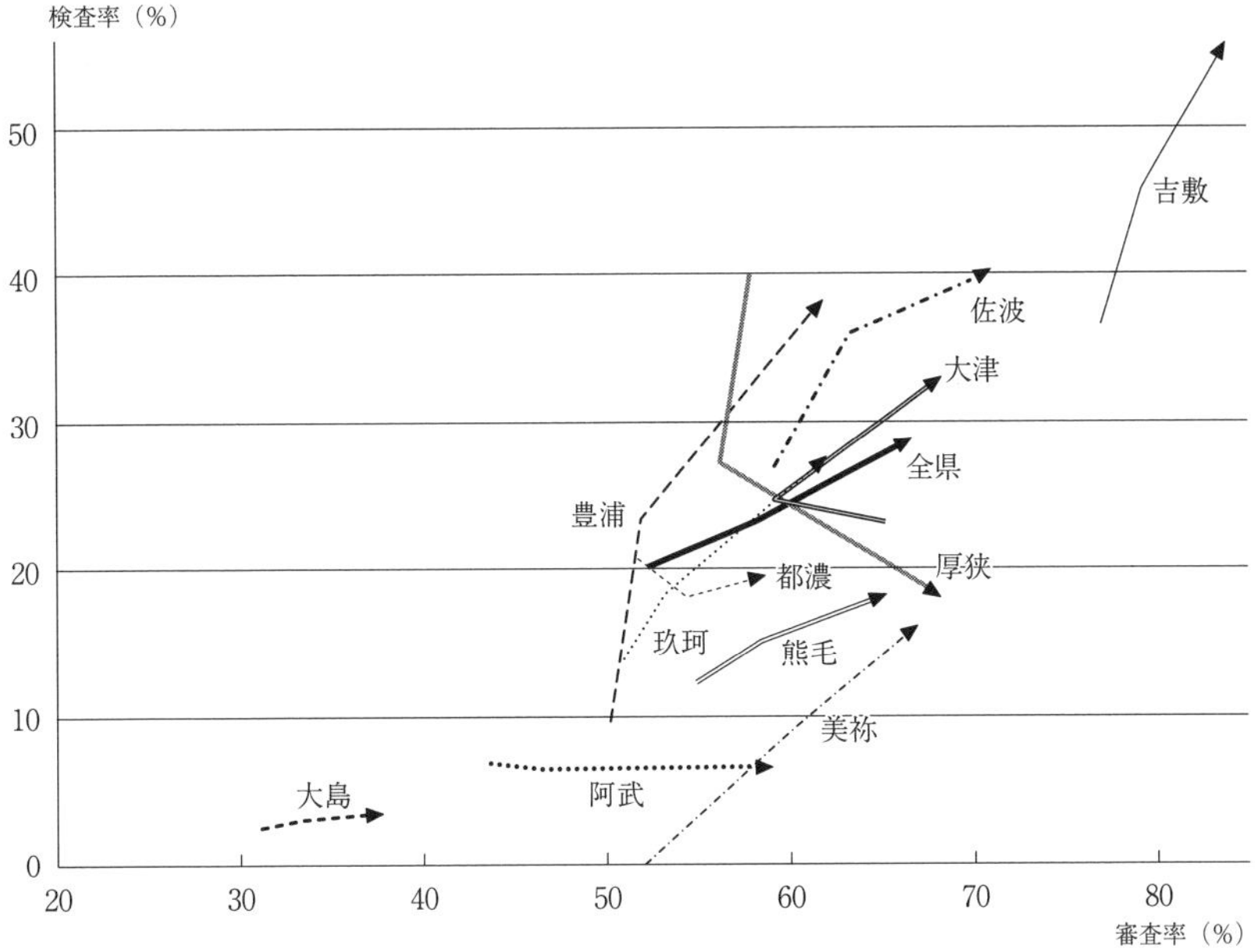

出典・注：図3－2に同じ。

反収の増加傾向に対する審査率の上昇傾向は一九〇〇年代以降も明瞭であるが、反収増加が鈍化しても審査率はなお上向きであった。反収増加による増産部分については、小作料として納入したり、郡内外に販売する場合には産地農村での審査が、さらに県外や下関へ移出するため船積・鉄道輸送する場合には移出港や停車場での検査が必要であった。吉敷郡や佐波郡のように反収が高く審査も進捗していた地域では反収と審査率はさらに上昇したが、玖珂郡や豊浦郡など低反収・低審査率の地域においても、両数値は顕著に上昇していった。一八九〇年代半ば以降、産地農村における審査は低反収の地域においても徹底し、全県を通じて審査率を上昇させたといえる。

　次に、審査率・検査率の動きも、厚狭郡・美祢郡・大島郡など特殊な事情がある地域を除き正の相関関係にあった（図終－2）。審査の徹底による審査率の上昇は、同時に県外移出を活発化させて検査率を引き上げたといえよう。こうして、多くの郡において、検査率は一八九〇年代末から一九〇〇年代半ばにかけて急速に上昇することになった。なお阿武郡や大島郡のように、一部の郡で審査率が上昇しながら検査率が低迷しているのは、米の授受が、検査受検を必要としない小作米の納入や、郡内・県内の販売に限られたからであろう。

ところで、すでに一八九〇年代において、県内各郡間には反収の格差があり、吉敷郡・佐波郡や大津郡などでは大豆粕や魚肥など購入肥料の使用がすすんで反収が増加し、県内外市場に向けた産米の商品化が進展していた。一方で、同時期の玖珂郡や豊浦郡、および阿武郡の反収は比較的低位にあり、商品化もなお相対的に低位にとどまっていた。このような地域差はあったが、九〇年代半ば以降に審査の徹底が強制力をともなってすすむと、審査率は低反収地域を含む全県各郡において顕著に上昇するようになった。

審査の徹底により産米の規格化・標準化が進捗して販路が開けたため、生産を刺戟して反収増加が実現したのか、もしくは農事改良による反収増加が移出可能量を拡大し、有利な商品化を実現するため審査を受容していったのか、またはそれらが同時にすすんだのか即断はできないが、反収の増加と審査の進捗は同時に進行したといえる。しかも、低反収グループにおいても、明治後期には施肥の質的・量的な向上が認められ、同時に反収が上昇していったのである。

また、産地農村における審査進捗の過程は、同時に県外移出米に検査が徹底していく過程でもあった。多くの郡で確認できる審査率と検査率の併行した上昇はそれを端的に示すものであろう。特に山陽鉄道が一八九八年に三田尻まで開通し、一九〇〇年には厚狭、〇一年には下関に達して沿線各駅に検査所が設置されていくと、移出地は移出港から停車場へ広がった。こうして、大島郡と阿武郡を除けば、反収の増加とともに、産地農村における審査、移出地における検査という同業組合の両検査事業が、一八九〇年代から一九一〇年代末にかけて全県を通じて進展していったのである。なお、一九一〇年代の検査率の停滞は防長米の販路が国内市場へシフトし、阪神市場における競争の激化に直面したからであり、また県内にも販路を広げた結果であった。

2　総括

移出港における再調整

一八九〇年代半ばまで、中央市場から遠隔にある主要産地の産米は、移出米問屋など移出港の米穀商により、中央市場との取引に適するような規格化・標準化が担われていた。おそらくこれは、近世期から商人米の取引などによって形成された方法であり、明治前期から産米の粗製がすすむとその重要性がより高まったものと考えられる。移出港の米穀商たちは、産地仲買らが集荷した産地農村の産米を、自ら蓄積した知識や経験、収集した情報などによって、兵庫市場などとの取引に適するよう再調整したのである。産地農村においては調整不備の粗製が継続したが、小郡・三田尻など移出港における再調整が産米の規格化・標準化を補い、兵庫市場との円滑な取引がすすめられた。産地農村における「改良米」生産が振るわず、また審査の実施も限定され、適正な等級区分もできないとすれば、「改良米」であっても再調整の必要があり、産地で集荷にあたる産地仲買らは産米を買い叩き、できる限り安く買い入れたのである。

また、産地農村においては、米販売が可能な生産者たちは、負担を追加して「改良米」を精製しても米穀商には評価されなかったから、「改良」への意欲は高まらず、むしろ粗製に向かった。また米販売者である地主も同様に、「改良米」への指向をあえて強めなかったといえよう。したがって、小作人の「改良米」生産にも限界があったのである。さらに、明治前期の産地農村においては、地租の金納化を契機として米商品化が広がり、生産者・地主と産地仲買などの間に米取引が増加していた。それらは固定的な取引関係ではなく、一度限りの、もしくは短期的なものが多く、両者の信頼関係は薄く双方ともに機会主義的な行動を多分に含むものであった。生産者や地主の「不正」、および「奸商」の存在がこの時期多くの産地で記述されているが、それは、産地農村において産米の調整をチェックする体制が機能しなくなったことによるものであった。

このような産地農村の実情と移出港の米穀商による再調整は、山口県においては、一八八〇年代半ばから米撰俵製改良組合と米商組合が、八〇年代末に防長米改良組合が組織されたのちにもなお継続した。産地農村において審査を目的に組織化がすすんでも、移出港での再調整に代わり、産地農村で直ちに規格化・標準化を実現し審査によりそれを徹底することは困難であった。移出港における再調整への依存が続く限り、産地農村において「改良米」生産を促し、審査が浸透していく条件は乏しかったといえよう。このため、産地農村では諸組織の規約は遵守されず、粗悪米の生産と取引がなお継続したのである。ただし、産地農村における審査は不振であったが、主要な移出港を拠点としてはじまった検査は、一定の機能を果たすことになった。再調整と移出検査は一環をなす作業であり、検査の段階では兵庫市場などの要請に応えて等級が付され、合格米は県外に移出された。このように移出港の米穀商は、産地農村で生産される「非改良米」の供給と中央市場における需要を再調整によって媒介していたのであり、産地農村と中央市場との相互の取引関係は、なお直接的ではなかったといえる。移出港の背後に広がり、農業生産の場であった産地農村は、兵庫市場や大阪市場が直接包摂するにはいたらず、なお地域的市場としての独自性をある程度保っていたのである。

審査の徹底

しかし、産地農村における米穀生産の拡大と取引量の増加は、移出港における再調整という過渡的な対応に限界を与えていくことになった。産地農村から移出港には、審査不備の産米が送り出されて再調整されたが、移出検査が不合格になれば県外には移出できなかった。移出港における再調整能力には一定の限界があり、あらためて産地農村における規格化・標準化の必要性が高まることになった。一八九〇年に防長米改良組合からの離脱を求めた一部の米穀商たちは、産地農村における「改良米」生産と審査の不振が、産地における「農商」連携による規格化・標準化の試みを阻んでいると認識していたのである。

取引規模が拡大すると、十分な乾燥、斉一な内容、異物の排除、容量の充足、堅固な俵装などの達成は、移出港の米穀商の再調整では限界が生じるようになった。中央市場が要求する規格化・標準化の水準は、生産と調整が営まれる産地農村においてはじめて実現可能であった。また、改良品種の導入、新たな栽培技術の普及、施肥や調整の改善など多様な農事改良は、市場を介して要請される産米の質と量を生産面から実現するため、一八八〇年代〜九〇年代から本格的に、行政や諸組織、地主や老農の活動などを通じて産地農村に導入されはじめた。規格化・標準化の実現と徹底は、農業技術の改良とともに産地農村で取り組まれる課題となったのである。

山口県においては一八九〇年代半ばに、県行政が警察なども動員して強力に、この課題への取り組みがすすむことになった。県庁は米作を「本県物産中第一」とし、産米の有利な商品化の実現に全県の課題として公共性を与え、県産業政策の主要な一環に位置づけた。また、米穀検査を実施する諸組織の設立と運営、審査・検査制度の立案と実施・監視に深く関与し、先行する他県の事業を参照しながら事業全体を主導したのである。県庁はまとまった補助金を改良組合や同業組合に交付して、郡役所から町村役場にいたる行政機構を通じて組織や事業を監督し、公共的な事業として審査を促進した。組合費や違約金の徴収の徹底には訴訟が提起された。一九一〇年前後からは、他の有力産地でも県営の米穀検査がはじまったが、県庁の監督のもとに同業組合による事業をすでに先行している山口県は、実質的に県営化している同業組合事業をそのまま継続することになった。県庁による強力なテコ入れに対し農商務省は疑義を呈したが、県庁は罰則を含む規程を強力にすすめていく。全県を通じた違約処分の断行により、産地農村には強制的に審査が実施・徹底され、等級を付し中央市場の取引に適合した審査方法が浸透していったのである。

こうして一八九〇年代後半には、産地農村において審査は顕著に進捗するようになった。さらに九〇年代末の同業組合への改組により組織の強制力は強められ、一九〇〇年代の産地農村において審査は一層徹底していくことになる。

農事改良により農業生産力を高め反収を増加しつつあった産地農村では、前項のような反収・審査率・検査率のパラレルな上向傾向が明瞭となるが、これは農事改良の普及と産米の規格化・標準化の一層の進捗に対応するものであった。九〇年代から明瞭になる国内の米不足は米価水準を傾向的に引き上げていくが、(1) 中央市場で形成された米価水準は、かつて再調整を営んだ移出地の米穀商たちを媒介とすることなく、直接産地農村に波及しはじめるようになった。こうして、産米の規格化・標準化を促進し監視する審査の強制的な浸透をテコにして、兵庫・大阪を頂点とする西日本の米穀市場は、産地農村を直接包摂しはじめたのである。

審査の定着　ただし、審査の徹底が違約処分の断行などによって強力にすすむ一方で、山口県の場合、審査を産地農村の社会に定着させるような県庁の施策や地主の対応は消極的であった。全国的にみて山口県では、奨励米・奨励金などの補償を小作人に交付する地主の割合がきわめて低く、(2) 一時的に交付する地主もあったが新たな小作慣行としては定着しなかった。県庁は奨励米など補償の重要性を認識していたが、それを徹底する措置を積極的に講じることはなかったのである。また試験田など、審査の普及を促すような生産面での事業も、その機能には限界があった。

審査が著しく進捗した一九〇〇年代には、防長米の価格は兵庫市場の最上位を確保するようになった。一九〇〇年頃までは、防長米大粒種は海外輸出に適して有力であり、兵庫市場に実現した相対的に優位な価格も、海外需要によるところが大きかったといえる。一九〇〇年前後からは海外輸出が後退しはじめ、防長米の販路も国内市場にシフトしていくことになった。しかし、主要な販路が転換したにもかかわらず、兵庫市場における防長米の優位は維持された。

ただし間もなく、兵庫県・岡山県・香川県など比較的阪神地方に近い産地にも、一九一〇年前後から県営の米穀検査事業がはじまり、阪神市場をめぐる産地間競争は激化した。さらに、朝鮮米の移入量も急増していった。一九〇〇年代に防長米は、これら諸産地米を上回る価格を実現していたが、一〇年代には早くも逆転することになる。このような事態に直面した県庁は、米穀検査体制の再編をすすめた。それは他県の検査体制を参照し、大粒種とともに小粒種を重視し、等級区分の方法を段階的に改定し、審査員・検査員の能力・資質を向上するため採用条件を明確化し内部養成をすすめるなど全面的なものとなった。

こうして一九一〇年代半ばにいたり、審査はようやく、強制的な処置なしに産地農村に浸透するようになった。産地農村において米販売が可能な生産者や地主たちは、規格化・標準化を実現して審査に合格することが、一定の価格を実現する条件であると認識したのである。ここに審査は、産地農村において米を商品化するにあたり、規格化・標準化を担保する必須の手段として定着するようになった。一〇年代に審査率はさらに上昇傾向をたどり、また海外市場の一時的な回復もあって、兵庫市場における防長米の相対価格はやや回復に向かった。

しかし、兵庫市場における防長米は、一九〇〇年代のように最上位を回復することはできなかった。産地農村における審査体制の確立と同時に、防長米の販路は転換を迫られることになったのである。兵庫市場・大阪市場から後退を余儀なくされた防長米は、新たに広島県・福岡県など鉄道沿線や山口県内など地方市場の比重を高めていくことになる（表6－1）。

一九二〇年代

ところで、防長米の販路は国内市場にシフトしていったが、小粒種への切りかえは速やかにはすすまなかった。また一九一〇年代半ばには一時的に海外輸出が回復するなど、大粒種への期待も存在したのである。(3) 次のように、二〇年代においても大粒種作付はなおさかんであった。

阪神市場に於ける嗜好は所謂大粒系に属する品種より漸次小粒系に属する品種に変遷しつゝあり、即ち、旭・三井神力が同市場の花形米として賞揚せられ、特に近県岡山県産米の如き、旭及日の出（質は旭より稍々劣る）に殆んど統一せられ其の声価隆々たるに反し、本県〔山口県〕産米の品種は多種多様にして何れが代表的品種たるかを知るに苦しむ現状なり、而も大粒系に属するもの比較的多き観あるのみならず、当業者は勿論検査員に於ても今尚大粒種なれば何種と雖も優良なりとの観念を去り能はざる故に、中間種と雖も之を大粒として取扱ふの傾向あるを以て、実際取引に於て兎角問題を起し易く、従つて自然声価の上にも悪影響を及ぼしつゝあるものゝ如し(4)。

表終-1　大粒種・小粒種の作付面積と反収（1914年度）

（単位：町、石）

品種		作付面積	反収
大粒種	白玉	9,520	1.605
	雄町	8,026	1.639
	都	7,415	1.696
	合計	39,882	1.661
小粒種	神力	14,439	1.906
	その他の神力	4,452	1.860
	弁慶	1,618	1.857
	五徳	1,141	1.704
	合計	32,536	1.817

出典：防長米同業組合の事業報告書《1914、83〜96》（表4-12を参照）。

大粒種であれば「優良」という認識が、産地にはなお強く残っており、さらに二〇年代末にもなお大粒重視は続いていた。したがって、阪神市場関係者からは次のように、市場との不適合が指摘されるようになった。

本県〔山口県〕米は往時海外輸出を誇りたる等の関係上未だに大粒種を重要視し過ぎる嫌がある。然るに市場の嗜好は漸次大粒種より心白腹白の少き外皮の薄き縦溝の浅き、然も比較的小粒にして容積重の大なる小粒種に変遷しつゝある(5)。

小粒種より収量が劣る大粒種は収穫量の伸びを制約することになった。山口県の反収は一九〇〇年代を境に低迷するが（序章第三節1）、これは高反収の小粒種への切りかえが停滞したからであろう(6)。小粒種は神力種を主とする多収穫品種であり、大粒種の白玉・都・雄町などと比較して反収ははるかに高かった。大粒種の平均反収は一・六石台であるが、小粒種は一・八石台、特に作付が最大の神力は一・九石を超えている（表終-1）。一〇年代になると、山口県の反収は中国地方最低の水準に低下していった（表序－4）。

こうして一九二〇年代には防長米の地盤沈下がはじまる。三〇年頃の回顧であるが、防長米の阪神市場における「上位」の位置も、二〇年頃から次のように揺らいでいく。その要因は、各府県における産米改良の進展と、防長米改良の「弛緩」にあった。

> 本県の此改良によつて、防長米は明治三十五年（一九〇二）以来大正十年（一九二一）頃迄約廿ヶ年間は常に阪神市場に於て上位の声価を保つて居たのであるが、各府県の改良が漸次進んで来たのと、本県の改良が次第に弛緩したのとで、大正十年の頃に至つて、其昔し摂津米より石一円五銭上値であつたものが、遂に今日の如く一円九十銭方も下値となつたのである。即ち御県米は前後約三円方落ちた訳である。(7)

すでにみたように防長米の米穀検査は、審査を受容する小作人の追加負担に対する地主の奨励米・奨励金などの交付を、新たな小作慣行として組み込んではいなかった（第二章第二節3・第四章第二節2・第六章第三節1）。産地農村における審査の進捗は、違約処分の断行という強制や、受検米の相対的な価格上昇によって実現したものといえよう。したがって、これらの条件が動揺し後退すれば、ただちに審査の停滞、審査率の低下をまねくことが推測される。一九一〇年代の防長米価格の相対的低下とともに、審査率は二〇年前後をピークに停滞・低下傾向をたどることになり（図6－1）、その後の防長米の相対価格は、低落に歯止めがかからなくなった。大阪市場における防長米の相対価格は、一〇年代末までは、讃岐米の下位にはあるが、播磨米・備前米とはほぼ同等の水準を維持していた。しかし、二〇年代に入ると大幅に下落することになる（図終－3）。

これは、一九二〇年代半ばに兵庫市場調査員が、「年移リ星変リテ各府県共競フテ産米ヲ改良シ栽培方法モ進歩シ

図終-3　大阪市場における防長米の相対価格

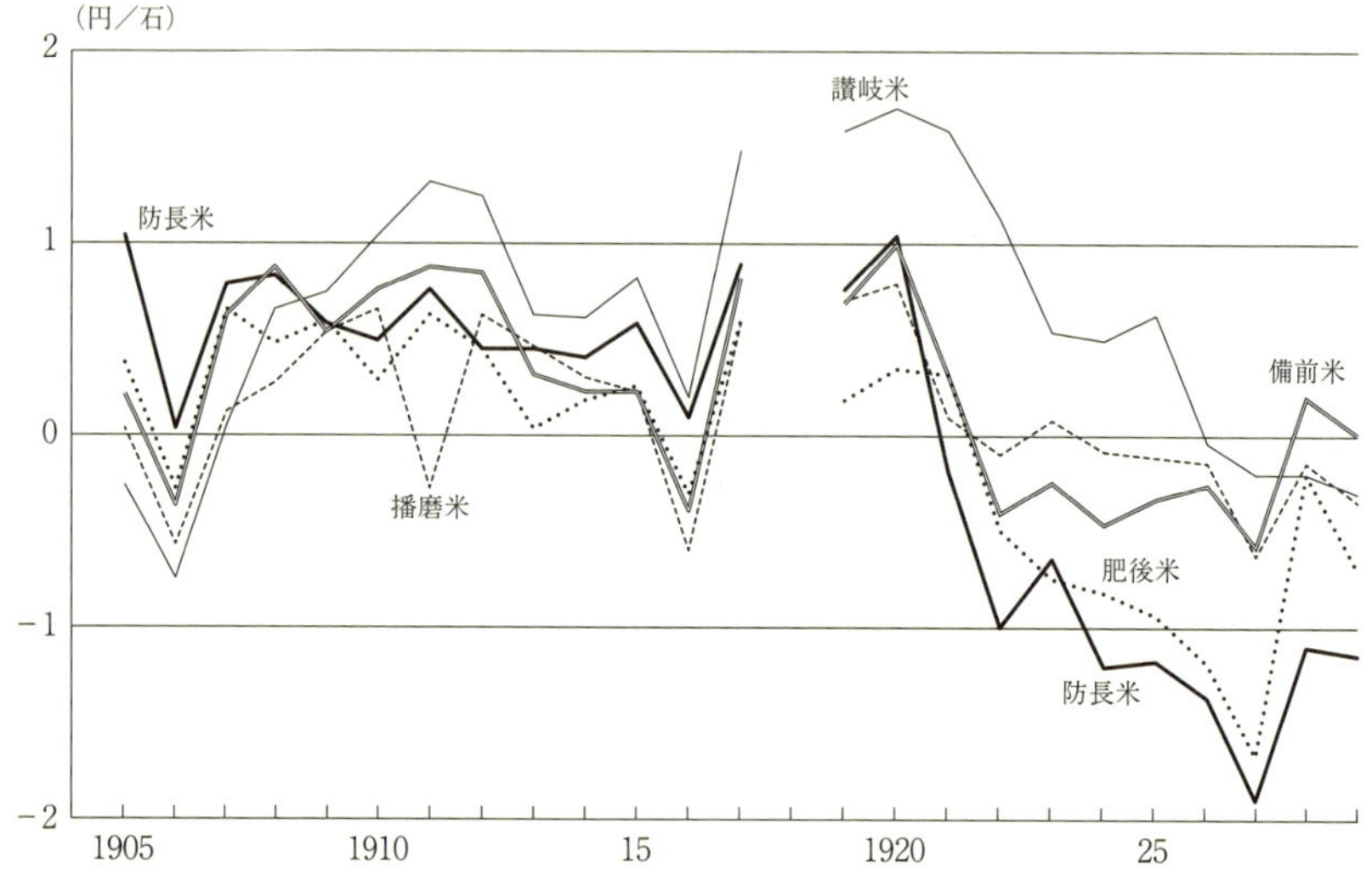

出典：朝日新聞社編『創刊五十周年記念　日本経済統計総覧』(1930年) 1167〜1168頁、「諸国別正米相場類年表（大坂)」による。

注：1911年の播磨米の数値は誤植と思われるが，そのまま表示した。摂津米に対する相対価格（各地産米価格－摂津米価格）である。正の数値であれば摂津米価格を上回っている。

テ来ル内ニ、防長米ハ生産者ノ経済上ノ関係ト中スモノカ、品質ガ退歩シテ来タノデアリマス」(8)と、品質自体の低下を指摘したとおりであった。もともと、小作人の追加負担に対する補償に大きな限界があり、また小粒種への切りかえも遅れたため、審査の機能や米穀生産の発達には限界があったものと思われるが、第一次大戦期以降については、防長米の検査事業を同時代の米穀市場や農業問題、経済構造のなかに位置づける必要があり、これはあらためて考察すべき課題となろう。

注

(1) 大豆生田稔『近代日本の食糧政策』(ミネルヴァ書房、一九九二年) 四二〜四九頁、同「米と農民」(高村直助編『近代日本の軌跡8　産業革命』吉川弘文館、一九九四年) 二四四〜二四七頁。

(2) 玉真之介『近現代日本の米穀市場と食糧政策——食糧管理制度の歴史的性格』(筑波書房、二〇一三年) 六六頁、表2-6。「山口県小作慣行調査」によれば、一九二〇年頃の奨励米を交付する地主は二五%に過ぎなかったが、これは広島県「極メテ稀」、佐賀県一八％・宮城県二二％、に次ぐ低さであった。その理由について本書は明らかにできなかったが、山口県においては、二〇年前後においてもなお、「新しい小作慣行」は形成され定着しなかったのである。

（3）一八九〇年代後半の時期であるが、厚狭西改良組合の「審査員規約案」には、「神力稲ハ土地ヲ害シ永久耕作スルノ目的無之、加ルニ売買ノ搬路少ク特種悪質ナル事判然セリ、依テ各引受組合員ニ対シ時宜ヲ以テ之レカ説明ヲナシ、作主ノ感覚ヲ起サシムル事」という附則が設けられている。小粒種である神力種の数々の弊害が列記され、それを担当組合員に説明するよう指示されているが、小粒種に対する審査担当者のこのような評価は、その後にも継続したと思われる（「厚狭郡西農区防長米改良組合審査員規約案」、下関文書館（下関市立長府図書館併設）所蔵「笹尾家文書」3／4－12）。

（4）「阪神市場に於ける本県産米に対する批評」（山口県穀物改良協会『山口県の米』第一四号、一九三一年一〇月）一～二頁。

（5）同前、四頁。

（6）明治末に大粒種の作付が過半に達していたこと、神力などの小粒種の多収穫品種が一定の比重を占めたこと、第一次大戦後には「雑多」な多収穫品種が栽培されたことについては、山口県文書館編『山口県政史　上』（山口県、一九七一年）六一一～六一二頁。

（7）白髭弥太郎「本県産米の改良に就て」（前掲『山口県の米』第一七号、一九三二年一月）五頁。

（8）元防長米同業組合『防長米同業組合史』（一九三〇年）一六〇頁。一九二六年に開催された底準米査定における、兵庫市場調査員大門熊太郎の講演記事による。第六章・注（22）も参照。

あとがき

山口県文書館に、防長米改良に関する県庁文書が残されていることを知ったのは、一九九三年の夏のことであった。もう二〇年以上も前のことになる。この年は冷害により米が記録的な不作となり、山口も前年夏に訪れたときの暑さとはうって変わって、連日曇り空が続いて肌寒かったことを記憶している。しかしこのときは、山口県の米穀検査にあたった防長米改良組合や防長米同業組合の関係書類を綴った簿冊が、相当数まとまってあることを確認するにとどまった。

その数年後から、簿冊のなかの書類を読みはじめたが、全容はなかなか把握できなかった。必要な部分を少しずつ写真撮影したが、当初はまだ光学式の一眼レフで、しばしばフィルム交換をしながらの手間のかかる作業であった。遠方でもあり年に一〜二回しか調査に出向けず、簿冊の量も多く、また難解なくずし字による書類の判読は容易ではなかった。資料の撮影には、間もなくデジタルカメラが威力を発揮するようになったが、作業は遅々としてすすまなかった。

こうして、言い訳が長くなったが、ようやく最初の論文にこぎつけたのが二〇〇七年の春であった。その後もさらに時間がかかることになり、ようやく二年前に数編の論文が出そろった。それらを掲載順に並べると次のようになる。なお、拙著『お米と食の近代史』（吉川弘文館、二〇〇七年）にも、一八八〇年代から一九〇〇年前後の防長米改良について数頁をさいている。

（1）「一八八〇年代の防長米改良——米撰俵製改良組合と米商組合」（『東洋大学文学部紀要』第六〇集・史学科篇第三

二号、二〇〇七年三月）
（2）「一八九〇年前後の防長米改良と米穀検査――米撰俵製組合・米商組合から防長米改良組合へ」（『東洋大学大学院紀要』第四四集、二〇〇八年三月）
（3）「一八九〇年代の防長米改良と米穀検査――防長米改良組合の改組」（『東洋大学文学部紀要』第六一集・史学科篇第三三号、二〇〇八年三月）
（4）「防長米同業組合の設立と米穀検査――一八九八〜一九〇七年」（『東洋大学人間科学総合研究所紀要』第一二号、二〇一〇年三月）
（5）「防長米改良と試験田――一九〇〇年前後の米穀検査と農事試験」（『東洋大学大学院紀要』第四六集、二〇一〇年三月）
（6）「日露戦後の防長米同業組合と阪神市場――一九一〇年代の米穀検査」（『東洋大学文学部紀要』第六三集・史学科篇第三五号、二〇一〇年三月）
（7）「防長米改良組合・防長米同業組合の米穀検査――一八九〇年代〜一九一〇年代の事業展開」（『東洋大学人間科学総合研究所紀要』第一五号、二〇一三年三月）

それぞれの論文を読み返してみると、不統一なところや齟齬するところが多く、また誤りや記述洩れなど、単なる誤植にとどまらない問題が随所に見つかった。このため、全体的に統一した記述となるよう、かなりの修正や補筆が必要となった。

長い時間を要した本書の刊行も、山口県文書館が所蔵する「行政文書」のうち、防長米改良に関する一連の簿冊にめぐり会えたことにはじまっている。それらの資料を保存し、広く閲覧に供している山口県文書館に深く感謝の言葉をささげたい。調査のたびごとに、館員の方々から資料の閲覧や写真撮影などに大変快適な環境を提供していただき、また所蔵資料などについても適切なご教示をたまわった。

山口県文書館が山口県立山口図書館に併設されていることも、時間におわれる作業には都合がよかった。県立図書館には、防長米同業組合の事業報告書や組合史などが所蔵されるほか、同時代の地方紙が揃い、また県史や各市町村史などが配架されている。文書館の閲覧室と図書館の山口県資料コーナーのしばしばの往復が、僅か十数メートルの短い通路一本ですんだのは幸運であった。また、山口市立中央図書館では地域の刊行資料を調査した。下関市長府にある、下関市立長府図書館に併置された下関文書館でも、防長米改良組合や防長米同業組合に関する所蔵文書を閲覧させていただいた。

そのほか、東京大学経済学部図書館、同農学部図書館、同明治新聞雑誌文庫、神戸市立中央図書館、大阪市立中央図書館には、関係資料の収集などで特にお世話になった。また、本書の課題に関連して、秋田県・宮城県・富山県・熊本県などの産地、東京・大阪・兵庫など主要な取引市場がある都府県の図書館や文書館をたびたび利用させていただいた。

各地の資料所蔵機関や、お世話になった方々にこの場をかりて御礼申し上げたい。

所属する東洋大学文学部史学科の授業では、学生諸君を前に本書に用いた資料の説明をしているときなど、重要なことに気がつき、また新たに疑問が湧くことがたびたびあった。二〇〇七年度・二〇一一年度の日本史学特講を受講し、いっしょに資料を読んでくれた学生諸君にも感謝したい。

本書が公開している研究成果の一部には、二〇〇七～二〇〇九年度の科学研究費補助金（基盤研究（C）、研究課題番号一九五三〇三一八）が交付された。また、本書の刊行には二〇一五年度の科学研究費補助金（研究成果公開促進費、課題番号一五HP五二二四）の交付を受けている。

出版に際しては、日本経済評論社の栗原哲也社長はじめ、出版部の梶原千恵氏、谷口京延氏には大変お世話になった。あらためて深く感謝したい。特に、直接編集の労をとられた梶原氏からは、原稿の取りまとめや校正など、たびたび適切な指摘をいただいた。

最後に私事にわたるが、母と義母、そして家族に感謝の言葉を記すことをおゆるしいただきたい。

二〇一五年一二月

大豆生田　稔

〈や行〉

〈ら行〉

〈わ行〉

事項・人名索引

〈あ行〉

【著者略歴】

大豆生田　稔（おおまめうだ・みのる）

1954年	東京都に生まれる
1980年	東京大学大学院人文科学研究科博士課程単位取得満期退学 横浜開港資料普及協会嘱託、城西大学経済学部専任講師・助教授、東洋大学文学部助教授をへて、
現　在	東洋大学文学部教授
1994年	博士（文学）（東京大学）
著　書	『お米と食の近代史』吉川弘文館、2007年 『商品流通と東京市場――幕末～戦間期』（共編著）日本経済評論社、2000年 『近代日本の食糧政策――対外依存米穀供給構造の変容』ミネルヴァ書房、1993年

防長米改良と米穀検査
――米穀市場の形成と産地（1890年代～1910年代）

2016年1月15日第1刷発行　　定価（本体9450円＋税）

著者　大豆生田稔
発行者　栗原哲也

発行所　株式会社　日本経済評論社

〒101-0051　東京都千代田区神田神保町3-2
電話　03-3230-1661　FAX　03-3265-2993
info8188@nikkeihyo.co.jp
URL：http://www.nikkeihyo.co.jp

装幀＊渡辺美知子　　印刷＊文昇堂・製本＊誠製本

乱丁・落丁本はお取替えいたします。　　Printed in Japan

ISBN978-4-8188-2414-0

大森一宏著

近現代日本の地場産業と組織化
―輸出陶磁器業の事例を中心として―

A5判　七二〇〇円

明治期半期から約一〇〇年に及ぶ日本における輸出向けの陶磁器を中心とする地場産業の歴史を、同業者組織の活動や機能の変遷を通じて解明を試みる。発展と衰退の要因を考察。

社団法人糖業協会監修／久保文克編著

近代製糖業の発展と糖業連合会
―競争を基調とした協調の模索―

A5判　七五〇〇円

近代製糖業界において競争と協調という二つの側面が共存し、カルテル機能が発揮されたのはなぜか。その構造を生産・流通・消費の観点から総合的に検証する。

落合功著

近代塩業と商品流通

A5判　七六〇〇円

近代商品流通を松永塩商社（＝産地問屋）の動向を中心に商流と物流の変化から解明する。伝統的取引から、一九〇四年塩専売制後、政府管理下での流通・市場によりどう変ったか。

谷ヶ城秀吉著

帝国日本の流通ネットワーク
―流通機構の変容と市場の形成―

A5判　五八〇〇円

帝国日本と植民地および東アジアを結びつけるネットワークを財の移動から観察し、その担い手や取引制度が日本の帝国化を通じて変容していく過程を解明する。

岡部牧夫編

南満洲鉄道会社の研究

オンデマンド版

A5判　八五〇〇円

植民地経営体満鉄の活動を、大豆の商品化と国際競争、戦時下港湾経営の実相、企業投資の性質や業態、中央試験所の技術開発、後期調査機関の制度と実践などを軸に実証する。

（価格は税抜）

日本経済評論社